U0159721

高等学校网络空间安全专业系列教材

西安电子科技大学科技专著出版基金资助项目

区块链安全技术

王剑锋　陈晓峰　王连海　著

西安电子科技大学出版社

内 容 简 介

本书围绕区块链技术的基础密码理论和安全攻防技术展开论述。全书共 6 章，主要内容包括区块链的基本概念及安全问题、区块链的密码学技术、区块链共识机制、比特币和以太坊等密码货币系统、区块链系统的攻击与防御等。本书从区块链基础密码学原语和共识机制入手，采用区块链“六层结构(数据层、网络层、共识层、激励层、合约层和应用层)”+“应用演变(比特币—以太坊—其他区块链应用)”框架对区块链系统面临的安全问题进行系统化阐述，有助于帮助读者从宏观上掌握区块链系统安全技术体系。

本书内容丰富，通俗易懂，可作为高等学校网络空间安全等专业的教材或者教学参考书，也可作为网络与信息安全从业人员的学习参考书。

图书在版编目(CIP)数据

区块链安全技术 / 王剑锋，陈晓峰，王连海著. —西安：西安电子科技大学出版社，2022.5
ISBN 978-7-5606-6395-1

Ⅰ. ①区… Ⅱ. ①王… ②陈… ③王… Ⅲ. ①区块链技术—安全技术 Ⅳ. ①TP311.135.9

中国版本图书馆 CIP 数据核字(2022)第 052850 号

策　　划　高　樱
责任编辑　高　樱
出版发行　西安电子科技大学出版社(西安市太白南路 2 号)
电　　话　(029)88202421　88201467　　　邮　　编　710071
网　　址　www.xduph.com　　　电子邮箱　xdupfxb001@163.com
经　　销　新华书店
印刷单位　咸阳华盛印务有限责任公司
版　　次　2022 年 5 月第 1 版　2022 年 5 月第 1 次印刷
开　　本　787 毫米×1092 毫米　1/16　印张 16
字　　数　377 千字
印　　数　1～1000 册
定　　价　66.00 元
ISBN 978-7-5606-6395-1 / TP
XDUP 6697001-1

前　言

区块链被认为是继蒸汽机、电力、互联网之后的下一代颠覆性创新技术。它利用块链式结构验证和存储数据，利用分布式共识生成和更新数据，利用密码学算法传输和访问数据，利用智能合约编程和操作数据，具有可验证、防篡改、能溯源、去中心化等特性，以较低成本解决了信任与价值的可靠传递难题，逐步成为价值互联网的重要基础设施。随着移动互联网和数字经济的飞速发展，区块链技术引起了世界各国的广泛关注，我国已将区块链技术上升为国家战略。然而，区块链技术本身固有的匿名性、分布式、开放性等难以匹配传统的安全防护模型，带来了诸多新的安全问题。当前针对区块链的攻击方式层出不穷，严重制约了区块链技术的发展与应用。

本书主要阐述区块链基础理论与安全攻防技术。全书共6章：第一章介绍区块链的基本概念及安全问题；第二章介绍区块链底层的密码学原语等；第三章介绍区块链系统中常见的共识算法；第四、五章分别介绍比特币和以太坊两类最具代表性的密码货币系统，给出从基本原理到开发示例的全面论述；第六章介绍区块链系统面临的安全威胁及其原理，并对现有防御方法进行分析归纳，提出区块链安全防御体系构建建议。

本书选材紧扣区块链基础理论，侧重于从密码学角度对区块链基础理论和关键技术展开系统阐述，按照“区块链层次结构”+“原理—应用—开发”两条主线来论述区块链技术体系，同时详尽介绍了区块链技术面临的50余种攻击方式及其内在联系，力求为读者呈现区块链系统攻防技术体系全貌。

本书主要由王剑锋、陈晓峰、王连海编写，参与本书编写的还有博士生田国华、沈珺、吴姣姣、曹艳梅、吕春阳，硕士生赵尹源、张夫猷、张萌、王一凡、宿雅萍、冯珮柔、张中俊等，在此一并向他们表示感谢。另外，本书的编写得到了山东省重点研发计划项目“区块链网络监管与安全防护关键技术”(批准号：2019JZZY020129)和西安电子科技大学科技专著出版基金资助项目的支持，特此表示感谢。

由于作者水平有限，书中不妥之处在所难免，恳请读者提出宝贵意见。

作　者

2022年2月于西安

目　　录

第一章　绪论 1
1.1　区块链的起源与发展 2
1.1.1　区块链简介 2
1.1.2　区块链的发展历程 3
1.2　区块链的分类 4
1.3　区块链的层次结构 6
1.4　区块链的安全问题 7
参考文献 8
第二章　区块链的密码学技术 10
2.1　哈希函数 10
2.1.1　哈希函数概述 10
2.1.2　区块链中常用的哈希函数 11
2.2　数字签名 15
2.2.1　数字签名概述 16
2.2.2　区块链中常用的数字签名算法 17
2.3　Merkle 树 19
2.3.1　Merkle 树概述 19
2.3.2　Merkle 树在区块链中的应用 20
2.4　零知识证明 20
2.4.1　零知识证明概述 21
2.4.2　零知识证明在区块链中的应用 21
参考文献 22
第三章　区块链共识机制 24
3.1　共识机制的分类 24
3.2　系统模型与特性 25
3.2.1　系统模型 25
3.2.2　成员选举共识特性 26
3.2.3　状态共识特性 27
3.3　成员选举共识 27
3.3.1　PoW 27
3.3.2　PoS 30
3.3.3　DPoS 31
3.3.4　其他成员选举共识算法 33
3.4　状态共识 43

3.4.1 中本聪共识 44
3.4.2 GHOST 45
3.4.3 拜占庭类共识算法 46
3.4.4 Paxos 共识 53
3.4.5 Raft 共识 55
3.4.6 基于排序的共识算法 60
3.4.7 Thunderella 共识算法 62
3.4.8 混合共识算法 62
参考文献 64
第四章 区块链 1.0：密码货币 68
4.1 比特币简介 68
4.2 比特币的核心概念 69
4.2.1 比特币交易 69
4.2.2 比特币脚本 73
4.3 比特币技术原理 74
4.3.1 比特币架构 74
4.3.2 数据层 75
4.3.3 网络层 79
4.3.4 共识层 80
4.3.5 激励层 82
4.3.6 应用层 83
4.4 比特币钱包 83
4.4.1 钱包概述 83
4.4.2 非确定性钱包 83
4.4.3 确定性钱包 84
4.4.4 分层确定性钱包 84
4.4.5 助记词 85
4.4.6 钱包地址生成 86
4.5 骨架协议 88
4.5.1 骨架协议的概念 88
4.5.2 骨架协议的应用 93
4.6 比特币安全 97
4.6.1 比特币安全原则 97
4.6.2 最佳用户安全实践 99
4.7 区块链应用 100
4.7.1 染色币 102
4.7.2 合约币 102
4.7.3 比特币现金 103
4.7.4 RootStock 平台 103

4.7.5 HiveMind 预测市场 103
4.8 其他密码货币 104
4.8.1 Primecoin 104
4.8.2 Permacoin 104
4.8.3 PPCoin 105
4.8.4 Litecoin 105
4.8.5 Zcash 106
4.8.6 Dogecoin 106
参考文献 106
第五章 区块链 2.0：以太坊 108
5.1 以太坊简介 108
5.1.1 以太坊 1.0 108
5.1.2 以太坊 2.0 110
5.2 数据层 111
5.2.1 编码技术 111
5.2.2 数据结构 112
5.3 网络层 116
5.3.1 以太坊节点 116
5.3.2 以太坊网络 117
5.3.3 以太坊测试网络 119
5.3.4 以太坊本地私链 122
5.4 共识层 123
5.4.1 Ethash 算法 123
5.4.2 Ghost 协议 129
5.4.3 Casper 算法 130
5.5 激励层 130
5.5.1 以太币 130
5.5.2 Gas 机制 131
5.5.3 挖矿奖励 133
5.6 合约层 134
5.6.1 智能合约 134
5.6.2 运行环境 135
5.6.3 编程语言 139
5.6.4 开发环境 143
5.7 应用层 146
5.7.1 DApp 概述 147
5.7.2 以太坊开发环境搭建 148
5.7.3 Geth 使用 151
5.7.4 搭建以太坊私有链 153

5.7.5 以太坊编程接口 161
5.7.6 DApp 开发工具及框架 167
5.7.7 Truffle 开发案例：宠物商店 177
参考文献 186
第六章 区块链系统的攻击与防御 188
6.1 区块链安全态势 188
6.2 区块链数据层攻击 191
6.2.1 数据隐私窃取 191
6.2.2 恶意数据攻击 193
6.2.3 防御策略与方法 193
6.3 区块链网络层攻击 195
6.3.1 针对 P2P 网络的攻击 195
6.3.2 防御策略与方法 200
6.4 区块链共识层攻击 201
6.4.1 共识机制对比 201
6.4.2 针对授权共识机制的攻击 201
6.4.3 针对非授权共识机制的攻击 203
6.4.4 防御策略与方法 207
6.5 区块链合约层攻击 210
6.5.1 针对智能合约的攻击 210
6.5.2 针对合约虚拟机的攻击 214
6.5.3 智能合约安全的开源工具 215
6.5.4 防御策略与方法 218
6.6 区块链应用层攻击 219
6.6.1 挖矿场景中的攻击 220
6.6.2 区块链交易场景中的攻击 224
6.6.3 防御策略与方法 228
6.7 区块链攻击簇与安全防御体系 231
6.7.1 区块链攻击簇 235
6.7.2 区块链安全防御体系 236
参考文献 239
附录 英文缩略词中文对照 246

第一章 绪 论

区块链(Blockchain)是一种由多方共同维护，使用密码学技术保证数据安全传输和访问，保证数据存储完整性，具有可验证、防篡改、能溯源、去中心化等特性的记账技术，也称为分布式账本技术。从本质上讲，区块链是一种去中心化的分布式数据库，在增加数据价值实现过程的透明性方面具有天然的优势[1]，通过构建防篡改、可追溯的分布式账本，建立起新的网络信任机制，实现数字资产在互联网上的高效流通，从而实现信息互联网向价值互联网的转变。

2008 年 11 月，区块链技术首次出现在中本聪(Satoshi Nakamoto)于密码学论坛上发表的比特币(Bitcoin)白皮书 *Bitcoin: A Peer-to-Peer Electronic Cash System*[2]一文。作为比特币的底层技术，区块链是一种将数据区块按照时间顺序相连的方式组合成块链式数据结构，并利用密码学方法保证数据的不可篡改和伪造的分布式账本[3]。它并不是一种单一的技术，而是多种技术整合的结果，主要包括分布式网络、共识机制、智能合约、哈希(Hash)算法、数字签名、隐私保护、跨链等关键技术。区块链以密码学基础理论技术为基础，同时与大数据、云计算、人工智能等新一代信息技术深度融合，采用新的信任机制构建安全数据计算环境，引发了数据工作模式的变革性发展。

如图 1.1 所示，相对于传统的分布式数据库，区块链主要的技术优势包括：

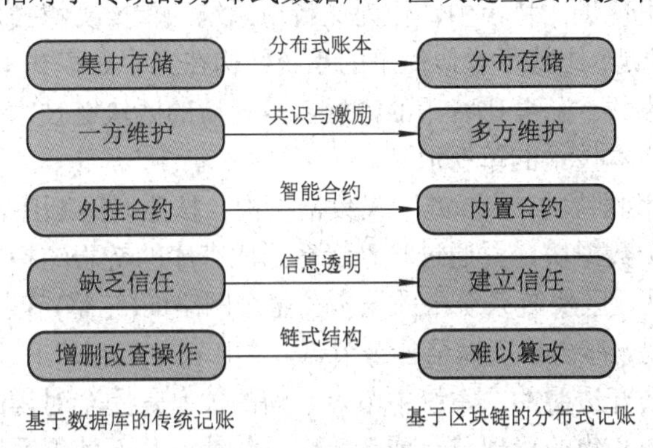

图 1.1 区块链与传统数据库架构

一是从集中式存储账本演进到分布式共享账本。区块链打破了原有的集中式记账，变成“全网共享”的分布式账本，参与记账的各方之间通过同步协调机制，保证数据的一致性，提升了支付和清结算效率。

二是突破了传统中心化的信任机制问题。网络中不存在中心节点，所有节点地位平等，通过点对点传输协议达成整体共识。

三是数据安全且难以篡改。每个区块的数据都会通过非对称密码算法加密，并分布式同步到所有节点，确保任何节点停止工作都不影响系统的整体运作。

1.1　区块链的起源与发展

纵观人类历史发展进程，货币的出现起到了至关重要的作用，它使人类社会摆脱了物物交换的束缚，极大地促进了人类文明的发展。无论是最初的贝壳、布帛等实物，还是后来以金、银等为代表的金属货币，乃至再后来的纸币、数字货币等全新的货币形态，其本质都是建立价值交换与传递体系。

数字货币依托计算机和互联网技术进行存储、支付和流通，具有使用简便、可靠、安全等优点。现阶段数字货币通常以银行为媒介，集金融储蓄、信贷和非现金结算等多种功能为一体，可广泛应用于生产、交换、分配和消费领域。然而，设计一种实用化的数字货币绝非易事，其中面临的一个核心问题是如何完成价值转移。由于数字货币可以轻而易举地进行复制，因此，简单地发送数字货币无法实现价值转移(这一点不同于纸币的流通)。为了防止同一个数字货币被重复使用，银行往往要作为可信第三方出现。在去中心化的应用场景下，设计一个安全的数字货币系统仍然是一个难题。

2008 年 11 月 1 日，中本聪提出了第一个完全去中心化的数字货币系统——比特币。比特币是根据特定的算法计算产生的，不依靠特定的货币机构发行，它通过分布式数据库确认并记录所有交易行为，确保无法通过大量制造比特币造成币值混乱。比特币使用密码学来保证货币流通的安全性，确保比特币只能被真实用户使用，保证了货币所有权和交易匿名性。

1.1.1　区块链简介

区块链技术最早出现于比特币中，作为比特币系统的重要支撑技术，用于实现分布式记账功能。令人惊讶的是，比特币看似简单的系统结构在无中心模式下一直保持稳定运行，从未发生严重的系统事故。随着比特币的流行，其背后的区块链技术受到了越来越多的关注，并引发了分布式账本技术的革新浪潮。

首先，区块链采用独特的“块+链”式数据结构，按照时间顺序，将特定时间内的全部交易单组合成一个个数据块，并通过哈希运算形成有序的链表结构，从而保证了链上数据的不可篡改性。其次，区块链系统中的账本在整个网络的(完整)节点之间进行同步共享，系统中每产生一笔交易，都会被广播至各个节点，并由节点上的矿工进行验证和更新记录。再次，区块链系统是公开透明的。系统中节点之间的关系是完全对等的，可以自由加入或者离开，不存在任何中心化的管理节点或者第三方仲裁，从而使得系统不会因为少数节点的崩溃而影响账本信息的完整性。最后，区块链引入了共识机制，通过采用工作量证明(Proof of Work, PoW)[4]、权益证明(Proof of Stake, PoS)[5]、拜占庭容错(Byzantine Fault Tolerance, BFT)[6]等共识机制使所有节点严格按照事先约定的合约或者规则执行并最终达成共识，解决了互不信任节点之间的信任问题。

区块链给人们提供了一种在开放的不可信环境下进行价值传递的新型机制，是构建未来价值互联网的基础性技术。它被认为是人类历史上继蒸汽机、电力、互联网之后的下一代具有颠覆性的核心技术。随着云计算、大数据、物联网等新一代信息技术的发展融合，区块链在金融、医疗、司法存证、供应链等行业中的应用正在加速推进。区块链特有的去中心化等优势将有助于企业降低成本，不断催生新的商业模式。不久的将来，区块链将深入人们生活的方方面面，为人们的生活带来更多的便利。

1.1.2 区块链的发展历程

区块链技术的诞生最早可以追溯到公钥密码学和分布式计算理论，其底层的核心技术包括哈希函数、数字签名、点对点网络、共识算法和智能合约等。在区块链技术兴起之前，这些技术已经被广泛应用于互联网环境。区块链看起来似乎是已有技术的简单组合，但这并不能削弱区块链技术的贡献，其原创性的去中心化思想彻底颠覆了人们之前对电子货币的认知，引起了学术界和工业界的广泛关注。

区块链作为比特币的底层技术进入公众视野以来得到了迅猛发展，其发展历程可分为可编程密码货币、可编程金融和可编程社会 3 个阶段，也分别称为区块链 1.0 时代、区块链 2.0 时代、区块链 3.0 时代。

1. 区块链 1.0 时代(2009—2012 年)

2009 年 1 月，比特币系统正式上线，标志着比特币网络的正式诞生。简单来讲就是将区块式交易数据按照时间顺序进行哈希运算并广播给全网用户，从而保证了数据的公开透明且防篡改。随着第一批比特币被挖出来，区块链 1.0 时代正式开启。

在区块链 1.0 时代，区块链的应用主要聚焦在密码货币领域，典型代表包括比特币、莱特币(Litecoin)等，因此也被称为可编程密码货币时代。比特币的出现带来了数字支付系统的革新，它是一种全新的、低成本的、去中心化的数字支付系统，使货币交易不再受时间、地点、国家的限制。2010 年 5 月 22 日，程序员 Laszlo Hanyec 用 1 万个比特币购买了 2 个价值 25 美元的披萨，这是史上首笔比特币与实物的交易，具有重要意义[7]。

比特币等密码货币的流行使人们开始关注区块链，这对于区块链技术的传播起到了极大的促进作用。然而，比特币系统是一个专为密码货币设计的专用系统，其对于密码货币之外的应用场景支持有限，在一定程度上限制了区块链技术的普及。

2. 区块链 2.0 时代(2013—2017 年)

2013 年起，随着以太坊(Ethereum)[8]平台的兴起，区块链的应用范围得到了极大的拓展，其本质是将区块链当作一个可编程的分布式信用基础设施，对金融领域更广泛的应用场景进行优化，使得区块链的应用范围从单一的密码货币领域拓展到了金融领域的方方面面，比如股票、保险、清算等。因此，区块链 2.0 时代也被称为可编程金融时代。

区块链 2.0 时代最大的标志是智能合约的引入，极大地拓展了区块链的应用领域，降低了社会生产环节的信任建立与协作成本，提高了行业间的协同效率。同时，众多新的共识机制的提出，使得区块链性能得到了极大的提升。例如，以太坊采用的 PoS 共识算法将出块时间降低到了秒级，为区块链走向实用奠定了基础。

3. 区块链 3.0 时代(2018 年至今)

随着智能合约的加入，区块链在社会生活各方面的应用潜力被不断发掘，人们把超越密码货币和金融范畴的区块链应用统称为区块链 3.0 时代，也叫作可编程社会时代。区块链 3.0 时代可以为各种行业提供去中心化解决方案，不再依靠第三方机构获取信任或者建立信任，可实现信息的共享，包括在司法、医疗、物流等各个领域，可以解决信任问题，提高整个系统的运转效率。需要说明的是，到目前为止，区块链 3.0 时代对区块链各方面性能的要求均远高于前两个时代，尚未出现一个相对成熟的区块链 3.0 平台。但是，区块链 3.0 时代未来的发展必将改变人类社会的各个方面，对整个世界发展产生重大影响。

1.2　区块链的分类

根据区块链网络中心化程度的不同，分化出三类不同应用场景下的区块链：

(1) 公有链(Pubic Blockchain)：全网公开，无用户授权机制的区块链。

(2) 联盟链(Consortium Blockchain)[9]或行业链：允许授权的节点加入网络，可根据权限查看信息，往往被用于机构间的区块链。

(3) 私有链(Private Blockchain)[10]：所有网络中的节点都掌握在一家机构中。

联盟链和私有链统称为许可链，公有链称为非许可链。区块链的分类及各类区块链的结构如图 1.2 所示。

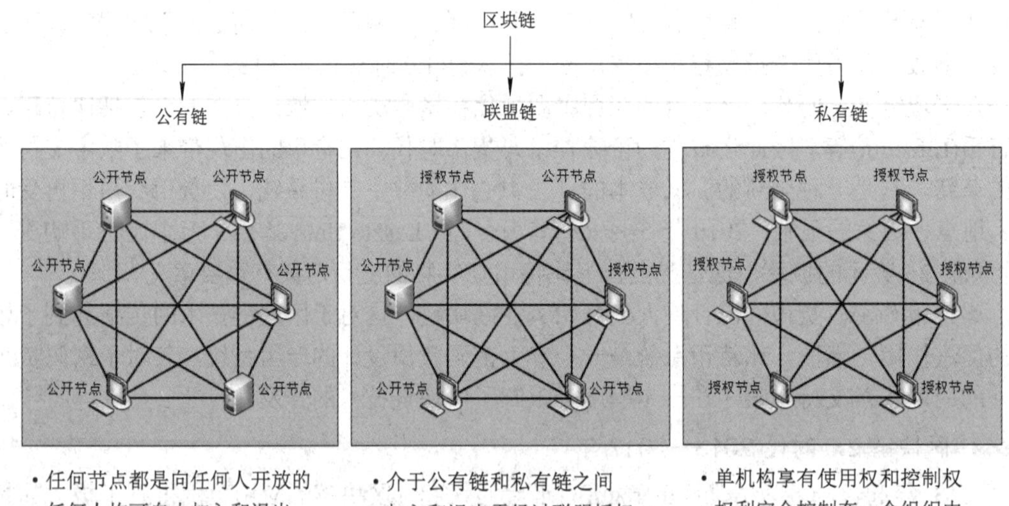

图 1.2　区块链的分类及各类区块链的结构示意图

1. 公有链

公有链是任何人都可读取、发送交易且交易能获得有效确认的、任何人都能参与共识过程的区块链。公有链作为中心化或者准中心化信任的替代物，通常被认为是完全去中心化的区块链形式。公有链适用于密码数字货币、金融交易系统等需要公众参与、保证数据公开透明的系统。公有链的安全通过 PoW 机制、PoS 机制或授权权益证明(Delegated Proof of Stake，DPoS)等方式维护，遵循每个人可从中获取与共识过程作出贡献成正比的经济奖励的一般原则，有效结合了密码学和激励机制，保证了公有链的安全。目前典型的公有链平台有比特币和以太坊。

公有链保护用户免受开发者的影响，其开放性可应用于多个领域，但公有链在某些特定环境下(如需保护数据隐私等)具有一定的局限性，例如其完全透明公开导致无法保护数据隐私，其不可更改性将降低一定的灵活性。同时，公有链存在公共区块交易费用较高、确认速度慢等弊端。

2. 联盟链

联盟链是指由若干利益相关的组织或机构组成联盟，共同参与管理的区块链，每个组织或机构都可以管理一个或多个节点。例如，15 个金融机构组成的共同体构建了联盟链，每个机构运行一个节点，且为使每个区块生效，区块链系统需要获得其中 10 个机构的确认，即达到 2/3 确认率才可确认区块。联盟链介于公有链和私有链之间。联盟链采用多中心化，可以极大改善系统信任问题，可以联合多企业共存的行业，对产业或国家的特定清算、结算有较大改善，可以降低两地结算的成本和时间，比现有的系统简单且效率更高。同时，联盟链继承中心化的优点，易进行控制权限设定，具有更高的可扩展性。

目前，几乎所有的科技巨头或多或少地都采用了一体化模式，并将之应用到企业的服务上。一旦企业建立自己的私链、行业之间建立联盟链，企业之间的交流、合作将会更简单。但行业不同可能存在需求不同，导致实现难度非常大。例如，金融行业既要在各个企业之间建立信息互通机制，又要使企业的金融交易信息和数据得到有效的安全保障。一些安全风险需要有效过滤，敏感信息需要有效保护，此时私有链与联盟链就具有很大作用。典型的联盟链平台有超级账本(Hyperledger)、Quorum 和 R3 CEV 等。

3. 私有链

私有链对数据的写入权限仅掌握在一个私有组织内部，其数据的读取权限不对外公开或者由组织来控制开放程度。私有链具有较强的灵活性，节点之间可以很好地连接，故障可以迅速通过人工干预来修复，并允许使用共识算法减少区块上链时间，从而达到节省交易时间、降低交易成本的目的。此外，私有链节点均已知，攻击风险较低，且其读取权限受到限制，可以提供更好的隐私保护，但同时存在一定的中心化系统的弊端。私有链通常是个人或公司内部搭建的链，典型的私有链平台有 Hydrachain、Eris Industries 等。

公有链、联盟链和私有链的对比如表 1.1 所示。

表 1.1 公有链、联盟链和私有链的对比

项 目	公有链	联盟链	私有链
参与者	任何人自由进出	联盟成员	链的私有者
共识机制	PoW/PoS/DPoS 等	PBFT 等	Raft 等
记账人	所有参与者	联盟成员协商确定	链的所有者自定义
激励机制	需要	可选	不需要
中心化程度	去中心化	多中心化	(多)中心化
突出特点	信用的自创建	效率高、成本优化	内部透明、安全、可追溯
承载能力/(笔/秒)	3～20	1000～10000	1000～200 000
典型场景	加密数字货币	交易支付、结算等	内部审计和管理
代表项目	比特币、以太坊	Hyperledger、R3 CEV、Quorum	Hydrachain、Eris Industries

1.3　区块链的层次结构

一般来说，区块链系统是由数据层、网络层、共识层、激励层、合约层和应用层 6 个部分组成的(见图 1.3)，各层相互配合以实现去中心化的信任机制。其中，数据层、网络层、共识层是构建区块链系统的必要元素，缺少任何一层都不能称之为真正意义上的区块链。

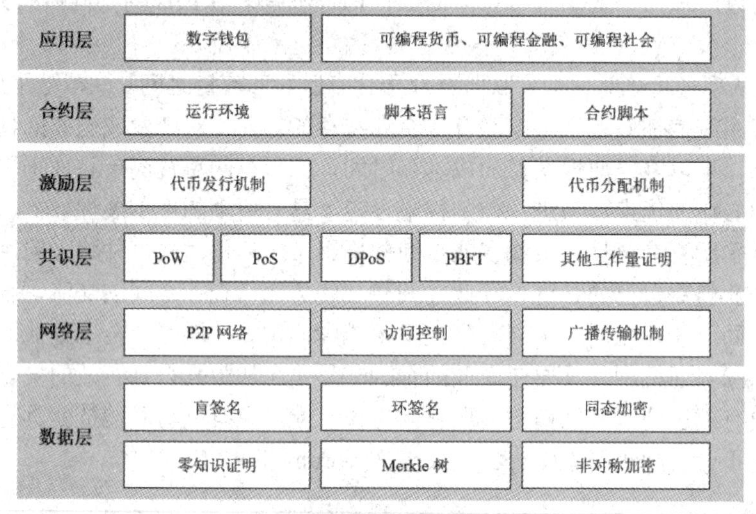

图 1.3　区块链的层次结构

1. 数据层

数据层是区块链最底层的数据结构，旨在规范各分布式节点生成结构一致的区块，并形成特定的链式区块账本，从而保证存储数据的完整性、用户账户与交易的安全性等。在区块生成过程中，每个节点通过一致的哈希算法和 Merkle 树[11]数据结构，将一段时间内接收到的交易数据和代码封装到一个带有时间戳(Timestamp)的数据区块中，并链接到当前最长的主链上。同时，该过程还涉及账户模型、数字签名、非对称加密等多种密码学算法和技术，以保证交易在去中心化的情况下能够安全地进行。

2. 网络层

网络层的本质是 P2P(Peer to Peer)网络[12]，主要通过 P2P 技术实现分布式网络的机制。网络层包括 P2P 组网机制、数据传播机制和数据验证机制。网络层中的节点既接收信息，也产生信息，节点间通过维护共同的区块链以保持通信。网络层的每个节点都可创造新区块，新区块以广播形式通知其他节点，其他节点收到新区块并验证该区块，当区块链网络中超过一半用户验证通过后，新区块可被添加至主链，从而达到全网共同维护同一个“账本”的效果。

3. 共识层

共识层主要包含共识算法以及共识机制。针对区块数据，能让高度分散的节点在去中心化的区块链网络中高效地达成共识，是区块链的核心技术之一，也是区块链社群的治理机制。现有的共识算法已超过数十种，其中较为出名的有工作量证明、权益证明、权益授权证明、重要性证明等。

4. 激励层

激励层主要包括经济激励的发行机制和分配机制，也就是通常所说的挖矿机制。激励层通过提供激励措施来激励节点参与区块链中的安全验证工作，并将经济因素纳入区块链技术体系中，激励遵守规则参与记账的节点，并处罚不遵守规则的节点。以比特币为例，其奖励机制有两种：在比特币的总量达到2100万枚之前，新区块产生后系统奖励的比特币和每笔交易扣除的比特币(手续费)；当比特币的总量达到2100万枚时，新产生的区块将不再生产比特币，奖励主要是每笔交易所扣除的手续费。

5. 合约层

合约层是区块链可编程的基础，主要包括各种脚本、代码、算法及智能合约。合约层是区块链实现信任的基础，它将代码嵌入区块链或令牌中，自定义实现智能合约，并在达到某个确定的约束条件的情况下，无须经由第三方就能够自动执行。

6. 应用层

区块链的应用层封装了众多应用场景和案例，类似于计算机操作系统中的应用程序，互联网浏览器上的门户网站、搜索引擎、电子商城或手机端上的APP，比如社交娱乐、电商购物、新闻阅读等各种不同的应用场景。可将区块链技术应用部署在以太坊、EOS[13]、QTUM[14]上，并在现实生活场景中落地。未来的可编程金融也将会搭建在应用层上。

1.4 区块链的安全问题

区块链作为一种多技术融合的新兴服务架构，因其去中心化、不可篡改等特点，受到了学术界和工业界的广泛关注。然而，由于区块链技术架构的复杂性，针对区块链的攻击方式层出不穷，逐年增加的安全事件导致了巨大的经济损失，严重影响了区块链技术的发展与应用。在区块链 1.0 的应用进程中，区块链技术的安全漏洞在复杂多样的应用场景中愈加明显，攻击者可以针对这些安全漏洞发起恶意攻击，从而非法攫取利益。此外，在数据即价值的时代，攻击者的目标不再局限于代币的双花[15]和盗取，蕴涵交易隐私、用户隐私的区块链数据成为攻击者的新目标。从根本上来讲，区块链容易受到攻击的原因主要有以下几个方面：

(1) 由于区块链去中心化的特点，一方面大多数公有链并没有管理者和监督者，处于难以监管的状态，这就给了攻击者可乘之机；另一方面世界各国对于加密货币所持有的态度不同，给了攻击者在区块链一些应用领域(如电子货币、加密货币)为所欲为的机会。

(2) 区块链使用的密码算法、签名算法等本身的局限性(如大量的计算开销)，使其难以在实用性和安全性之间把握平衡。

(3) 区块链在网络层、应用层等结构中使用了很多传统网络中原有的协议和机制，而这些协议和机制本身就存在相应的攻击，所以区块链系统很难避免传统网络中网络层和应用层所面临的攻击。

(4) 区块链中的某些共识机制对于每一个节点并不是完全平等的，其算力不平等、持有货币不平等的现象使得拥有更强能力的节点很容易控制整个区块链，从而给区块链系统带来负面的影响。

目前，区块链网络中发生的安全事件以网络层、合约层和应用层攻击为主。其中，网络层攻击多为传统网络中的常见安全问题，这是由当前区块链网络基于传统网络的现状导致的。因此，传统网络中的安全防御技术也可以用于解决区块链网络层攻击。区块链安全防御体系可以通过不断兼容传统网络中已有或新兴的安全防御技术来保证区块链网络的安全运行。此外，合约层攻击和应用层攻击大多是由代码漏洞、客户端漏洞和用户社会行为漏洞导致的，这些最底层的漏洞是无法完全避免的，所以本书介绍的区块链安全防御体系旨在不断完善区块链底层模型设计，通过科学合理的制度不断规范用户的行为，以此减少安全漏洞。同时，在技术兼容方面，区块链安全防御体系可以通过不断兼容新型的漏洞检测方法或策略来完善自身集成式的代码评估模型，以此保证区块链系统的健壮性。

值得注意的是，目前已发生的区块链安全事件大多只会影响区块链网络的正常运行，无法从根本上摧毁区块链系统，这是因为区块链的底层技术和合理运行机制在一定程度上保证了区块链系统的安全性。一旦数据层和共识层中的大多数攻击，如碰撞攻击、量子攻击、51%攻击[16]等目前仅理论上可行的区块链攻击具备实际发生的条件，则区块链系统无疑面临着崩溃的风险。因此，构建区块链安全防御体系需要在保证当前系统安全的同时，通过技术预研增强防御体系自身的稳健性。

随着区块链技术的不断推广与应用，复杂多样的应用场景将使区块链技术面临更加严峻的安全威胁，而区块链攻击技术势必会关注区块链具体应用场景中由于技术低耦合性导致的安全漏洞。此外，云计算、边缘计算、物联网等新兴技术体系与区块链技术的融合发展势必成为一种颇具前景的区块链发展模式，而各种技术的短板及技术体系之间的耦合程度仍将成为攻击者的攻击目标。最后，服务场景和技术架构的复杂化可能为攻击者实现51%攻击、双花攻击等提供一条新的攻击序列。针对这些潜在的安全威胁，通过维护区块链攻击关联视图来准确评估系统安全性，结合“底层模型设计+上层技术兼容”提供安全防御的模式，将成为区块链安全防御技术的主流。尤其是在技术兼容方面，态势感知、溯源追踪、机器学习等新兴技术的应用将大大提升区块链系统安全防御体系的网络监管和预警能力，为实现快速的攻击检测与溯源追踪提供可能。

参考文献

[1] 孟小峰，刘立新. 区块链与数据治理[J]. 中国科学基金，2020，34(1): 12-17.

[2] NAKAMOTO S. Bitcoin: A Peer-to-Peer Electronic Cash System[J]. Decentralized Business Review, 2008: 21260.

[3] 中国区块链技术和应用发展白皮书[R]. 中华人民共和国工业和信息化部, 2018.

[4] JAKOBSSON M, JUELS A. Proofs of Work and Bread Pudding Protocols[M]//Preneel B. Secure Information Networks. Boston: MA, Springer, 1999: 258-272.

[5] SALEH F. Blockchain Without Waste: Proof-of-stake[J]. The Review of financial studies, 2021, 34(3): 1156-1190.

[6] DRISCOLL K, HALL B, Sivencrona H, et al. Byzantine Fault Tolerance, From Theory to Reality[C]. International Conference on Computer Safety, Reliability, and Security. Berlin, Springer, 2003: 235-248.

[7] KHARPAL, A. Everything You Need to Know About the Blockchain. CNBC. 18 June 2018.

[8] BUTERIN V. A Next-Generation Smart Contract and Decentralized Application Platform[J]. Ethereum White Paper, 2014.

[9] WALKER M. Front-to-Back Designing and Changing Trade Processing Infrastructure[J]. 2018.

[10] BOB M. Blockchain: The Invisible Technology That's Changing the World. PC MAG Australia. August 2017.

[11] MERKLE R C. A Digital Signature Based on A Conventional Encryption Function[C]. Conference on the Theory and Application of Cryptographic techniques. Berlin: Springer, 1987: 369-378.

[12] SCHOLLMEIER R. A Definition of Peer-to-Peer Networking for the Classification of Peer-to-Peer Architectures and Applications[C]. Proceedings First International Conference on Peer-to-Peer Computing. IEEE, 2001: 101-102.

[13] https://eos.io/.

[14] https://qtum.org/.

[15] CHOHAN U W. The Double Spending Problem and Cryptocurrencies[J]. SSRN Electonic Journal, 2017.

[16] ROBERTS J J. Bitcoin Spinoff Hacked in Rare'51% Attack'[J]. Fortune, 2018.

第二章　区块链的密码学技术

区块链是一种全新的分布式基础架构，密码学技术在区块链中得到了广泛的应用。本章将结合比特币、ZCash、门罗币等货币的生成和交易阐述哈希函数、Merkle 树、数字签名、零知识证明等密码学技术。

2.1　哈希函数

2.1.1　哈希函数概述

所谓哈希函数，简单地说就是一种将任意长度的消息压缩到某一固定长度的消息摘要的函数。哈希函数可分为有密钥控制的和无密钥控制的，其中有密钥控制的哈希函数不仅与输入有关，而且和密钥有关，只有持此密钥的人才能计算出相应的哈希值，因而有身份认证功能，如 MAC。无密钥控制的哈希函数，其哈希值仅是输入消息的函数值，任何人都可以计算，因而不具有身份认证功能，只可以用于检测接收消息的完整性，如 MDC[1]。哈希函数已被广泛应用于密码学和数据安全技术中，是实现有效、安全可靠数字签名和认证的重要工具，是安全认证协议中重要的模块。

1. 哈希函数的概念

哈希函数又称杂凑函数、散列函数或压缩函数等，是将任意长消息 m 映射成一个较短的固定长度的输出值 H 的函数[1]，记作 h，有 $h(m)=H$，其函数值 H 通常被称为哈希值、杂凑值、散列值、消息摘要或者数字指纹等。不难看出哈希值的空间通常远小于输入的空间，这意味着不同的输入可能会有相同的输出，因此它是一个多对一的映射。

2. 哈希函数的性质

哈希函数具有以下特性：

(1) 对于任意长度的消息，哈希函数产生定长的输出。

(2) 对于任意给定的消息 m，计算哈希值 $h(m)$比较容易，硬件和软件均可以实现。

(3) 单向性：对任意给定的哈希函数 h，找到满足 $h(m)=H$ 的 m 在计算上是不可行的。

(4) 雪崩效应：对任意给定的消息 m，即使发生一个微小的改变都会产生几乎完全不同的哈希值。

(5) 抗弱碰撞性：对于任意给定的消息 m，找到另一不同的消息 m'，使得两者的哈希值 $h(m)=h(m')$在计算上是不可行的。

(6) 抗强碰撞性：找到任何满足哈希值 $h(m)=h(m')$ 的消息 m 和 m' 在计算上是不可行的。

2.1.2　区块链中常用的哈希函数

区块链之所以称为“链”，是因为使用了一个由信息哈希值构成的指针链表，这个链表可以链接一系列区块。具体来说，每个区块使用其哈希值作为指针，而这个哈希值会被存储在后一个区块中以方便查找其位置，同时，这个哈希值也可以用来验证这个区块所包含的数据是否发生了变化。此外，在区块链底层数组结构中也用到了哈希函数来进行存储以方便查找。因此，哈希函数可以看作是区块链的基石，在区块链中常用的哈希函数是 SHA-256 算法和 RIPEMD-160 算法。

1. SHA-256 算法

SHA(Secure Hash Algorithm)是由美国国家安全局(National Security Agency，NSA)设计，美国国家标准与技术研究院(National Institute of Standards and Fechnology，NIST)发布的一系列密码散列函数[2]。它经历了 SHA-0、SHA-1、SHA-2、SHA-3 系列的发展，其中 SHA-256 是 SHA-2 系列中的函数之一，其输入的消息最大长度不超过 2^{64} bit，输入按 512 bit 分组进行处理，产生的输出是一个 256 bit 的消息摘要。在比特币系统中，SHA-256 主要用于加密交易区块的构造，同时与 RIPEMD-160 配合使用生成比特币地址。此外，PoW 的共识机制也是基于寻找给定前缀的 SHA-256 哈希值。

下面介绍 SHA-256 算法的具体步骤[3]。假设有一个 l bit 的输入消息 m，通过以下 5 个步骤得到其消息摘要：

(1) 消息的填充。在原消息的基础上进行比特填充，填充后的消息模 512 与 448 同余。填充规则为：先添加一个“1”，随后添加若干个“0”。

(2) 附加长度。附加等于使用二进制表示法表示的数字 l 的 64 bit 块。例如，消息“abc”的长度为 $8\times3=24$，因此该消息用 1 bit 填充，之后填充 $448-(24+1)=423$ 个 0 bit，然后是消息长度，成为 512 bit 填充消息：

$$\underbrace{01100001}_{``a"}\ \underbrace{01100010}_{``b"}\ \underbrace{01100011}_{``c"}\ 1\ \overbrace{00\ldots00}^{423}\ \overbrace{00\ldots0\underbrace{11000}_{l=24}}^{64}$$

填充消息的长度现在应该是 512 bit 的倍数。

(3) 消息解析。填充消息被解析成 N 个 512bit 的块：$m^{(1)},m^{(2)},\cdots,m^{(N)}$。由于输入块的 512bit 可以表示为 16 个 32bit 字，因此消息块 i 的前 32bit 被表示为 $m_0^{(i)}$，接下来的 32bit 是 $m_1^{(i)}$，依此类推直到 $m_{15}^{(i)}$。

(4) 设置初始值。初始哈希值 $H^{(0)}$ 由以下 8 个十六进制 32bit 字组成：

$$H_0^{(0)}=6a09e667$$
$$H_1^{(0)}=bb67ae85$$
$$H_2^{(0)}=3c6ef372$$

$$H_3^{(0)} = \text{a54ff53a}$$
$$H_4^{(0)} = \text{510e527f}$$
$$H_5^{(0)} = \text{9b05688c}$$
$$H_6^{(0)} = \text{1f83d9ab}$$
$$H_7^{(0)} = \text{5be0cd19}$$

这些字是通过取前 8 个素数的平方根的小数部分的前 32 bit 得到的。

(5) 处理主循环模块。

For i = 1 to N:

{

① 准备消息时间表$\{W_t\}$：

$$W_t = \begin{cases} M_t^{(i)} & 0 \leqslant i < 15 \\ \sigma_1^{\{256\}}(W_{t-2}) + W_{t-7} + \sigma_0^{\{256\}}(W_{t-15}) + W_{t-16} & 16 \leqslant \mathrm{i} < 63 \end{cases}$$

② 使用$(i-1)^{st}$散列值初始化 8 个工作变量 a～h：

$$a = H_0^{(i-1)}$$
$$b = H_1^{(i-1)}$$
$$c = H_2^{(i-1)}$$
$$d = H_3^{(i-1)}$$
$$e = H_4^{(i-1)}$$
$$f = H_5^{(i-1)}$$
$$g = H_6^{(i-1)}$$
$$h = H_7^{(i-1)}$$

③ For $t = 0$ to 63

{

$$T_1 = h + \sum_1^{256}(e) + \mathrm{Ch}(r, f, g) + K_t^{256} + W_t$$

$$T_2 = \sum_0^{256}(a) + \mathrm{Maj}(a, b, c)$$

$h = g$

$g = f$

$f = e$

$e = d + T_1$

$d = c$

$c = b$

$b = a$

$a = T_1 + T_2$.

}

④ 计算第 i 个中间 Hash 值 $H^{(i)}$：

$$H_0^{(i)} = a + H_0^{(i-1)}$$
$$H_1^{(i)} = b + H_1^{(i-1)}$$
$$H_2^{(i)} = c + H_2^{(i-1)}$$
$$H_3^{(i)} = d + H_3^{(i-1)}$$
$$H_4^{(i)} = e + H_4^{(i-1)}$$
$$H_5^{(i)} = f + H_5^{(i-1)}$$
$$H_6^{(i)} = g + H_6^{(i-1)}$$
$$H_7^{(i)} = h + H_7^{(i-1)}$$

}

在总共重复 N 次步骤 1～4(即处理 $m^{(\mathrm{N})}$)，得到消息 m 的 256 bit 消息摘要：

$$H_0^{(\mathrm{N})} \| H_1^{(\mathrm{N})} \| H_2^{(\mathrm{N})} \| H_3^{(\mathrm{N})} \| H_4^{(\mathrm{N})} \| H_5^{(\mathrm{N})} \| H_6^{(\mathrm{N})} \| H_7^{(\mathrm{N})}$$

2. RIPEMD-160 算法

RIPEMD(RACE Integrity Primitives Evaluation Message Digest，RACE 原始完整性校验消息摘要)是一种加密哈希函数，由比利时鲁汶大学 Hans Dobbertin、Antoon Bosselaers 和 Bart Prenee 组成的 COSIC 研究小组发布于 1996 年，主要借用了 MD4 的设计原理，并对 MD4 的算法缺陷进行了改进。目前，RIPEMD 系列主要有 4 种算法，分别为 RIPEMD-128、RIPEMD-160、RIPEMD-256 和 RIPEMD-320。其中 RIPEMD-160 是 RIPEMD 系列中最常用的版本，是基于 Merkle-Damgard 构造的加密散列函数，它的输出是一个 160 bit 的消息摘要。在比特币系统中，RIPEMD-160 与 SHA-256 配合使用生成比特币地址，简单来说，首先使用随机数发生器生成一个私钥，然后用 SECP256K1 椭圆曲线算法生成一个公钥 K，用公钥 K 作为 SHA-256 算法的输入生成一个 256 bit 的消息摘要，然后将其作为 RIPEMD-160 算法的输入，生成一个长度为 160 bit(20 B)的消息摘要，最后对其进行 Base58check 编码(前缀版本为 0x00)生成比特币地址。

RIPEMD-160 算法的具体步骤如下[4]：

假设有一个 b bit 的输入消息 x：

(1) 常量定义。定义 5 个 32 bit 初始链接值：

$h_1 = $ 0x67452301，$h_2 = $ 0xefcdab89，$h_3 = $ 0x98badcfe，$h_4 = $ 0x10325476，$h_5 = $ 0xc3d2e1f0

为左行定义 32 bit 加法常量：

$y_{\mathrm{L}}[j] = 0, 0 \leqslant j \leqslant 15$

$y_L[j]=0x5a827999, 16 \leqslant j \leqslant 31$ (2 的平方根)

$y_L[j]=0x6ed9eba1, 32 \leqslant j \leqslant 47$ (3 的平方根)

$y_L[j]=0x8f1bbcdc, 48 \leqslant j \leqslant 63$ (5 的平方根)

$y_L[j]=0xa953fd4e, 64 \leqslant j \leqslant 79$ (7 的平方根)

为右行定义 32 bit 加法常量：

$y_R[j]=0x50a28be6, 0 \leqslant j \leqslant 15$ (2 的平方根)

$y_R[j]=0x5c4dd124, 16 \leqslant j \leqslant 31$ (3 的平方根)

$y_R[j]=0x6d703ef3, 32 \leqslant j \leqslant 47$ (5 的平方根)

$y_R[j]=0x7a6d76e9, 48 \leqslant j \leqslant 63$ (7 的平方根)

$y_R[j]=0, 64 \leqslant j \leqslant 79$

有关压缩函数第 j 步的常量如表 2.1 所示，其中 $Z_L[j]$，$Z_R[j]$ 指定源消息在左右行中的访问顺序；$S_L[j]$、$S_R[j]$ 指定旋转的比特位置数。

表 2.1 有关压缩函数第 j 步的常量

变　量	值
$Z_L[0\cdots15]$	[0,1,2,3,4,5,6,7,8,9,10,11,12,13,14,15]
$Z_L[16\cdots31]$	[7,4,13,1,10,6,15,3,12,0,9,5,2,14,11,8]
$Z_L[32\cdots47]$	[3,10,14,4,9,15,8,1,2,7,0,6,13,11,5,12]
$Z_L[48\cdots63]$	[1,9,11,10,0,8,12,4,13,3,7,15,14,5,6,2]
$Z_L[64\cdots79]$	[4,0,5,9,7,12,2,10,14,1,3,8,11,6,15,13]
$Z_R[0\cdots15]$	[5,14,7,0,9,2,11,4,13,6,15,8,1,10,3,12]
$Z_R[16\cdots31]$	[6,11,3,7,0,13,5,10,14,15,8,12,4,9,1,2]
$Z_R[32\cdots47]$	[15,5,1,3,7,14,6,9,11,8,12,2,10,0,4,13]
$Z_R[48\cdots63]$	[8,6,4,1,3,11,15,0,5,12,2,13,9,7,10,14]
$Z_R[64\cdots79]$	[12,15,10,4,1,5,8,7,6,2,13,14,0,3,9,11]
$S_L[0\cdots15]$	[11,14,15,12,5,8,7,9,11,13,14,15,6,7,9,8]
$S_L[16\cdots31]$	[7,6,8,13,11,9,7,15,7,12,15,9,11,7,13,12]
$S_L[32\cdots47]$	[11,13,6,7,14,9,13,15,14,8,13,6,5,12,7,5]
$S_L[48\cdots63]$	[11,12,14,15,14,15,9,8,9,14,5,6,8,6,5,12]
$S_L[64\cdots79]$	[9,15,5,11,6,8,13,12,5,12,13,14,11,8,5,6]
$S_R[0\cdots15]$	[8,9,9,11,13,15,15,5,7,7,8,11,14,14,12,6]
$S_R[16\cdots31]$	[9,13,15,7,12,8,9,11,7,7,12,7,6,15,13,11]
$S_R[32\cdots47]$	[9,7,15,11,8,6,6,14,12,13,5,14,13,13,7,5]
$S_R[48\cdots63]$	[15,5,8,11,14,14,6,14,6,9,12,9,12,5,15,8]
$S_R[64\cdots79]$	[8,5,12,9,12,5,14,6,8,13,6,5,15,13,11,11]

(2) 预处理。填充 x，使其比特长度是 512 的倍数。附加单个 1 bit，然后附加 $r-1(\geqslant 0)$ 个 0 bit 作为最小的 r，使得比特长 64 小于 512 的倍数。最后，将 $b \bmod 2^{64}$ 的 64 bit 表示附加为首先具有最低有效字的两个 32 bit 字。设 m 是结果字符串($b+r+64=512m=32 \cdot 16m$)中 512 bit 块的数量。格式化输入由 $16m$ 个 32 bit 字组成：$x_0x_1\cdots x_{16m-1}$。初始化：$(H_1,H_2,H_3,H_4,H_5) \leftarrow (h_1,h_2,h_3,h_4,h_5)$。

(3) 计算过程。对于从 0 到 $m-1$ 的每个 i，将 16 个 32 bit 字的第 i 个字块复制到临时存储器中，即 $X[j] \leftarrow x_{16i+j}$ $(0 \leqslant j \leqslant 15)$。然后：

① 执行左行的 5 个 16 步轮转，如下所示：

$(A_L, B_L, C_L, D_L, E_L) \leftarrow (H_1, H_2, H_3, H_4, H_5)$

(左边第 1 轮)对于从 0 到 15 的 j，执行以下操作：

$t \leftarrow (A_L + f(B_L, C_L, D_L) + X[z_L[j]] + y_L[j])$

$(A_L, B_L, C_L, D_L, E_L) \leftarrow (E_L, E_L + (t \hookleftarrow s_L[j]), B_L, C_L \hookleftarrow 10, D_L)$

(左边第 2 轮)对于从 16 到 31 的 j，执行以下操作：

$t \leftarrow (A_L + g(B_L, C_L, D_L) + X[z_L[j]] + y_L[j])$

$(A_L, B_L, C_L, D_L, E_L) \leftarrow (E_L, E_L + (t \hookleftarrow s_L[j]), B_L, C_L \hookleftarrow 10, D_L)$

(左边第 3 轮)对于从 32 到 47 的 j，执行以下操作：

$t \leftarrow (A_L + h(B_L, C_L, D_L) + X[z_L[j]] + y_L[j])$

$(A_L, B_L, C_L, D_L, E_L) \leftarrow (E_L, E_L + (t \hookleftarrow s_L[j]), B_L, C_L \hookleftarrow 10, D_L)$

(左边第 4 轮)对于从 48 到 63 的 j，执行以下操作：

$t \leftarrow (A_L + k(B_L, C_L, D_L) + X[z_L[j]] + y_L[j])$

$(A_L, B_L, C_L, D_L, E_L) \leftarrow (E_L, E_L + (t \hookleftarrow s_L[j]), B_L, C_L \hookleftarrow 10, D_L)$

(左边第 5 轮)对于从 64 到 79 的 j，执行以下操作：

$t \leftarrow (A_L + l(B_L, C_L, D_L) + X[z_L[j]] + y_L[j])$

$(A_L, B_L, C_L, D_L, E_L) \leftarrow (E_L, E_L + (t \hookleftarrow s_L[j]), B_L, C_L \hookleftarrow 10, D_L)$

② 与上述 5 轮并行执行一条与 $(A_R, B_R, C_R, D_R, E_R)$ 类似的右线，$y_R[j]$、$z_R[j]$、$s_R[j]$ 用下标 L 替换相应的量；轮函数的顺序颠倒，因此它们的顺序是 l、k、g、h、f。首先初始化右行工作变量：

$(A_R, B_R, C_R, D_R, E_R) \leftarrow (H_1, H_2, H_3, H_4, H_5)$

③ 执行上面的左行和右行后，按如下方式更新链接值：

$t \leftarrow H_1$，$H_1 \leftarrow H_2 + C_L + D_R$，$H_2 \leftarrow H_3 + D_L + E_R$，$H_3 \leftarrow H_4 + E_L + A_R$，$H_4 \leftarrow H_5 + A_L + B_R$，$H_5 \leftarrow t + B_L + C_R$

(4) 实现。最后的散列值是串联：$H_1 \| H_2 \| H_3 \| H_4 \| H_5$。第一个字节和最后一个字节分别是 H_1、H_5 的低位字节和高位字节。

2.2　数字签名

人类在很长时间内都采用手写签名或印章来确认政治、军事、外交等所用的文件、命令、条约，以及商业中的契约和个人之间的书信等的真实性，以便在法律上认证、核准和生效。随着计算机通信技术的发展，数字签名技术在数字社会中应运而生，它实现了类似手写签名或者印章的功能，即实现了对数字文档进行签名。手写签名与数字签名的区别为：手写签名是模拟的，因人而异；数字签名是 0 和 1 的数字串，因消息而异。与基于哈希的消息认证码(Hash-based Message Authentication Code，HMAC)相比，两者都可以用来确保传输消息的真实性(完整性)，而数字签名还可以确认消息的来源(认证性)。此外，一个数字签名可以被公开验证，这意味着签名者不能否认签名(不可抵赖性)。因此，当收发双方发生冲突时，数字签名技术可以解决他们之间的纠纷[1]。基于这些良好的性质，数字签名在信息安全，包括身份认证、数据完整性、不可否认性以及匿名性等方面已有重要的应用，特别是在大型网络安全通信中的密钥分配、认证以及电子商务系统中具有重要作用。

2.2.1　数字签名概述

1. 数字签名的概念

一个数字签名方案由定义在消息空间 M 上的 3 个概率多项式时间算法(KGen、Sign 和 Vrfy)组成，满足如下条件：

(1) 密钥生成算法 KGen：输入安全参数 k，输出签名密钥 sk 和验证密钥 pk，记作(sk, pk)←KGen(1^k)。安全参数 k 规定了签名密钥和验证密钥的长度，此外签名密钥 sk 是秘密的，只有签名者掌握。

(2) 签名算法 Sign：输入签名密钥 sk 和任意的消息 $m\in M$，输出消息 m 的签名 σ，记作 σ←Sign(sk, m)。

(3) 验证算法 Vrfy：输入验证密钥 pk，消息 m 和签名 σ，输出 True 或 False，其中 True 表示签名“有效”，False 表示签名“无效”，记作{True，False}←Vrfy(pk, m, σ)。

上述方案需要对于任意的 k，所有由 KGen 输出的(pk, sk)，以及任意的消息 $m\in M$，满足 Vrfy(pk, m, Sign(sk, m)): =True。

2. 数字签名的特点

一个有效的数字签名方案需要具有认证性(Authentication)、完整性(Integrity)和不可抵赖性(Non-Repudiation)。为了实现这些功能，数字签名还需要满足一定的安全需求，适应性选择消息攻击的不可伪造性(Existential Unforgeability Under Adaptive Chosen Message Attack，EUF-CMA)或者更高安全性的适应性选择消息攻击的强不可伪造性。数字签名的特点具体解释如下[5]：

(1) 认证性：一个有效的数字签名能够确保签名确实由认定的签名者完成，即签名者身份的真实性。

(2) 完整性：被签名的数字内容在签名后没有发生任何改变，即被签名数据(也称签名消息或简称消息)的完整性。

(3) 不可抵赖性：接收者一旦获得签名者的有效签名(包括被签名数据)，签名者就无法否认其签名行为。

(4) 适应性选择消息攻击的不可伪造性：攻击者可以自适应地选取任意消息请签名者生成并获得对应的签名，仍然无法生成一个新消息的合法签名。

(5) 适应性选择消息攻击的强不可伪造性：攻击者可以自适应地选取任意消息请签名

者生成并获得对应的签名，仍然无法生成一个新消息的合法签名或者一个已签名消息的新合法签名。

2.2.2　区块链中常用的数字签名算法

区块链中，用户采用数字签名算法来保证交易的安全性和有效性，常用的签名算法是椭圆曲线数字签名算法(Elliptic Curve Digital Signature Algorithm，ECDSA)[6]和环签名(Ring Signature)[7]。

1. 椭圆曲线数字签名算法

椭圆曲线数字签名算法是椭圆曲线对 DSA 的模拟，最初于 1992 年由 Scott Vanstone 提出以回应 NIST 对其第一个数字签名标准(Digital Signature Standard，DSS)提案的公众意见。它在 1998 年被接受为 ISO 标准(ISO 14888-3)，在 1999 年被接受为 ANSI 标准(ANSI X9.62)，并在 2000 年被接受为 IEEE 标准(IEEE 1363-2000)和 FIPS 标准(FIPS 186-2)。ECDSA 可以使用更小的密钥，提供相当等级或更高等级的安全。有研究表示 160 位的椭圆密钥与 1024 位的 RSA 密钥安全性相同，210 位的椭圆密钥与 2048 位的 RSA 密钥安全性相同。因此，同级别安全程度下，ECDSA 的处理速度更快，同时，其存储空间占用小，带宽要求低。对于存储比较受限的区块链来说，椭圆曲线数字签名更适用。在比特币系统中，通常使用 ECDSA 的签名密钥和验证密钥作为用户的密钥，用户使用签名密钥对交易进行签名，矿工使用验证密钥对交易进行验证。

一个 ECDSA 方案包括以下 4 个算法[8]：

(1) 椭圆曲线域参数：$D=(q, a, b, G, n, h)$，其中 q 表示数域 F_q 的大小，这里 q 取值为素数或者是 2 的幂次；a、b 为 F_q 上的两个元素，满足 $4a^3+27b^2 \neq 0$，定义了数域上 F_q 的椭圆曲线 $E(F_q): y^2=x^3+ax+b$；基点 $G=(x_G, y_G)\in E(F_q), G\neq 0$；$n$ 表示 G 的阶，$n>2^{160}$，$n>4\sqrt{p}$；$h=|E(F_q)|/n$，称为余因子，$|E(F_q)|$ 是椭圆曲线 $E(F_q)$ 的点数。

(2) 密钥生成算法。

① 在区间[1，$n-1$]中选择一个随机或伪随机整数 d。

② 计算 $Q=dG$。

③ 生成私钥 d(签名密钥)和公钥 Q(验证密钥)。

(3) 签名算法。

① 选择一个随机或伪随机整数 k，满足 $1\leqslant k\leqslant n-1$。

② 计算 $kG=(x_1, y_1)$，且将 x_1 转换成整数 $\overline{x}_1$。

③ 计算 $r=x_1 \bmod n$，如果 $r=0$，则回到第①步。

④ 计算 $k^{-1} \bmod n$。

⑤ 计算 SHA−1(m)，并将该位串转换成整数 e。

⑥ 计算 $s=k^{-1}(e+dr) \bmod n$，如果 $s=0$，则回到第①步。

⑦ 输出消息 m 的签名为 (r, s)。

(4) 验证算法。

① 验证 r 和 s 是区间[1，$n-1$]内的整数。

② 计算 SHA−1(m)，并将该位串转换成整数 e。

③ 计算 $w=s^{-1} \bmod n$。

④ 计算 $u_1=ew \bmod n$ 和 $u_2=rw \bmod n$。

⑤ 计算 $X=u_1G+u_2Q$。

⑥ 如果 $X=0$，则拒绝签名，否则转换 X 的 x 坐标 x_1 为整数 $\bar{x}_1$，并计算 $v=\bar{x}_1 \bmod n$。

⑦ 当且仅当 $v=r$ 时接受签名。

2. 环签名

环签名[8]于 2001 年由 Rivest、Shamir 和 Tauman 在匿名秘密泄露的背景下提出，是一种简化的群签名。在环签名中只有环成员，没有管理者，而且不需要环成员之间的合作，具体表现为：签名者利用自己的私钥和环中其他成员的公钥就能独立地进行签名，而环中的其他成员可能不知道自己已被包含在其中。因此，环签名能够对签名者实行无条件的匿名。基于此良好性质，环签名被用于比特币、门罗币等来保证交易双方的匿名性。

一个环签名方案包括以下 4 个算法[9]：

(1) 参数生成算法。

$\text{param}=\left(\mathbb{G},g,q,H_1,H_2,\text{"GENERATOR}-\mathfrak{g}\text{"}\right)$，其中 $\mathbb{G}$ 是阶为 q 的素数阶群，群 $\mathbb{G}$ 中的离散对数问题是较难的。“$H_1{:}\{0,1\}^* \to \mathbb{Z}_q$”和“$H_2{:}\{0,1\}^* \to \mathbb{G}$”是两个哈希函数，$g=H_2\left(\text{"GENERATOR}-\mathfrak{g}\text{"}\right)$。注意每个用户都可以验证 g 生成的正确性。如果公共参数由可信方执行，则可以省略哈希函数 H_2，简单设置 g 为公开参数。

(2) 密钥生成算法。

假设存在 n 个用户，其中用户 $i\in[1,n]$，随机选择数 $x_i \in_R \mathbb{Z}_q$；

计算 $y_i = g^{x_i}$；

生成私钥 x_i 和公钥 y_i。

(3) 签名算法。

用户随机选择数 $u \in_R \mathbb{Z}_q$，计算 $c_{s+1} = H_1\left(L,m,g^u\right)$；

对于 $i=s+1,\cdots,n,1,\cdots s-1$，用户随机选择 $r_i \in_R \mathbb{Z}_q$，然后计算 $c_{i+1} = H_1\left(L,m,g^{r_i} y_i^{c_i}\right)$；

计算 $r_s = u - x_s c_s \bmod q$；

输出消息 m 的签名 $R=\left(L,c_1,r_1,\cdots,r_n\right)$。

(4) 验证算法。

验证者输入 $\left(L,m,R\right)$；

计算 $z_i' = g^{r_i} y_i^{c_i}$，其中 $i=1,\cdots,n$；

计算 $c_{i+1} = H_1\left(L,m,z_i'\right)$，其中 $i=1,\cdots,n-1$；

当且仅当 $c_1 = H_1\left(L,m,z_n'\right)$ 时，接受签名。

一个环签名方案需要满足以下安全性质：

(1) 正确性：签名必须能被所有人验证。

(2) 不可伪造性：环中其他成员不能伪造真实签名者签名，外部攻击者即使在获得某个有效环签名的基础上，也不能为消息 m 伪造一个签名。

(3) 无条件匿名性：攻击者无法确定签名是由环中哪个成员生成的，即使在获得环成员私钥的情况下，概率也不超过 $1/n$，这里 n 为环成员(可能的签名者)的个数[10]。

2.3 Merkle 树

Merkle 树[11]于 1979 由 Ralph Merkle 提出，是一种特殊的二叉树结构。它逐层记录哈希值，当底层(叶节点)数据发生任何变动时，都会逐级传递到其父节点，然后一直传递到根节点，使得根节点的哈希值发生变化。基于上述性质，Merkle 树已被广泛应用于数据完整性校验、数据快速查询等研究中。

2.3.1 Merkle 树概述

1. Merkle 树的概念

一棵 Merkle 树由一组叶节点，一组中间节点和一个根节点构成。具体来说，叶节点存储数据集合的单元数据或单元数据的哈希值，中间节点存储两个子节点级联的哈希值，最上层的根节点同样也由两个子节点级联的哈希值组成。

创建一棵完整 Merkle 树的过程如图 2.1 所示。假设数据集 $D = \{\text{DATA}i|1 \leqslant i \leqslant 8\}$，对这 8 个数据分别做哈希计算，得到 8 个叶节点 NODE$i = h(\text{DATA}i)$，$1 \leqslant i \leqslant 8$。然后对 NODE1 和 NODE2 级联，并对级联后的值做哈希计算，得到 NODE12 = h(NODE1||NODE2)，分别对 NODE3 和 NODE4、NODE5 和 NODE6、NODE7 和 NODE8 做同样的操作，最后得到 NODE12、NODE34、NODE56 和 NODE78 共 4 个中间节点。重复上述操作，分别将 NODE12 与 NODE34 级联、NODE56 与 NODE78 级联，然后分别对级联后的值做哈希计算，得到 NODE1234 和 NODE5678 共 2 个中间节点。最后，将 NODE1234 与 NODE5678 级联，再对级联后的值做哈希计算，得到根节点 TOP NODE。

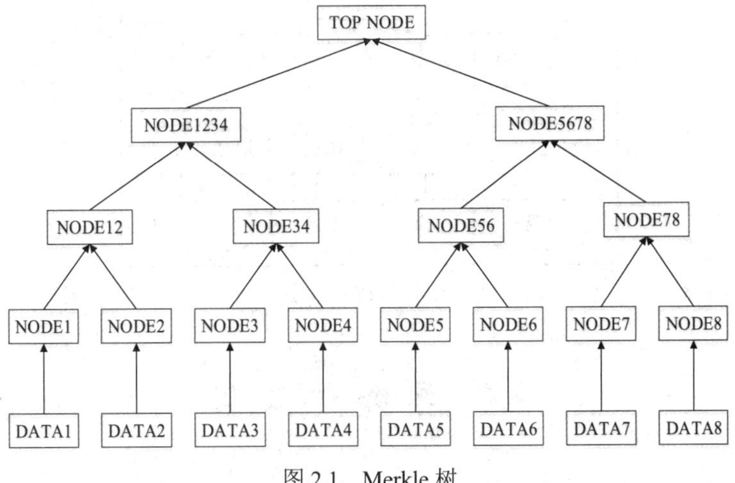

图 2.1　Merkle 树

2. Merkle 树的特点

Merkle 树能够对数据集 D 的任意子集进行完整性校验。假设想要验证 DATA3 的完整性，首先返回 DATA3 的辅助信息 DATA4、NODE12 和 NODE5678。然后计算 NODE34 = h(NODE3||NODE4)， NODE1234 = h(NODE12||NODE34) 和 TOP NODE' = h(NODE1234||NODE5678)。最后和根节点哈希值 TOP NODE 比较，若 TOP NODE' = TOP NODE，则接受 DATA3，否则拒绝。注意到所需的辅助信息实际上是 log(n)个哈希值，其中 n 表示数据总数。

2.3.2　Merkle 树在区块链中的应用

在区块链中，每个区块都有一棵 Merkle 树，其中 Merkle 树的每个叶节点保存一个打包在区块中交易的哈希值(注意每个区块中的叶节点数量必须是双数，如果是单数，就将最后一个叶节点复制一份凑成双数)。然后层层递归最终得到 Merkle 树根值。最后将 Merkle 树根值保存在区块链头中，用于总结并快速校验区块中所有的交易数据。

以比特币的数据结构为例进行说明，如图 2.2 所示。从图中不难看出，比特币的数据区块由区块头和区块体两部分组成。Merkle 树被应用于交易存储中，每笔交易都会生成一个哈希值，不同的哈希值向上继续做哈希计算，最终生成唯一的 Merkle 根(Merkle Root)，并把这个 Merkle 根放入数据区块的区块头。利用 Merkle 树的特性，可以确保每一笔交易都不可伪造和没有重复交易。

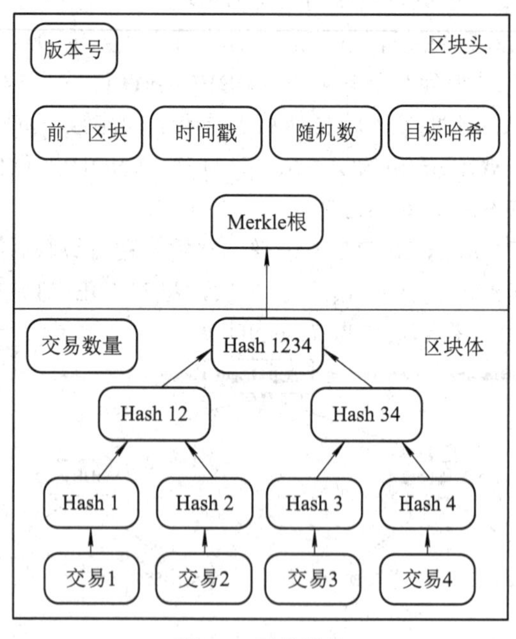

图 2.2　区块结构

2.4　零知识证明

零知识证明(Zero-Knowledge Proof)[10]于 20 世纪 80 年代初由 Goldwasser、Micali 及

Rackoff 提出，实质上是一种涉及两方或者更多方的协议，即两方或者更多方完成一项任务所需要采取的一系列步骤。它提供了一种能够在不向他人提供任何有用信息的情况下，使他人相信某个论断是正确的方法。大量事实证明，零知识证明是一个非常重要的理论，已被广泛应用于非确定性多项式(Non-deterministic Polynomial，NP)问题、安全认证、数字安全等研究中。

2.4.1 零知识证明概述

1. 零知识证明的概念

零知识证明是指一方(证明者)向另一方(验证者)证明一个陈述是正确的，而在证明过程中，证明者无需透漏该陈述是正确外的任何信息。零知识证明并不保证这个证明泄露的信息是零，因为它证明了一个陈述是正确的，而这个陈述本身可能已经泄露信息。因此，零知识证明能够做到的只是泄露尽可能少的信息。零知识证明主要分为两类：交互式和非交互式。交互式零知识证明是指证明者与验证者需进行多轮通信，而非交互式零知识证明是指证明者按照协议向验证者发送一次消息，验证者根据协议即可验证。

2. 零知识证明的特点

零知识证明具有以下特点：

(1) 完备性(Completeness)：若证明者拥有正确的信息，则证明者将以极大的概率通过验证者的验证。

(2) 稳健性(Soundness)：若证明者不知道正确的信息，则证明者将以可忽略的概率通过验证者的验证。

(3) 零知识性(Zero-Knowledge)：证明者向验证者证明其拥有正确的信息，但不会透露除该陈述是正确外的任何信息。

2.4.2 零知识证明在区块链中的应用

零知识证明适用于解决任何 NP 问题，而区块链恰好可以抽象成多方验证交易是否有效(NP 问题)的平台。因此，区块链和零知识证明是天然相适应的。此外，由于区块链具有去中心、多节点共识的特点，交互式零知识证明对系统资源和时间的消耗较大，因此，一般选用非交互式零知识证明。其中，简洁非交互式零知识证明(Zero Knowledge Succinct Non-interactive Arguments of Knowledge，Zk-SNARK)已被应用于 Zcash 中来保证用户身份的匿名性以及交易金额不被泄露。

1. Zk-SNARK

Zk-SNARK 中的每个单词都有特定的含义[12]：

(1) Zero Knowledge：证明者能够在不向验证者提供任何有用信息的情况下，使验证者相信某个论断是正确的。

(2) Succinct：证据信息较短，方便验证。

(3) Non-Interactive：几乎没有交互，证明者基本上只需要提供一个字符串验证。对于区块链来说，这一点至关重要，意味着可以把该消息放在链上公开验证。

(4) Arguments：证明过程是计算完好(Computationally Soundness)的，证明者无法在合理的时间内造出伪证(破解)。与计算完好对应的是理论完好(Perfect Soundness)，密码学里面一般都是要求计算完好。

(5) Knowledge：对于一个证明者来说，在不知晓特定证明(Witness)的前提下，构建一个有效的零知识证据是不可能的。

Zk-SNARK 证明很短，易验证。更精确地说，假设 L 是一种 NP 语言，假设 C 是给定实例大小为 n 下的 L 的不确定性决策电路，Zk-SNARK 可以用来证明和验证 L 中的成员关系。如给定大小为 n 的实例 x，首先输入电路 C，可信方执行一次性设置阶段，生成两个公钥：一个证明密钥 pk 和一个验证密钥 vk；然后用证明密钥 pk 作用于其选择的实例 x(大小为 n)；最后输出一个知识的证据 π，用于证实 $x \in L$ 这样一个事实。使用 Zk-SNARK 验证交易时，首先将交易内容的验证转化为验证两个多项式乘积相等，然后结合同态加密和其他先进技术，在执行交易验证时保护隐藏的交易金额。其过程可以简单描述如下[13]：

(1) 将要验证的程序拆解成一个个逻辑上的验证步骤，将这些逻辑上的步骤拆解成由加、减、乘、除构成的算术电路。

(2) 通过一系列变换将需要验证的程序转换成验证多项式乘积是相等的，如证明 $t(x)h(x) = w(x)v(x)$。

(3) 为了使证明更加简洁，验证者预先随机选择几个检查点 s，检查在这几个点上的等式是否成立。

(4) 通过同态编码/加密的方式使验证者在计算等式时不知道实际的输入数值，但是仍能进行验证。

(5) 在等式左右两边可以同时乘以一个不为 0 的保密的数值 k，那么在验证 $t(s)h(s)k = w(s)v(s)k$ 时，就无法知道具体的 $t(s)$、$h(s)$、$w(s)$和 $v(s)$，因此可以使信息得到保护。

2. Zk-STARK

Zk-STARK(Zero Knowledge Scalable Transparent Argument of Knowledge)是作为 Zk-SNARK 协议的替代版本而创建的，被认为是该技术更快和更便捷的实现方式。但更重要的是，Zk-STARK 不需要进行初始化可信设置(字母“T”代表了透明性)，因为它们依赖于通过哈希函数碰撞进行更精简的对称加密方式。这种方式还消除了 Zk-SNARK 的数论假设，这些假设在计算上成本很高，并且理论上容易受到量子计算机的攻击。

Zk-STARK 能够提供更便捷和更快速实现的主要原因之一是证明者和验证者之间的通信量相对于计算的任何增量是保持不变的。相反，在 Zk-SNARK 中，所需的计算越多，各方需来回发送消息的次数就越多。因此，Zk-SNARK 的整体数据量远大于 Zk-STARK 证明中的数据量。

参考文献

[1] 王育民, 刘建伟. 通信网的安全[M]. 西安: 西安电子科技大学出版社, 1994.
[2] 杨波. 现代密码学[M]. 北京: 清华大学出版社, 2017.
[3] DALRY MPLE M. Secure hash standard[J]. Circuit Cellar, 2015.

[4] MENEZES A J, VAN OORSCHOT P C, Vanstone S A. Handbook of applied cryptography[M]. Boca Raton: CRC Press, 2018.

[5] BOSSELAERS A, PRENEEL B. Integrity Primitives for Secure Information Systems: Final Ripe Report of Race Integrity Primitives Evaluation[M]. Berlin: Springer Science & Business Media, 1995.

[6] 程朝辉. 数字签名技术概览[J]. 信息安全与通信保密, 2020(7): 48-62.

[7] JOHNSON D, MENEZES A, VANSTONE S. The Elliptic Curve Digital Signature Algorithm (ECDSA)[J]. International Journal of Information Security, 2001, 1(1): 36-63.

[8] RIVEST R L, SHAMIR A, TAUMAN Y. How to Leak a Secret[C]. International Conference on the Theory and Application of Cryptology and Information Security. Berlin: Springer, 2001: 552-565.

[9] LI KC, CHEN X, SUSILO W. Advances in Cyber Security: Principles, Techniques, and Applications[M]. New York: Springer, 2019: 93-114.

[10] GOLDWASSER S, MICALI S, RACKOFF C. The Knowledge Complexity of Interactive Proof Systems[J]. SIAM Journal on Computing, 1989, 18(1): 186-208.

[11] MERKLE R C. A Certified Digital Signature[C]. Conference on the Theory and Application of Cryptology. New York: Springer, 1989: 218-238.

[12] https://www.jianshu.com/p/b6a14c472cc1

[13] https://baijiahao.baidu.com/s?id=1605871624622708625&wfr=spider&for=pc

第三章　区块链共识机制

“共识”一词古来有之，通常用来描述多个利益群体为了促使一件事情按照预期进行所达成的一种守则，如澶渊之盟、九二共识等。“共识”作为现代科学概念，最早出现于分布式系统的研究中，用于描述系统在当前视图下各节点数据、状态或决策的一致性问题，而“共识机制”则是促使系统达成“共识”的一种方法或协议。区块链本质上是一种去中心化的分布式账本系统，由分布式的节点协同进行数据的记录与存储，其核心问题是如何在无中心的情况下优雅地达成数据的一致性，即如何在“记账”有条不紊进行的同时，维护对等网络中区块数据的统一。区块链中的共识机制主要分为两种类型：成员选举共识和状态共识。成员选举共识决定了下一个区块“由谁产生”，状态共识则保证系统中诚实节点所存数据的一致，前者用于延伸区块链，后者确保区块链的整体一致性，两者相辅相成、相互协作，使区块链得以稳步运转。“不以规矩，不成方圆”，共识机制维持着整个区块链系统的秩序，保障着分布式账本数据的有效性和不可篡改性，故其又被称为区块链技术的“基础与核心”。

3.1　共识机制的分类

2018 年 9 月，中国信息通信研究院与可信区块链推行计划联合发布的区块链白皮书[1]中根据达成共识与数据写入的先后顺序将区块链共识机制分为第一类共识机制和第二类共识机制。第一类共识机制以“先写入后共识”的方式改变区块链状态，每个节点首先构造新的区块，即先将数据写入，而后通过共识争得“记账权”，所以这类共识机制又被称为成员选举共识。反之，第二类共识机制采用“先共识后写入”的方式保证数据的一致性，这一共识往往发生于领袖节点(即记账节点)发布命令之后，通过网络通信将数据写入各节点，故这类共识机制也被称为状态共识。二者严格遵循逻辑上的先后顺序，相互协作，共同维护区块链系统中的数据一致性，二者的区别与联系如表 3.1 所示。

表 3.1　成员选举共识与状态共识对比

	成员选举共识	状 态 共 识
共识与数据写入顺序	先写入后共识	先共识后写入
典型代表	PoW、PoS 等 PoX(证明类)	BFT、Paxos 及其变种
关注点	记账节点的产生	数据一致性的同步
依靠	资源	通信

续表

	成员选举共识	状 态 共 识
复杂性	计算复杂性高	网络复杂性高
是否有分叉	有分叉	无分叉
敌手模型	恶意节点“资源”总和不超过全网的 1/2	恶意节点数量(或消息数)不超过全网的 1/3
伸缩性与鲁棒性	节点数量可以随意改变，节点数量越多，系统越稳定	随着节点数的增加，其性能下降，节点数量不能随意改变
应用场景	非许可链	许可链

3.2　系统模型与特性

区块链系统中的两种共识机制——成员选举共识和状态共识在解决一致性问题时并非是孤立且毫无关联的对立面，而是相互协作，共同保证区块链中的数据一致性。两者存在逻辑上的先后关系，当区块链系统有新数据写入时，网络中的各节点首先进行成员选举共识，目的是争夺“记账权”的归属；其次进行状态共识，目的则变成了确保第一阶段诚实记账者写入的数据可以有效地保存在全网的各个节点中，从而保证数据的一致性。

与密码算法的安全性假设类似，区块链中的共识机制也有一些系统模型假设。密码算法的安全性需要在安全性假设的前提下进行讨论，同样，共识算法的安全性与一致性也需要在特定系统模型下进行讨论。不同的共识机制在运行时会呈现出不同的性质和特点，本节主要介绍区块链共识算法的系统模型与特有属性。

3.2.1　系统模型

共识目标的实现需要在系统模型假设前提下进行讨论，不同的共识机制适用于不同的系统模型。区块链中针对共识的模型假设主要涉及网络模型、节点在线状态、敌手模型以及信任假设。

1. 网络模型

根据分布式系统中消息传输时延是否存在确定的上限可将网络模型分为同步网络(Synchronous Network)、部分同步网络(Partially Synchronous Network)和异步网络(Psynchronous Network)3 种[2]。

(1) 同步网络：消息传输时延和进程执行时间拥有确定的上限，这表明该模型在逻辑上是以锁步[3](Lock-step)的方式运行，可以利用轮(Round)的概念对消息传播进行刻画，即在每一轮中，诚实节点发送的消息一定会在下一轮开始之前到达其他诚实节点处。

(2) 部分同步网络[4]：消息传输时延拥有固定的上限，但是该上限值不是先验知识，诚实节点的消息在这一时间上限内可到达其他诚实节点处。

(3) 异步网络[5]：消息传输时延不具有固定的上限，敌手可以改变消息的到达时间和顺序，在该模型下诚实节点所发送的消息最终会到达其他诚实节点，但具体时间无法估计。

2. 节点在线状态

根据区块链各节点在进行共识的过程中是否需要每个节点都在线的限定条件，可得节点在线状态分为全节点在线(All-online)和部分节点在线两种模式，其中后者又被称为休眠模式(Sleepy)[6]。

(1) 全节点在线模式：该模式要求全网所有节点在每个时刻都保持在线状态。

(2) 部分节点在线模式：该模式考虑了分布式系统中的崩溃容错模型(Crash Fault Tolerance，CFT)，将节点的状态分为在线的“警戒节点”(Alert)和离线的“休眠节点”，容忍规定阈值内的部分节点处于休眠状态，而“休眠节点”经过一段时间后也可能被唤醒为“警戒节点”。

3. 敌手模型

敌手模型刻画了区块链系统能够容忍的拜占庭行为的阈值，即保证系统正常运转的最大敌手上限。根据不同共识算法依靠资源类型的不同，可将敌手模型分为基于资源的敌手模型和传统拜占庭敌手模型，分别对应了成员选举共识和状态共识。传统拜占庭敌手模型本质上也是一种基于资源的敌手模型，只不过在该模型中通信量、通信人数常常作为一种特殊的资源被单独讨论。

(1) 基于资源的敌手模型：共识算法的实现往往依赖于系统中某一资源的消耗，当某一系统节点拥有大量特定资源后，该节点获得系统中数据写入权限的概率将更高。此处敌手模型中的阈值通常是敌手所拥有的足以改变系统当前状态的资源数与全网总资源数的比值。

(2) 传统拜占庭敌手模型：传统拜占庭协议及其衍生协议主要用于解决数据一致性问题，通信或是消息数资源往往影响这类协议的效果。所以传统拜占庭敌手模型是破坏共识所需的最少敌手数或是消息数，此处敌手模型中的阈值则是敌手数量与全网节点的比值。

区块链共识中的系统假设还包括“信任假设”。“信任假设”指的是系统中是否存在可信的设置，通常可分为硬件信任、成员信任以及无信任，例如经典的 PoW 算法就是基于无信任假设，而消逝时间证明(Proof of Elapsed Time，PoET)则是基于可信硬件实现的共识。

3.2.2　成员选举共识特性

成员选举共识与状态共识共同维护区块链系统的数据一致性，但是双方的目标及侧重点不同，各自拥有独特的性质。成员选举共识侧重于对参与记账成员的认定，而状态共识则更为关注数据本身的一致性，这就导致前者拥有开放性、激励机制等特性[7]。

1. 开放性

开放性主要描述了节点以何种方式连接区块链网络，以及在参与区块链共识的过程中是否需要得到系统的准许或是进行身份认证，即共识委员会潜在成员的身份是否需要经过系统认证。根据节点连接网络的方式，共识委员会潜在成员的来源可将开放状态分为：无许可(Permissionless)、有许可(Permissioned)以及部分许可(Partially-Permissioned)3 种类型。

(1) 无许可：指节点加入网络无需经过身份认证或许可，节点可自由加入或离开网络，同时进入网络的节点都可参与共识过程进行记账权的争夺，即共识委员会的候选成员无需进行身份认证与系统许可。无许可的系统又被称为公共系统。

(2) 有许可：指节点加入网络需要身份认证，节点加入或离开网络时有一定的限制，同时有许可的区块链网络只允许系统许可的网络节点参与共识过程，即共识委员会的候选成员需要进行身份认证与系统许可。有许可的系统又被称为私有系统。

(3) 部分许可：部分许可模式是无许可模式和有许可模式的结合，通常部分许可模式允许节点不通过身份验证自由地连接网络，但只有获得系统许可与身份认证的节点才可以参与共识过程进行记账权的争夺。部分许可的系统又被称为联盟系统。

2. 激励机制

为了增加共识机制的伸缩性和鲁棒性，有的方案提供了通过奖励或惩罚来激励诚实行为的机制。激励机制的引入促使区块链生态系统的稳定发展，并严重约束着拜占庭行为。

3.2.3 状态共识特性

与成员选举共识不同的是，区块链中状态共识更注重整个区块链系统中数据一致性问题。一致性数据在区块链各节点中的组织形式形成了状态共识的特殊属性，如一致性(Agreement)、终止性(Termination)、持续性(Persistence)等[7-8]。

(1) 一致性：指诚实用户发出的交易在经过等待时间后，一定会出现在每个诚实用户的账本中。

(2) 终止性：指诚实节点在一轮共识中，最终一定会做出决定。

(3) 持续性：在某一轮中，如果一个诚实节点发出的交易被打包在区块中，那么在经过至少 k 个区块的确认之后，这笔交易一定会出现在其他诚实节点所保存账本的相同位置处。

3.3 成员选举共识

成员选举共识主要依靠竞争给出“某种既定事实”的证明来达到确定记账权的目的，根据所证明的东西或是方式的不同可将其分为多种具体的共识机制，通常称之为PoX(Proof of Something)类共识，本节将此类共识机制进行介绍。

3.3.1 PoW

PoW，俗称“挖矿”，是指系统为达到某一目标而设置的度量方法。这个概念最早由Cynthia Dwork和Moni Naor在1993年引出[9]，而工作量证明一词则是在1999年由Markus Jakobsson与Ari Juels正式提出[10]。它要求只有节点成功解决了一个哈希难题，才能将区块添加到区块链中。节点需要通过一定难度的工作才能获得该哈希难题的解，而网络上的其他节点却很容易通过求得的解来验证该节点是否真正做了相应的工作。

具体求解时将交易内容、前一区块哈希、当前区块高度和时间戳与Nonce值作为哈希函数的输入计算出当前区块哈希值。如果计算出的当前区块哈希值低于当前挖矿难度，那么该区块被判定为有效块，否则不断调整Nonce的值，直到计算出的当前哈希值低于预先设定的挖矿难度。

当计算出满足挖矿难度的当前区块哈希值后，该节点便会向全网广播。网络中的其他节点收到该广播区块后会立刻对其进行验证。如果验证通过，表明该区块的难题已经有节点解决(即找到了满足条件的 Nonce)，节点接受该区块并将其记录在自己的账本中，然后基于当前区块哈希值续写下一个区块。网络中只有第一个成功解决哈希难题节点打包的区块才会被添加到账本中，其他节点只是简单地复制，这样就保证了整个公共账本的唯一性，其流程如图 3.1 所示。

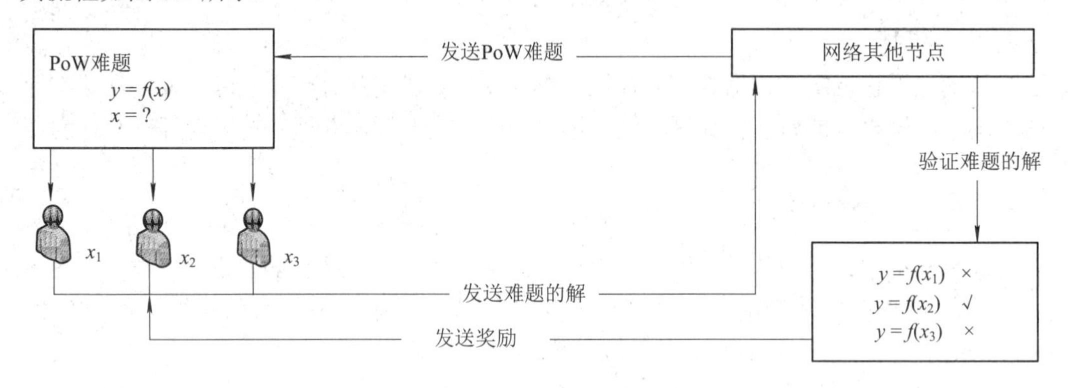

图 3.1　PoW 流程

在特殊情况下，有两个节点几乎同时成功求出了工作量证明的解，便立即向网络中广播自己打包的区块(1A、1B)，每个收到有效区块的节点都会将其并入并延长本地的区块链。然而每个节点收到这两个区块的顺序不完全一样，部分节点先收到 1A 区块，其他节点先收到 1B 区块，此时这两个候选区块(通常这两个候选区块会包含几乎相同的交易)都将成为主链上的区块，分叉出有竞争关系的两条链。如果有节点两个块都收到了，就会把其中拥有更多工作量的一条作为主链，另一条作为备用链保存(这是由于备用链将来可能会超过主链长度成为新主链)。收到 1A 区块的节点会以该区块为父区块，并基于此尝试求解新一轮候选区块的工作量证明的解，我们称基于 1A 区块的链为 A 链。同样的，接受 1B 区块的节点会以该区块作为链的顶点继续生成新块，称基于 1B 区块的链为 B 链，该链上产生的新区块为 2B。当延长 A 链的节点收到 2B 之后，会立刻将 B 链作为主链(因为 A 链已经不是最长链了)继续挖矿。节点也有可能先收到 2B，再收到 1B，收到 2B 时，会被认为是“孤块”保存在孤块池中，一旦收到它的父区块 1B，节点就会将其从孤块池中取出，并连接到它的父区块，让它作为区块链的一部分。假设某个节点存在作弊行为，那么由它打包出的区块在广播到其余节点时，就无法通过其余节点的验证，这个区块也就无法记录到公共账本中。作弊的节点耗费的成本便不会获得任何的回报，因此在巨大的挖矿成本下，也使矿工自觉自愿地遵守比特币系统的共识协议，也就确保了整个系统的安全。

在产生新区块的过程中，所有节点都会按“下一周期的难度系数＝当前周期的难度系数 × (20 160 分钟 ÷ 当前周期 2016 个区块的实际出块时间)”自动调整挖矿难度，使得无论节点计算能力如何，产生新区块的速率都保持在每 10 min 一个。

如果当前周期内 2016 个区块实际出块所花的时间正好等于 20 160 min(按照 10 min 一个区块，2016 个区块的出块时间期望值)，则下一周期的难度系数保持不变；如果大于 20 160 min，则按比例下调，但最多下调 75%；如果小于 20 160 min，则难度按比例增加，但最大不能超过4倍。

1. PoW的性质

(1) 开放性：PoW具有很好的开放性，任何时间任何拥有足够挖矿资源的节点都可以在不经过现有矿工许可的情况下加入矿工的行列。这是因为PoW的计算不依赖于任何历史的计算，这是一个非常独特、反直觉的性质。

(2) 交易公平性：在PoW中大矿场的算力是透明的，任何大矿场都很难做到垄断51%的算力；同时由于这些大矿场更容易受到业内的广泛关注，它们联合作弊的可操作性不强。因此，PoW更能实现交易的公平性。

(3) 高效可验证性：加密货币的工作证明需要由网络的所有节点进行有效验证，这就要求质数不要太大，因此可以排除Mersenne素数。同时，素数链越长，找到下一个素数的难度就越大，但是在矿工给出该素数后，网络中的其他节点能高效地验证其有效性，因此可以使用素数链作为矿工工作量证明的工具。

(4) 不可重用性：就是某个特定块上的工作证明不应该被另一个块重用。为了实现这一特性，主链要求其初始值可以被块头哈希整除，然后链接到块头哈希，在此过程中得到的商作为工作证明证书。块哈希的原像中包含工作证明证书，一方面防止了工作证明证书被恶意篡改，另一方面也避免了生成多个区块可以使用的工作证明。

(5) 困难适应性：比特币的创新之一是引入了可调难度，这使得加密货币实现了受控造币和相对恒定的事务处理能力。GPU挖矿的出现以及后来的ASIC挖矿并没有因为这种机制而准确地影响其通用模型。难度值的设定需要满足无论节点计算能力如何，新区块产生速率都保持在每10 min一个。

2. PoW的优缺点

1) PoW的优点

(1) 去中心化：PoW将区块的记账权公平地分配给每个节点，每个节点都具有高度自治的特征，它们之间可以自由连接，形成新的连接单元，其中任何一个节点都可能成为阶段性的中心。这种开放式、扁平化、平等性的系统现象或结构，我们称之为去中心化。除此之外，任何用户在任何时间都可以加入，这进一步加强了PoW去中心化的特性。

(2) 可扩展性强：PoW共识机制结构简单，节点可以自由进出，这使其易于分析和实现。例如，Bitcoin采用的最长链机制很容易从博弈论的角度分析矿工的行为，从而较为客观地判断其安全性；此外Bitcoin判定最长链的逻辑实现起来也较为简单。

(3) 系统鲁棒性强：在指定时间内，给定一个挖矿难度，找到满足条件的Nonce值的概率由所有参与者能够迭代哈希的速度唯一决定。与之前的历史以及数据无关，只与算力有关。掌握51%的算力对系统进行攻击所付出的代价远远大于作为一个系统的维护者和诚实参与者获得的回报。

2) PoW的缺点

(1) 资源消耗增大：挖矿需要高度专业化的计算机硬件来运行复杂的算法，这些专业化的机器需要消耗大量的电力资源来运行，即为了取得数字货币要付出现实生活中的货币。这一点与当今节能环保的趋势不相符。同时，矿工在创建块的过程中花费了较大的工作量，虽然保证了网络的安全，但是巨大的资源消耗使其无法在商业、科学或者其他领域应用。

(2) 中心化趋势日益凸显：在目前情况下，用户如果仅依靠个人电脑进行挖矿，即使电脑配置再高也很难挖到比特币了，因为其他的节点已经发展到了大型矿池、矿场，配备了大量的专业矿机，可以更快速地完成 PoW，从而取得比特币，全网的算力越来越集中。这与区块链网络去中心化的方向是背道而驰的，一方面背离了区块链的根本目标，另一方面在算力集中的情况下 51%攻击的可能性大大增加，区块链网络的安全性受到威胁。

(3) 成本与收益匹配度下降：比特币区块奖励每 4 年便会减半，而运行矿池或矿场需要大量投入，当挖矿的成本高于挖矿收益时，矿工们不再追求挖矿的利益而放弃挖矿，系统内大量算力减少，区块也不再被快速地创建和验证，影响到比特币网络的持续运转。

3. PoW 的发展

2003 年，德沃克等人进一步研究了防止电子邮件垃圾邮件的内存约束型工作证明的概念[11]。为了应对支配节点哈希能力的 ASIC 矿工的涌入，区块链采用了内存约束型 PoW。内存约束型 PoW 依赖于对慢速内存的随机访问，而不是计算哈希能力，强调了对延迟的依赖。这使其性能受到内存访问速度而非哈希能力的限制。

3.3.2　PoS

PoS 最早出现在点点币(PPCoin，PPC)的创始人 Sunny King 的白皮书中，它的目的是解决使用 PoW 挖矿出现大量资源浪费的问题。PoS 共识机制一经提出就引起了广泛关注，Sunny King 基于 PoW 的基础框架实现了第一代 PoS 区块链：点点币。

简单来说，PoS 是一个根据用户持有货币的多少和时间(币龄)发放利息的共识机制。现实中最典型的例子就是股票或银行存款。如果用户想获得更多的货币，那么可以打开客户端，让其保持在线，就能通过“利息”获益，同时保证网络的安全。

每个币每天产生 1 币龄，如果用户持有币的数量达到了 100 个，并且所持时间为 30 天，那么其拥有的币龄为 3000。这时候，如果用户发现一个 PoS 区块，那么他的币龄就会被清空，用户每被清空 365 币龄，就会获得区块中 0.05 个币的利息(这里可以理解为年利率为 5%)。

PoS 区块的产生具有随机性，这一过程与 PoW 相似。但主要区别在于 PoS 依靠币龄机制使其哈希运算是在一个有限制的空间里完成的，而不是像 PoW 那样在无限制的空间里寻找，因此无需大量的能源消耗。

与 PoW 相比，PoS 机制是一种升级的共识机制，根据每个节点代币数量和时间的比例降低挖矿难度，加快随机数(Nonce)的寻找速度。在实际运用中，PoS 机制具有在一定程度上缩短共识达成时间的优点，同时也在安全性方面有了更大的保障，这对于大数据在金融领域中的应用具有十分巨大的作用。

1. PoS 的共识过程

PoS 的共识过程分为以下 5 个步骤：

(1) 运行节点：持币人成为验证人之前，需要运行节点客户端，成为一个区块链分布式网络中的接入点，也叫节点。

(2) 质押 stake，声明为验证节点：区别于全节点拥有出块的权利，PoS 会有一定的门槛，比如持有 stake 量占有比例或者 top n 等条件，意在控制验证节点数量，缩小选举的范围以及达成 bft 共识的节点数。

(3) 选举：周期性选举，以之前已出块的值作为随机种子，选取下一周期的出块节点和顺序，选举算法包含 Follow-the-Satoshi 选择随机 stake 的持有节点和 RR-BFT 轮询算法。

(4) 打包交易：该轮的出块节点从交易缓存池选择，如果该轮的出块节点没有出块，则跳过该轮，并惩罚。

(5) 广播交易与确认：PoS 分为基于链的 PoS 和 BFT 风格的 PoS。在基于链的 PoS 中，随机算法选出验证者创建新区块，但是验证者要确保该块指向最长链，通常也需要一定数量的验证节点背书签名后上链。在 BFT 风格的 PoS 中，分配给验证者相对的权力，以 RR 的方式提出块并且给被提出的块投票，从而决定哪个块是新块，并在每一轮选出一个新块加入区块链。在每一轮中，每一个验证者都为某一特定的块进行投票，最后所有在线和诚实的验证者都将商量被给定的块是否可以添加到区块链中，并且意见不能改变。

2. PoS 的优缺点

1) PoS 的优点

(1) 能耗低：不同于 PoW 耗费大量的资源获取强的算力来挖矿，PoS 引入“币龄”的概念，通过持有代币来挖矿，不需要耗费大量电力等资源，降低了系统的运行成本，同时也更加符合绿色环保的大趋势。

(2) 安全性强：相对于比特币等 PoW 类型的加密货币，PoS 机制的加密货币对计算机硬件基本上没有过高要求，任何人都可以参与挖矿，不用担心算力集中导致中心化的出现，51%攻击的成本更大，网络更加安全有保障。

(3) 延迟小：采用 PoS 的系统中出现一个交易后可以马上打包并广播，而不需要等待。这与 PoW 不同，PoW 必须等至少做一次哈希运算的时间。实际上，PoS 共识的延迟主要是受限于网络和参与投票的人数。

2) PoS 的缺点

(1) 代币的累积：PoS 对于持有代币份额多的人是有利的，因此容易产生积累代币而不使用的问题。这样一来，电子货币的货币媒介功能就会受阻。

(2) 通信复杂度与投票的人数相关：PoS 系统的通信复杂度通常与参与投票的人数呈平方的关系。参与投票的人数越多，通信越复杂，达成共识需要的时间就越久。

(3) 极端情况下易遭受 51%攻击：PoS 机制由股东自己保证安全，工作原理是利益捆绑。当股东对系统正常运转不再有期待时，代币的价格就会迅速跌落。这时，攻击者采取的方法就是买断代币，使用这种方法，几乎不用支付任何成本就能获得超半数的代币，进而顺利实施 51%攻击。

3.3.3 DPoS

为了解决 PoW 和 PoS 机制存在的问题，比特股 BitShare 于 2014 年最早被提出并运用了 DPoS[12]。DPoS 机制引入了“受托人”的角色，区块是由社区选取的受托人(可信账户，得票数最多的前 101 位)来创建。为了成为正式受托人，用户要去社区拉票，获得足够多用户的信任。用户根据自己持有的加密货币数量占总数的比率来投票。DPoS 机制类似于股份制公司，普通股民进不了董事会，要投票选举代表(受托人)代他们决策。

这些代表的权利是完全相等的，按既定时间表轮流产生区块。每名代表分配到一个时间段来产生区块。所有的代表将收到等同于一个平均水平的区块所含交易费的 10% 作为报酬。如果一个平均水平的区块含有 100 股作为交易费，一名代表将获得 1 股作为报酬。如果轮到某一代表时他没能生成区块，那么会被除名，社区会选出新的代表将其取代。

网络延迟有可能使某些代表没能及时广播他们的区块，这将导致区块链分叉，但是这种情况一般不会发生，因为制造区块的代表可以与制造前后区块的代表建立直接连接。建立这种与之后的代表(也许也包括其后的那名代表)的直接连接是为了确保得到报酬。

1. DPoS 的共识过程

DPoS 的共识过程分为以下两个步骤：

1) 所有持币者选举受托人

选举过程比较类似由股东会选举出董事会(101 人代表)，代替股东会做出日常营运决策。授权董事会后，决策会更有效率。

2) 区块生产者按轮次调度生产

同 PoW 一样，在 DPoS 中，依然是最长的链胜出。任何时候，当一个诚实节点看到一个有效的最长链时，它就会从当前分叉上切换到最长链，从而使最长链越来越长。但在具体的区块生产过程中又会出现很多情况(这里假设 A、B、C 为选举出的受托人)：

(1) 正常运行：在正常操作下，A、B、C 每 3 秒轮流产生一个块。假设没有人出错，那么这将产生最长的链条，如图 3.2 所示。需要注意的是，A、B、C 在其他时间段生成块都是无效的。

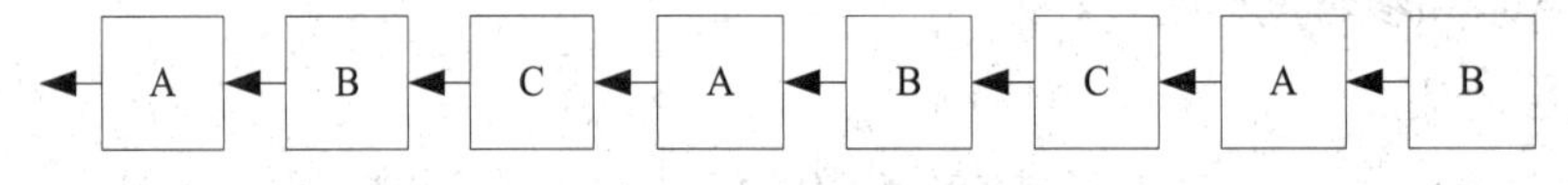

图 3.2　正常操作下 DPoS 块的产生过程

(2) 少数派未连接单分支：高达 1/3 的节点(这里指 B)可能是恶意或故障，并创建一个少数叉。在这种情况下，少数叉每 9 s 只产生一个块，而大多数叉每 9 s 将产生 2 个块。诚实的 2/3 多数将比少数人长，如图 3.3 所示。

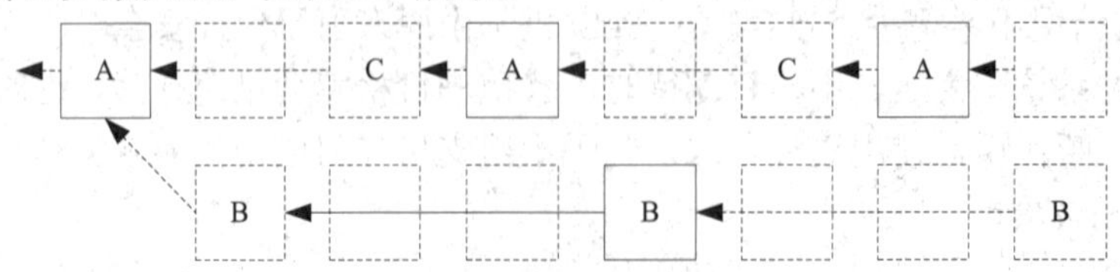

图 3.3　少数派未连接单分支情况

(3) 少数派未连接多分支：因为一个节点(这里指 B)要产生两个重复区块的速度必定慢于诚实区块产生的速度，所以他们的所有分支都将比多数节点所在的链短，根据最长链胜出的规则，诚实的节点还是会胜出，如图 3.4 所示。

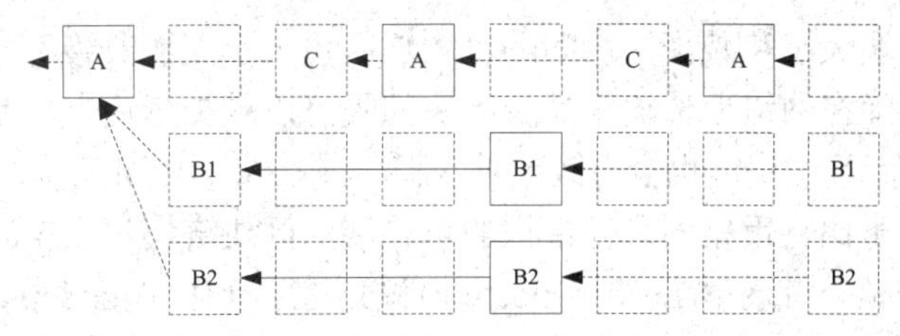

图 3.4　少数派未连接多分支情况

(4) 网络分片：在某种情况下，网络完全有可能被分割为很多个碎片，而没有大部分区块生产者。当网络连接恢复后，少数节点将自然地切换到最长的链上，并且明确的共识将被恢复，如图 3.5 所示。

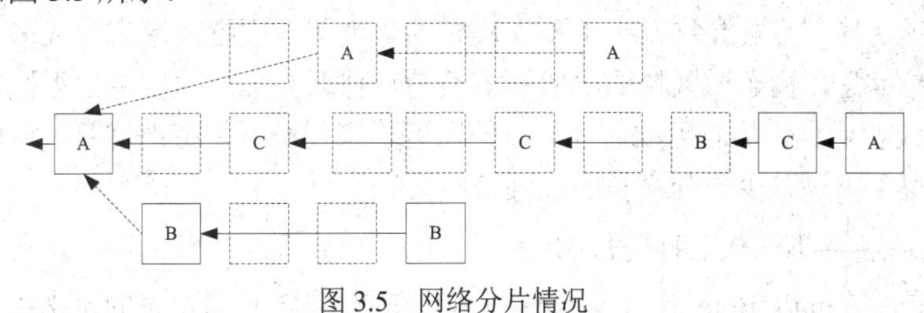

图 3.5　网络分片情况

2. DPoS 的优缺点

1) DPoS 的优点

(1) 能耗更低：DPoS 机制将节点数量进一步减少到 101 个，在保证网络安全的前提下，整个网络的能耗进一步降低，网络运行成本最低。

(2) 比 PoS 更加去中心化：目前，对比特币而言，个人挖矿已经不再现实，比特币的算力都集中在几个大的矿池手里，每个矿池都是中心化的，就像 DPoS 的一个受托人，因此 DPoS 机制的加密货币更加去中心化。PoS 机制的加密货币要求用户开着客户端，事实上用户并不会天天开着电脑，因此真正的网络节点是由几个股东保持的，去中心化程度也不能与 DPoS 机制的加密货币相比。

(3) 更快的确认速度：每个块的时间为 10 s，一笔交易(在得到 6～10 个确认后)大概 1 min，一个完整的 101 个块的周期大概只需要 16 min。而比特币(PoW 机制)产生一个区块需要 10 min，一笔交易完成(6 个区块确认后)需要 1 h。点点币(PoS 机制)确认一笔交易大概也需要 1 h。

2) DPoS 的缺点

DPoS 投票的积极性并不高。绝大多数持股人(多于 90%)从未参与投票。这是因为投票需要时间、精力以及技能，而这恰恰是大多数投资者所缺乏的。对于腐败节点的处理存在诸多困难。社区选举不能及时有效地阻止一些腐败节点的出现，给网络造成安全隐患。

3.3.4　其他成员选举共识算法

1. Bitcoin-NG 协议

比特币平均每 10 min 产生一个区块，由于区块大小的限制，比特币平均每秒只能记录约 7 笔交易，其吞吐量远远不能满足当前大部分系统的需求。现有提高比特币吞吐量的手段主要包括增大区块大小和减少区块间隔。增加区块大小能够改善吞吐量，但是会导致大区块需要更长的时间在网络上传输；减少区块间隔可以减少延迟，但是当系统处于不一致时会导致不稳定，而且区块链也会有改编的风险。2016 年，Eyal 等人[13]提出了 Bitcoin-NG 协议，该协议是基于比特币相同信任模型的可扩展的区块链协议。Bitcoin-NG 将比特币的区块链操作分解为领导者选举(Leader Election)和交易序列化(Transaction Serialization)。

Bitcoin-NG 协议将时间划分为片段，在每一个片段中，都有一个单独的首领来负责序列化状态机器转换。为了促进状态传输，首领会生成区块。该协议介绍了两种类型的区块：用于首领选择的关键区块和包含账本记录的微区块。关键区块用来选取领导者，不打包任何交易的信息，而是将交易信息全部放在微区块中。一旦一个节点生成了一个关键区块，它将变为首领，该节点被允许以小于预先确定的最大值的固定速率来生成多个微区块。微区块记录交易信息，由于微区块的生成不需要消耗任何算力，速度可以很快，微区块间隔可以为 10 s 或者更少，从而可以通过大量的微区块来提升区块链的容量。同时，由于微区块的间隔较短，可以减少部分交易的被确认时间。

2. Casper——下一代 ETH 投注共识

Casper 是由 Vitalik Buterin 与 Virgil Griffith 在 2017 年共同发表的论文中提出的[14]。它是目前第二大公链 Ethereum 最受期待的升级之一，是 ETH 升级中将采用的 PoS 共识机制，通过加入对恶意节点的惩罚措施来解决“无利害关系”问题的零成本攻击。

Ethereum 升级的最初阶段将采用 Casper the Friendly Finality Gadget (Casper FFG)——一个结合了 PoW 和 PoS 的混合共识机制。区块仍然通过传统 PoW 方式产出，并且每隔一定数量的区块设置一个 PoS 检查点，选出一定数量的验证人对检查点进行验证并投票。投票阶段采用类似 BFT 的容错算法，若表决通过则检查点之前的所有区块不会再被撤销，即在最长链协议对链达成概率共识的基础上再对一定数量的区块达成最终共识。这样可以降低对网络发动双花、分叉攻击的可能性。

Casper 协议的主要特点是：

(1) 问责制：Casper 协议中，验证人需要向智能合约支付一笔“押金”，作为分配区块收益的凭证。违反协议规则的节点是可以被识别的，如果在共识过程中节点表现出恶意、消极或投机行为，押金会被合约没收，这样极大地提高了攻击者发动攻击的成本。例如网络出现分叉时，验证人在检查点高度投票给两个不同的区块，即同时在两个分叉上“投注”，此类行为被认为是支持“无利害关系”攻击的投机者，将受到没收“押金”的惩罚。

(2) 动态选择验证人：网络每隔一段时间根据投票动态切换验证人，相对于传统 BFT 类共识机制更加非中心化。

(3) 结合 PoW 与 PoS 的混合共识：由于区块还是以 PoW 的方式生产，有一定的算力支撑，可以在一定程度上避免“无利害关系”攻击。

3. 活跃证明

活跃证明(Proof of Activity，PoAct)是一种结合了 PoW 和 PoS 的混合共识机制，最早于 2014 年由 Bentov 等人[15]在发表的论文中提出，它是比特币协议的扩展。针对传统 PoS 在离线状态下也可以积累币龄或权益，以及没有机制促使节点保持在线状态以此来使网络处于运行状态等问题，PoAct 作出了改进。

在 PoAct 共识机制中，节点首先通过传统 PoW 的方式进行挖矿，但是这个新区块不打包任何交易，它们更像模板，仅仅包含区块头信息和接收区块打包奖励的账户地址。当空区块被产出后，系统切换到 PoS 模式，并随机选出若干个权益持有人向空区块中填充交易并签名，称他们为“验证者”(Validator)。当随机选出的验证者全部签署了区块后，该区块便成为共识。验证者和区块的 PoW 开采者将该区块的手续费按一定规则分配。

PoAct 选择验证者(即为记账节点)的算法称为“Follow the Satoshi”(跟随中本聪)。“聪”是 BTC 的最小货币单位，PoAct 将随机数映射到目前已经开采出的 1 聪权益凭证上，并且从这 1 聪权益凭证被开采出的区块开始追溯每一笔交易，直到追溯到目前的持有人，该名持有人就成为验证者。由于区块的开采和交易的排列是规定顺序的，因此能够以这种方式追溯交易历史。

通过“Follow the Satoshi”方式，每个节点成为验证者的概率与其持有权益的大小成正比。另外，如果被选出的验证者没有对区块进行签名，那么这个区块将作废，因此希望竞争记账权利的节点需要保持在线以准备签署区块。这也是活跃(Activity)的原意，这与传统的节点处于离线状态也可以积累币龄的 PoS 共识形成了鲜明对比。目前采用 PoAct 共识机制的有 Decred。

4. 权威证明

权威证明(Proof of Authority，PoA)是一种基于声誉的共识算法，由以太坊的联合创始人兼首席技术官 Gavin Wood 在 2017 年首次提出[16]，它通过基于身份权益的共识机制，提供了更快的交易速度。PoA 规定节点只有被授权以后才能参与区块链共识。一旦被授权之后，共识节点享有公平的记账权利。因此，它们无需投入巨大的资源去竞争记账权。

基于 PoA 的网络、事务和区块，是由一些经认可的账户认证的，这些被认可的账户称为“验证者”。验证者运行的软件支持验证者将交易(Transaction)置于区块中，该过程是自动的，无需验证者持续监控计算机，但需要保证权威节点不被收买。验证者必须满足下面 3 个条件：

(1) 必须在链上正式验证身份，并且可以在公共可用域中交叉检查信息。

(2) 必须难以获得资格，才能体现区块验证的权威性。

(3) 建立权威时，对其身份的检查必须保持一致性，被选中的验证者身份将会公开。

PoA 共识算法依赖于矿工身份的价值，这意味着，被选为区块验证者凭借的不是抵押的数字货币而是个人的信誉。权威人士(事先公认的)用他们的声誉去验证交易和区块，通过把身份和声誉绑定在一起，验证者被激励去验证交易和维护网络安全。权威证明共识算法可以应用于各种场景中，并且被认为是物流应用的优先选择。例如在供应链方面，PoA 被认为是一种有效而合理的解决方案。但是由于在该共识算法中，区块的记账权是由一些固定的授权节点掌握的，因此相较于其他共识算法略为中心化。虽然 PoA 可以用于公有区块链，但是通常用于私有区块链和许可区块链。目前采用 PoA 共识机制的有 POA.Network、Ethereum Kovan testnet、VeChain 等。

5. 置信度证明

传统的区块链系统在安全性和吞吐量之间存在固有的折中，具体取决于碎片大小。具有大量小碎片的系统可提供更好的性能，但对不合法节点提供的弹性较小，反之亦然。为了以保持安全和提高吞吐量的方式打破权衡，Send 等人[17]在 2017 年创新性地提出了一种置信度证明(Proof of Believability，PoB)共识协议，它通过 Size-One-Shard 的方法显著增加了事务吞吐量。

PoB 共识协议使用一种分片内“可信度优先”的方法。该协议将所有的验证者分为两组，一组是可信的联盟，另一组是正常的联盟。在第一阶段，可信的验证者快速地处理交易。在第二阶段，普通验证者对交易做抽样并验证，提供最终结果，确保可验证性。节点被选入可信联盟的机会由可信度得分确定，该可信度得分由多个因素(例如令牌余额、对社区的贡献、评论等)计算。具有较高可信度得分的人更有可能被选入可信联盟。可信验证者遵循一定的程序来决定已提交的交易及其订单的集合，并按顺序对其进行处理。

但是，行为不当的验证者可能会提交一些已损坏的交易。为了解决这个安全问题，PoB 指定了一个采样概率，即普通验证器将对事务进行采样并检测不一致性。如果验证者被检测出存在不良行为，那么该验证者将会失去所有系统中的令牌和声誉，而被欺诈的用户将获得所有损失的补偿。目前采用 PoB 共识机制的有 IOST。

6. 历史证明

Solana 是在 2017 年被提出的，当时它的创始人 Anatoly Yakovenko 找到了一种方法[18]，让去中心的节点网络与单个节点的性能匹配。目前，没有一个主流的区块链能实现这一特性。历史证明(Proof of History，PoH)就是 Solana 团队开发的关键技术之一。

PoH 旨在通过将时间本身编码到区块链中来减轻处理块中网络节点的负载。在常规的区块链中，对特定块的挖掘时间达成一致意见与对该块中的交易是否存在达成一致意见一样重要。同时，时间戳也非常重要，因为它告诉网络(以及任何观察者)交易以特定的顺序发生。

在 PoW 中，成功的矿工首先找到正确的值，这需要一定的计算能力才能执行。然而，PoH 使用了一个新的加密概念，称为可验证延迟函数(Verifiable Delay Functions，VDF)。VDF 只能通过应用一组特定的连续步骤的单个 CPU 核心来解决。VDF 是串行运算的算法，后一项任务必须依赖于前一项任务，因此无法通过并行计算加速算法运行，从而可以预知算法的执行时间。

相较于 PoW，PoH 利用 VDF 消除了时间戳的负担，从而减少了区块链的处理重量，使其更轻、更快。Solana 将 PoH 与一种名为基战拜占庭容错(Tower Byzantine Fault Tolerance，Tower BFT)的安全协议组合在一起，该协议允许参与者设置代币，以便对 PoH 哈希值的有效性进行投票。如果参与者投票支持与 PoH 记录不匹配的分叉，则此协议将对参与者进行惩罚。目前采用 PoH 共识机制的有 Solana。

7. 燃烧证明

Stewart 在 2012 年[19]首先提出了燃烧证明(Proof of Burn，PoBurn)的概念，它构成了一种不可撤销和可证明的摧毁加密货币的机制。在燃烧证明系统中，用户为了获得一种新的货币，必须“烧掉”另一种货币。虽然这是一种极端行为，但是可以实现将一种加密货币引导到另一种加密货币。PoBurn 背后的思想是用户愿意通过“燃烧加密货币”来承担长期投资的短期损失。同时 PoBurn 还解决了工作量证明采矿的缺点，其通过燃烧代币来减少挖掘时对强大计算资源的需求，解决了工作量证明对强大硬件的依赖，为了获得更多的采矿能量，不是等待几天或几个月，所需要的只是焚烧一些代币。

PoBurn 无需进行大量的计算，因此不用投资昂贵的计算设备，只需将代币发送到一个不可检索的地址进行“烧币”(Burn)。通过将代币投入不可检索地址，用户将获得终身特权，可以根据随机选择过程在系统中进行挖矿。随着时间的推移，用户在系统的权益会得到弱化。因此，最终用户会想要燃烧更多的代币来增加在共识竞争被选中的几率。

虽然 PoBurn 是工作量证明的一个替代方案，但协议仍然存在一些问题：一方面该协议依然会毫无必要地浪费资源；另一方面，挖矿能力只会偏向于那些愿意烧掉更多钱的人。目前采用 PoBurn 共识机制的有 Slimcoin、TGCoin 等。

8. 声誉证明

2018 年首次出现声誉证明(Proof of Reputation，PoR)的概念[20]，它依赖于参与者的声誉来保证网络安全。参与者(拦截签名者)必须拥有足够重要的声誉，如果他们试图欺骗系统，那么他们将面临严重的财务和品牌影响力损失。PoR 使用公司而不是个人作为验证者。一旦一家公司证明了其信誉并通过了验证，他们就可以作为一个权威节点被投票到网络中，此时，它就像一个 PoA 网络，只有权威节点才能对块进行签名和验证。被发现作弊的公司不仅是在拿自己的名誉冒险，还将危及其整个市值以及公司高管和股东的声誉，会比任何个体损失更多。

授权签名者是可信节点，它们创建块，对其进行签名并将其分发给其他节点，并在区块链上维护授权签名者列表。只有经过授权的节点可以对块进行签名，并且通过检查签名者是否在授权列表中来验证所有块的正确性。签名算法本质上与 PoW 的签名算法相同，但具有不同的头集。特定 PoW 的条目将被删除，并添加额外的条目来启用投票。给定 N 个授权签名者，签名者只能每 $N/2+1$ 个块签名一个块。这就确保了攻击者需要控制 50%的签名者才能执行恶意攻击。

共识协议通过激励每个块的指定签名者来确保公平性和活性。如果分配的签名者不可用，那么再允许其他块进行签名。为块分配的签名者由授权签名者列表循环查找确定。如果指定的签名者不响应，则其他签名者可以以较低的难度进行签名。目前采用 PoR 共识机制的有 GoChain。

9. 空间证明

空间证明(Proof of Space，PoSpace)也称为容量证明(Proof of Capacity)，最早于 2015 年由 Stefan Dziembowski 等人在其发表的论文中提出，意在取代比特币中的 PoW 机制，成为一种新型的共识机制解决方案。

PoSpace 是一种通过分配非平凡的内存量来表明一个人对服务(如发送电子邮件)有合法利益的方法。它与 PoW 非常相似，只是使用存储替代了 PoW 中的计算。PoSpace 与内存困难函数(Memory Hard Function，MHF)和可恢复性证明(Proofs of Retrievability，PORs)有关，但也有很大不同。

PoSpace 是由证明者(Prover)发送给验证者的一小块数据，该数据确认了证明者已经预留了一定量空间的一段数据。出于实用性方面的考虑，验证过程需要高效，即消耗少量的空间和时间。出于公平的考虑，如果证明者实际没有保留所声称的空间量，则证明者很难通过验证。图的 Pebbling 是一个资源运输模型，在图的顶点上随机放置一些 Pebble，移走某个顶点上的两个 Pebble，并且在它的某一个邻点上放置一个 Pebble，称为一次 Pebbling 移动。PoSpace 可以基于难以实现 Pebbling 的图进行构造。验证者请求证明者构建对一个“非 Pebbling 图”的标记。证明者提交标记，进而验证者请求证明者在提交中开放多个随机位置。

由于存储的通用性和存储所需较低能源成本，PoSpace 被视为更公平和更环保的替代方法。目前采用 PoSpace 共识机制的有 Burstcoin、Chia、SpaceMint 等。

PoSpace 的优点如下：

(1) 一旦初始化用于挖矿的专用空间，则挖矿成本是微乎其微的。

(2) 许多个人 PC 上都有未使用的磁盘空间，将其用于挖矿的边际成本很小。

(3) 可以使用任何普通硬盘，这样其他矿商就不会从购买专门设备中获得优势，比如用 ASIC 挖矿比特币。

10. 时空证明

在分析 PoW 和 PoSpace 的基础上，Moran 等人[21]在 2016 年首次提出基于时间空间证明的共识算法——时空证明(Proofs of Space-Time，PoST)，并在 2019 年对其进行了完善和改进[22]。在该共识算法中，证明者通过向验证者证明其花费了更多的“时空”资源以竞争挖矿权限，其中“时空”资源被定义为 CPU 工作和存储时间、空间之间的折中。PoW 要求参与者必须提交或支付“工作量”，然后才能添加区块并获得挖矿奖励。

在 PoST 共识算法中，网络参与者可以“花费”两种不同的资源：

(1) 工作量：指计算机的处理能力或所消耗的 CPU 单位，类似于工作量证明中所使用的概念。

(2) 存储空间或“时空”：指特定时间段内指定的存储量，在此期间，该存储不能用于其他用途。类似 PoW 中的“工作量”，时空可直接转换为成本。

PoST 由初始化阶段和执行阶段组成，每个阶段都是证明者 $P[P = P_{init}，P_{exce}]$和验证者 $V[V = V_{init}，V_{exce}]$之间的交互协议。

(1) 初始化阶段：每一个参与方收到一个 id 串作为输入，在结束时，证明者和验证者输出状态串；

(2) 执行阶段：每一个参与方从初始化阶段收到 id 串和相应的状态串，在结束时验证者要么输出 1 表示接受，要么输出 0 表示拒绝，证明者不输出任何信息。

需要注意的是，执行阶段可以在不执行初始化阶段的情况下重复执行很多次。因为执行阶段是非常节能的，所以在多次执行后每次分摊的工作量相比于 PoW 会有很大的优势。目前采用 PoST 共识机制的有 Filecoin，另外已知两家创业公司 Chia Network 和 Spacemesh 正在开发 PoST 解决方案。

11. 复制证明

复制证明(Proof of Replication，PoRep)最早由 Benet 等人在发表的论文中提出[23]，然后又进行了更详细的阐述[24-25]。PoRep 是一个交互式证明系统。在这个系统中，存储的提供者需要提供可公开验证的证明来表明其为一个数据文件副本分配了独有的空间资源，而且所存储的数据是可检索的。也就是说，复制证明是一种把 PORs 嵌入 PoSpace 中的证明机制。

PoRep 使证明者能够证明他们正在使用不低于需要的最小空间来存储信息，并实际使用该空间来存储有用的信息。同时，PoRep 可以有效地提取存储的任何数据。

在一个带激励的网络中，存储节点以证明者的身份参与并存储数据文件，因为这样做可以使他们获得网络奖励。PoRep 的一项重要特性是，如果证明者不能证明他们如声称的那样存储数据文件的复制副本，那么他们将不能获得奖励。这是通过系统设计来实现的，在一个合理的系统设计中，节点对于内容重复的数据文件应该逐一给出与每个副本相对应的单独证明。

最基本的 PoRep 是可验证延迟编码复制证明(Verifiable Delay Encode-PoRep，VDE-PoRep)，它使用 VDE 来实现慢编码，不适用于大文件。

深度鲁棒图复制证明(Depth Robust Graph-PoRep，DRG-PoRep)通过使用深度鲁棒链来链接块依赖关系，以此来扩展基础的 VDR-PoRep。虽然 DRG-PoRep 在保持良好的效率的同时，复制时间显著提高，但是它损害了合理的安全性和空间证明的严密性。

为了克服 DRG-PoRep 中出现的问题，在最后的构造中，通过以较慢的提取时间为代价，对 DRG 进行分层，迭代 DRG-PoRep 结构，每一层都“重新编码”上一层。在编码中使用的层之间添加了额外的边缘依赖关系，这些边缘依赖关系是层之间的二部展开图(Bipartite Expander Graphs)的边，最终产生了第一种变体——堆栈式深度鲁棒图复制证明(Stacked-DRG-PoRep)。Stacked- DRG-PoRep 的缺点是数据提取时间过长，与数据复制所耗费的时间相当，因为该过程需要重新导出密钥。在此基础上，PoRep 结合 DRG-PoRep 和 Stacked-DRG-PoRep 的优势，产生了另一种变体——ZigZag-Expander-DRGs-PoRep。该变体并不是在层之间添加依赖关系，而是在每一层中形成一个深度鲁棒图，以使每一层都具有深度鲁棒性并具有较高的“扩展性”。目前采用 PoRep 共识机制的有 Filecoin。

12. 无时间假设的复制存储证明

复制证明的思想是在分散式存储网络 Filecoin 中引入的。虽然在 Filecoin 论文中没有对复制证明进行有效处理，但是它提出了一种称为有时间限制的复制证明构造。在这种概念中，要对存储的文件进行编码，使编码过程足够慢，以便客户端区分诚实证明时间和潜在的对抗性证明时间，包括重新编码的时间。

而所有有时间限制的方案的基本问题都是重新计算攻击的处理：编码必须非常慢，以至于即使是高性能服务器也无法在低于规定时间范围内完成编码。这比想象的更难，因为即使确定要为给定的安全参数值编码需要进行多少次操作，实际花费的时间也取决于对抗方持有的硬件，所以这超出了预期范围。因此，有时间限制的复制证明构造对各方面的处理做得并不是很好。

Damgård 等人[26]于 2019 年给出了无时间假设的复制证明：通过给出一个捕获所需属性的定义以及根据定义证明安全的构造。该构造在随机预言模型中工作，并且可以从任何单向排列中实例化。并将重点放在执行编码的客户端是诚实的情况下，这似乎是实践中最重要的情况，并且符合可检索性和存储证明的定义。

在该构造中，存储的文件 m 的每个副本大小为 $O(|m|+k)$，其中$|m|$是 m 的长度，k 是安全参数。为了验证复制，用户对每个服务器进行可检索性证明。可以使用任何此类证明，因此继承了证明具有的任何通信复杂性。简单地说，解决方案的思想是，对手首先接收要存储的每个副本，其中每个副本都是 m 的特殊编码。对手现在可以存储一个状态供以后使

用，在诚实的情况下，它将包含所有副本。无论对手如何计算状态，如果它明显小于所有副本的大小总和，那么一些可恢复性证明将失败，除非对手打破计算假设。由于可检索性证明是可提取的，因此上述方法保证了副本不可压缩，即敌方必须保留足够的空间来存储所有副本，并且该空间必须包含一些与文件副本相当的数据。

13. Ouroboros

基于 PoS 的区块链协议中的一个基本问题是模拟领导者选举过程。为了权益持有者之间实现公平的随机选举，必须在系统中引入熵，但引入熵的机制可能易于受到敌手的操纵。例如控制一组权益持有者的敌手可能会试图模拟协议的执行，通过尝试不同的权益持有者参与选举的顺序，找到对敌手有利的继续参与者。这就会导致所谓的“粉碎”(Grinding)漏洞，敌手可能会使用计算资源来偏向领导者选举。

因此，Kiayias 等人[27]提出了 Ouroboros，这是第一个基于严格安全保证和权益证明的区块链协议，也是第一个基于同行评审研究的区块链协议。它将独特的技术和经过数学验证的机制相结合，进而将行为心理学和经济哲学相结合，以确保依赖于此的区块链的安全性和可持续性。最终形成一种具有经过验证的安全性保证，能够以最低能源需求促进全球无许可网络传播的协议，其中 Cardano 是首创。

Ouroboros 具有数学上可验证的针对攻击者的安全性。只要诚实的参与者拥有 51%的股份，就可以保证该协议的安全。此外，确保领导者的真随机选举也能保障 Ouroboros 的安全性。为了确保使用 Ouroboros 的区块链网络的可持续性，该协议采用了一种激励机制来奖励网络参与者。这可以是操作股份池，也可以将艾达币(ADA)的股份委托给股份池。

Ouroboros 解决了现有区块链面临的最大挑战，即需要越来越多的能量来达成共识。通过使用 Ouroboros，Cardano 能够安全、可持续且合乎道德地扩展规模，其能源效率高达比特币的四百万倍。Ouroboros 确保了每时每刻的连续性，即不断建立牢不可破的链条。通过 Ouroboros，每一项增加(交易、协议、信息共享)都将成为一成不变的过去的一部分。

Ouroboros 通过将链划分为多个时期来处理事务块，这些时期又进一步划分为多个时隙(Time Slots)。每个时隙都会使用投币方案(Coin Tossing)选出一个时隙领导者，并负责将一个区块添加到链中。每个时隙最多产生一个区块，而如果区块所对应的区块产出者不在线时，此时隙就不产生任何区块。每个时隙除了选出单一的区块产出者之外，还选出多个交易的验证者，被称为“背书节点”(Endorsers)。背书节点验证交易的合法性，并将合法交易打包发给区块产出者。Ouroboros 在设计激励机制时，充分考虑了理性节点的存在。为了鼓励权益持有者保持在线，并执行交易验证和出块的工作，Ouroboros 把多个区块的交易费放到交易费池，并根据参与节点的贡献度按比例分配给对应节点。

14. 基于可信执行环境的共识算法

为改进 PoW 共识算法的效率和公平性，研究者相继提出了 PoET 和运气证明(Proof of Luck，PoL)，这两种算法与 PoW 算法的最大允许作恶节点数量是相同的，均为 50%。PoET 和 PoL 均是基于特定的可信执行环境(Trusted Execution Environments，TEE，例如基于 Intel SGX 技术的 CPU)的随机共识算法。Intel Software Guard Extensions(SGX)是 Intel 在 2013 年推出的指令集扩展，旨在以硬件安全为强制性保障，提供用户空间的可信执行环境。SGX 通过一组新的指令集扩展与访问控制机制，实现不同程序间的隔离运行，保障用户关键代码和数据的机密性与完整性不受恶意软件的破坏。SGX 采取的方式并不是识别和隔离平台上的所有恶意软件，而是将合法软件的安全操作封装在一个 enclave 中，保护其不受恶意软件的攻击，特权或者非特权软件都无法访问 enclave。一旦软件和数据位于 enclave 中，即便操作系统也无法影响 enclave 里面的代码和数据。

1) PoET

PoET 的理念是由著名的芯片制造巨头 Intel 于 2016 年提出的。Intel 为解决“随机领导者选举”的计算问题，开发了一个可用的高科技工具。PoET 共识算法通常用于被许可的区块链网络中，使用该算法决定网络中获得区块者的挖矿权力。许可区块链网络需要任何参与者在被允许加入之前验证身份，SGX 确保了 PoET 共识算法的安全性和随机性，不需要权力和昂贵投资的领导者选举过程，是一种基于专门硬件的“证明”算法。根据公平彩票系统的原则，每个单一节点都有同等的机会成为获胜者，因此 PoET 赋予许可区块链网络中的参与者具有平等获胜的机会。

PoET 算法的基本思路[28-29]：许可区块链网络中每个参与节点都会从 enclave 请求一个随机的等待时间，并在指定的时间内进入休眠状态。最先醒来的节点即首个完成指定等待时间的节点，该节点将会被选为 Leader，并广播必要的信息到整个对等网络中。Enclave 由“Create Timer”和“Check Timer”两个函数组成，其中“Create Timer”函数用来创建计时器，而“Check Timer”函数用来验证计时器是否由 enclave 创建。如果计时器已过期，则此函数将创建一个认证，用于验证验证器是否在声明领导角色之前等待分配的时间。

在 PoET 共识机制中，需要确保的两个重要因素如下：

(1) 参与节点真正选择了一个随机时间，非参与者为了获胜而故意选择较短时间；

(2) 胜出的节点确实完成了等待时间。

PoET 可以防止资源的高能耗，并且通过遵循公平抽签原则使过程更高效。该共识算法的意义在于参与代价低，区块链不必消耗昂贵的算力来挖矿而提高效率，且控制领导者选举过程的代价与从中获得的价值成正比。由于低代价需要使用特定的硬件，因此不会被大规模采纳。目前，PoET 是超级账本的锯齿湖项目采用的共识算法。

2) PoL

伯克利大学的研究人员基于 TEE 设计了一种新型的共识机制，运行在支持 SGX 的 CPU 上，来抵御挖矿以及对能源的消耗，即 PoL。PoL 是由 Milutinovic、He 等人于 2016 年发表的论文中[30]提出的一种高效的区块链共识协议。

PoL 算法由 PoLRound 和 PoLMine 两个函数组成。在每一个轮次开始时，参与者通过调用 PoLRound 函数并传递当前已知的最新块来准备在特定链上挖掘，在一个轮次的时间过后，参与者再调用 PoLMine 函数来开采一个新的区块，其中所有参与者运行这两个函数得到以同一个区块为父类的不同区块。PoLMine 函数会从均匀分布中生成一个介于 0 到 1 之间的随机数字，并规定最大数字意味着运气最好，运气最好的参与者持有的区块将被认定为区块链中的下一个块。因为随机数选择是在 SGX 环境中发生的，所以该随机数不能伪造。

PoL 共识为区块链提供高效能源挖掘、降低交易验证延迟和交易确认时间，实现可忽略的能源消耗和真正公平的分布式挖矿。Luckychain 是 PoL 共识算法的代表性应用场景。

15. 投票证明

投票证明(Proof of Vote，PoV)[31]是一种端到端投票人可验证(E2E)数字投票系统，该系统使用区块链来确保选举的可验证性、安全性和透明性。该协议利用 ElGamal 重新加密混合网络实现匿名性，利用多签名方案进行选民身份验证和授权，并利用可验证的分布式密钥生成和可验证的解密技术进行投票加密和解密。

比特币引入了革命性的去中心化共识机制，然而，比特币衍生的共识机制适用于公有链，并不适合新兴联盟链的部署场景，于是提出了一种新的共识算法，即 PoV。协商一致意见由联盟成员控制的分布式节点协调，通过投票进行分散仲裁。其核心思想是为网络参与者建立不同的安全身份，使区块的提交和验证由联盟中的机构投票决定，而不依赖第三方中介机构或不可控制的公众意识。与完全分散的一致性证明工作相比，PoV 具有可控的安全性、收敛可靠性、仅需一个块确认即可实现事务的最终性、事务验证时间的低延迟性。

1) PoV 算法步骤

(1) 选举创建：选举创建阶段，选举当局需要制定一套选举内容和选举规则来为之后的选举做准备。

(2) 密钥生成：PoV 采用 ElGamal 加密方案，此方案具有分布式密钥生成、阈值加密以及 3 个解密功能。它使用可验证密钥共享来生成和共享共同持有选举私钥的受信方节点之间的私钥。这种分布式生成和持有私钥非常重要，因为没有任何一个可信节点单独拥有解密和加密投票的权力。在任何时候，在集中节点的控制下都不会存在整个私钥，这意味着解密的权力已经分散(除非选举权)。

(3) 化名创建：选民的身份是由一个化名来确定的，这是他们独有的，而且只在一次选举中使用。这些化名用于提供部分而不是全部的匿名化，因为它们与选民的公钥相关联，因此有助于协议中对选民的处理。

(4) 身份验证：身份验证是选民证明其身份的过程，即一个人就是他们所说的人。该协议没有规定投票者使用什么来证明他们的身份，因为这将随着选举的不同而变化。

(5) 授权：授权是一个经过身份验证的投票者被授权投票并分配其选票样式 ID 的过程。在程序上，它的操作与外部身份验证非常相似。

(6) 初始化：到目前为止，在以上步骤中，投票者还没有与区块链交互。初始化这一步骤很重要，因为它允许后续投票者交易与其在区块链上的初始化证明绑定。此时，投票者拥有在区块链上生成初始化交易所需的所有信息。投票者将此交易提交到区块链并等待确认。区块链节点将验证上述信息，以确定投票者的假名与有效的授权投票者相对应，并且投票者的身份已由接受认证服务的仲裁人验证，并最终将交易包括在区块中。

(7) 选票交付：一旦选民被初始化，他们就可以请求投票了。这一步骤的目的是将正确的选票交给经过认证和授权的选民。投票者设备应用程序随机选择区块链上有权提供选票的节点并请求未标记的选票。节点向用户发送未标记的选票。

(8) 投票标记：一旦拥有无标记选票，选民就可以在设备上标记他们的选票。投票设备将读取未标记的选票，并显示一个界面，允许投票人逐场标记他们的选票。投票应用程序将遵循管理选举的选举当局规定的可用性、可访问性以及多语言实现方面的最佳做法。

(9) 投票加密：投票人通过他们的投票设备，使用 ElGamal 加密他们的投票，受托人的公钥与选举相关。

(10) 投票提交和存储：投票人的设备将投票事务提交给节点以写入区块链，并等待投票交易的确认，这将是一个安全而不可变的投票过程。

(11) 投票结束：在分配的选举时间结束前完成投票，如选举创建事务中所示，任何授权节点生成投票事务结束。此交易写入区块链后，将不再接受包含投票交易的区块。

(12) 投票匿名化：投票匿名化是一个可选步骤，发生在所有投票之后、解密投票并计票之前。投票证明使用重新加密混合网络来完全匿名投票。

(13) 投票解密：在投票被匿名化之后，选票就可以被解密了。每个受信者处理所有加密投票，为每个投票创建一个部分解密事务。

选举完成：在所有投票被解密之后，任何节点都可以产生一个选举终结事务。

2) PoV 的优点

PoV 是一个高性能的共识算法，在联盟链中有非常重要的作用。联盟链的核心节点成为整个网络验证和分块生产的中心。在核心节点内，通过投票机制分散权力，为了保证区块封装任务实施的独立性，任务将由联合体成员选出的特定算法完成。这种执行权和表决权的分离保证了联盟链内部的公平，促进了联盟链的发展和壮大。

3) PoV 与其他共识算法的对比

当前为区块链设计的共识机制速度较慢，因为区块生产和安全性能需要大量的时间和能量。为了在分布式系统中实现一致性，各种一致性算法的不同折中方案应运而生。一种方法是削弱如以比特币为代表的 PoW 和以太坊；另一种方法是依赖点点币为代表的 PoS 和以比特股(Bitshare)为代表的委托证明(DPO)等代币。除了这些不可避免的折扣外，现有的解决方案由于存在分叉的可能性，很难在安全需求下加速交易确认。亚瑟等人分析了 PoW 的安全性，发现莱特币和狗狗币(Dogecoin)这两种比特币最突出的分支，将块生成间隔从 10 min 缩短到 1～2.5 min。但是，它们仍然需要 28～47 个块确认，以匹配比特币的安全性，从而导致高延迟事务验证。然而，PoV 巧妙地利用了联盟区块链的特点。投票结果最终生成一个唯一的有效块，优化了事务确认时间，提高了系统的吞吐量。

公有链通常被认为是“完全去中心化”。它的共识算法依赖于公众的认知和计算能力的竞争，而不能被规则和规章所规范。然而，当应用到商业时，公共区块链的共识机制(如 PoW)要受到两点限制：① 计算能力的竞争导致大量能源浪费，降低了交易验证效率；② 交易验证和区块生成依赖于不可控的全网自主验证，难以符合商业社会规律。真正的商业社会是自由与干预的折中结果。即使在一个金融集团中，财团成员也可能更喜欢控制交易验证。然而，他们拒绝一个成员对交易记录拥有绝对控制权。所谓“自由”可以通过投票机制实现，“干预”可以通过去中心化区块链解决。因此，设计了基于投票机制和联盟区块链的共识协议 PoV。

3.4 状态共识

与成员选举共识不同的是，状态共识的职责是保证系统中诚实节点所存数据的一致，从而确保区块链的整体一致性。区块链系统中的状态共识主要来自传统分布式系统的一致性算法及其衍生物，本节将从传统分布式一致性算法出发，介绍广泛应用于区块链的经典状态共识机制。

3.4.1　中本聪共识

中本聪共识[7]是随比特币引入的，是在无许可的区块链环境中应用的第一个共识机制，并且已经被广泛应用于区块链技术中。中本聪共识正如比特币白皮书中所定义的共识算法一样，它负责选定下一个要附加到链上的区块。因为这一步产生包含交易和状态转移的区块，所以这一步对于区块链的运作至关重要。中本聪共识作为重要的共识算法，在区块链中的作用更是不可代替的，它是一种拜占庭式容错共识算法。

中本聪共识的核心是“最长链”规则，该规则用于在两个或两个以上相同高度的区块被同时提议且链呈叉状发展的情况。最长链表示节点必须选择块数最多的链作为单个规范链。最长的链被认为是完成工作最多的链，它遵循以下原则：① 诚实节点占区块链网络中的绝大部分，因而也具有网络中绝大部分的计算能力。② 在两条链长度相同的情况下，节点在收到的第一个有效区块的链上执行工作，同时拒绝其他冲突区块，直到一个分支成为最长分支。③ 如果有两个节点同时广播不同版本的新区块[4]，那么其他节点在接收到该区块的时间上将存在先后差别。当出现此情形时，他们将会在率先收到的区块的基础上进行工作，但也会保留另外一条链，以防后者变成最长的链。该僵局(Tie)的打破要等到下一个工作量证明被发现，而其中的一条链被证实为是较长的一条，那么在另一条分支链上工作的节点将转换阵营，开始在较长的链上工作。

中本聪共识是一种状态共识机制，其目的是保障节点状态的一致性。但在无许可的区块链环境中，中本聪共识只能保证最终的一致性，在区块链经历短暂的分叉并且未达到一致的时间内，中本聪共识将提供分叉解决方案，最终在所有节点上达到一致状态。

中本聪共识所采用的对手模型对整体提案提出了过强的假设，诚实节点要比对手节点更快地生成新提案，因此诚实节点将始终提出更长的有效链。这可以通过诚实节点拥有的多数投票权资源来实现。

1) 中本聪共识的优点

(1) 安全性好：在中本聪共识中，每个节点都自发地在最长链上进行新区块的添加尝试，使得敌手想要进行攻击(如篡改)的概率呈现泊松分布概型，需要耗费大量算力，所以中本聪共识机制也是难以被攻破的。

(2) 通用性强：中本聪共识可以保证在区块生成时确定全局交易顺序，这是和智能合约的编程模型相兼容的。而很多其他拓扑结构的替代协议要么放弃全局交易顺序，要么需要经过很长的时间才能确认，这极大地限制了其效率上的提升或者功能上的丰富。

2) 中本聪共识的缺点

(1) 浪费大量资源：选择最长链作为分叉解决方案的规则导致浪费大量提议。如果与基于工作量证明的成员资格选举配对使用，那么这将导致浪费采矿权和大量资源，因为在主分支上未选择的所有区块均被视为“不接受”。

(2) 系统吞吐量(Transactions Per Second，TPS)较小：中本聪共识的假设是区块链网络中的多数节点是诚实的，且区块链网络凭借较高的区块创建速度，更多节点将基于陈旧信息来提议区块，因为该信息在其提议创建之前尚未完全传播。这导致越来越多的块无法延伸“最长链”，这可能会对性能或潜在的攻击产生许多影响。

3.4.2　GHOST

中本聪共识的“最长链”规则固定了区块大小和出块时间间隔，导致其低吞吐量和长时间区块确认间隔，这一直以来饱受诟病，影响了比特币网络的大规模使用，同时这也促使人们提出一种新的共识机制。在此背景下，提出了贪婪最重可观测子树算法[32](Greedy Heaviest-Observed Sub-Tree，GHOST)，该算法作为区块链中分叉解决的一种新的共识机制，用来缓解“最长链”规则中发现的问题。

GHOST 的思路很简单，是对比特币的最长链规则进行更改，在每次分叉的时候选取拥有最重子树的分叉节点。GHOST 采用的冲突解决机制利用了主链中未包含的区块，是一种考虑区块上所有工作的机制。区块链通过迭代算法选择最重的子树，该树以创世区块(块 0)为根，并建立到当前区块的正确链。

该算法遵循从树的根(创世区块)开始的路径，并在每个分叉处选择通向最重子树的块。例如，在图 3.6 所示的树中，块 1B 的子树包含 12 个块，而 1A 的子树仅包含 6 个块。因此，该算法将选择 1B 作为主链，并继续解决子树(1B)中的分叉。这将导致选择块 0、1B、2C、3D、4B 作为树的主链(而不是结束于块 5B 最长的链)。这使根植于 1B 的子树内部的分叉对块 1B 本身的权重没有任何影响，每向子树(1B)添加一个块都会使其更难从主链中被忽略。特别是当攻击者发布其 6 个区块长的秘密链时，与之前相同的区块仍保留在主链中。

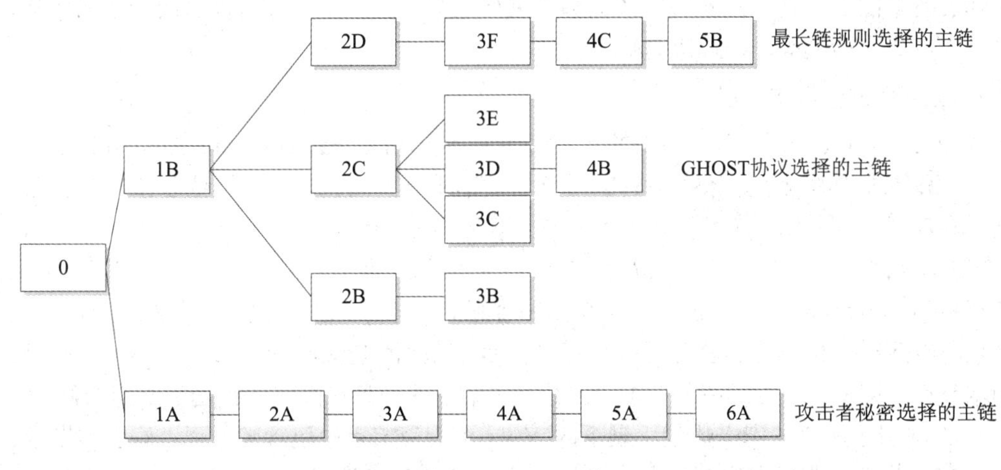

图 3.6　GHOST 原理

在最长链规则中，如果攻击者拥有足够的计算能力，能够根据最长链选择规则快速生成块，从而绕过主链并覆盖主链，那么他能够随意撤销主链中出现的任何交易。具体地说，如果攻击者的计算能力超过网络其他部分的总和，他就能够比诚实节点更快生成块，并最终替换任意长度的链。这种更强的攻击形式在比特币中被称为“51%攻击”。

GHOST 的关键概念是主链上未被接受的区块仍然影响重量，因此有助于形成更好的分叉解决方案。在 GHOST 中，通过计算主链中未包括的提议区块的数量(作为子树权重的计算)，GHOST 为高吞吐量环境中发生的分叉场景提供了一定的适应性。即使网络有明显的延迟，且攻击者拥有足够的计算能力，GHOST 方案仍然可以将 51%攻击的安全阈值保持在 1。这就使得协议的设计者在保证安全的前提下，可以设置高的区块创建速率和区块大小，因此 GHOST 协议较最长链规则有了更大的吞吐量。

GHOST 中的敌手模型和中本聪共识中的敌手模型遵循相同的假设，即假设区块链网络中的绝大多数节点属于诚实节点。这样可以确保最重的子树具有最高概率是由诚实节点创建的。

GHOST 的变体作为共识算法被应用于以太坊之中。因为计算整个子树需要大量时间和资源，从而阻碍了区块链的发展，所以以太坊利用了 GHOST 的变体，即一种奖励简化 GHOST 协议。这也使得以太坊变得更加高效、实用。

3.4.3　拜占庭类共识算法

为了描述在互不信任的分布式系统中通信的各个节点达成一致的问题，1982 年 Lamport 等人[33]首次提出了拜占庭问题(Byzantine Agreement，BA)。

拜占庭帝国拥有大量财富，与其相邻的十个城邦想要进攻拜占庭并掠夺财富。但是拜占庭帝国易守难攻，单独一个城邦是无法将其攻下的，甚至会被其他九个城邦入侵掠夺。所以，只有这十个城邦中超过一半的城邦相互合作且同时进攻作战，才能够入侵成功。然而，若有城邦发生背叛，可能会导致只有五个或者更少的城邦在同时进攻，那么所有的进攻军队都会被歼灭。拜占庭将军问题的困难性在于：这十个城邦的将军不确定他们的合作城邦中是否存在叛徒，叛徒可能会临时擅自改变进攻意向或进攻时间。在这种状态下，各个城邦的将军能否找到一种分布式共识协议进行远程协商，共同合作以达成一致的作战计划，是入侵成功的关键，即解决 BA 的关键。

1. 实用拜占庭容错共识

1999 年，Castro 和 Liskov 提出的实用拜占庭容错(Practical Byzantine Fault Tolerance，PBFT)共识算法[34]解决了原始拜占庭容错算法效率不高的问题，将算法的复杂度从指数级降到了多项式级，是第一个在异步网络环境中实现的实用拜占庭容错算法。

PBFT 算法中，如果系统存在 $3f+1$ 个副本节点(包含唯一的用来和客户端交互的节点，该节点称为主节点 primary)，那么该系统能够容忍 f 个拜占庭副本节点。当这 f 个拜占庭副本节点不响应时，协议仍然能够正确执行。但是，f 个不响应的副本节点并不一定是拜占庭副本节点，即最坏情况下有 f 个非拜占庭副本节点的消息在网络中被延迟甚至被删除。

假设 N 表示所有的副本数量，剩下的 $N-f$ 个响应节点中包含 f 个拜占庭副本节点。拜占庭副本节点和非拜占庭副本节点发送给客户端的应答消息可能是冲突的(因为拜占庭副本节点可以发送任意消息)，此时客户端需要判断哪些应答是正确的。因此，在 $N-f$ 个应答消息中，来自非拜占庭副本节点的应答消息要大于拜占庭副本节点的应答消息，即 $(N-f)-f>f$，满足 $N>3f$ 或 $N\geqslant 3f+1$。

1) PBFT 共识过程

PBFT 共识描述所需的符号如表 3.2 所示。在共识过程中，所有的操作在一个被称为视图 view 的轮换过程中运行。一个客户端 c 向主节点 p 发送一条签名消息 m，m = Resquest，

$o, t, c>oc$。p 接收到 c 的请求后，开始执行预准备(Pre-prepare)、准备(Prepare)、确认(Commit)和应答(Reply)四个阶段，如图 3.7 所示。其中 Pre-prepare 和 Prepare 阶段主要是为了将在同一个视图 view 里发送的请求排序，且使网络中的节点都同意这个序列，并按序执行。

表 3.2　PBFT 所用符号说明表

符号名称	符 号 含 义
c	客户端
p	主节点
i，r	副本节点
v	视图编号
m	客户端发送的签名消息(请求)
o	客户端请求的操作
t	时间戳
d	消息 m 的摘要
n	主节点为消息 m 分配的序列号
f	系统的容错量(即系统中存在的最多的拜占庭节点数)
s	节点 i 的稳定检查点
c	$2f+1$ 个节点验证过的检查点集合
P	当前副本节点未完成的请求的 Pre-prepare 和 Prepare 消息集合
j	view-change 消息的发出节点
O	Pre-prepare 消息集合

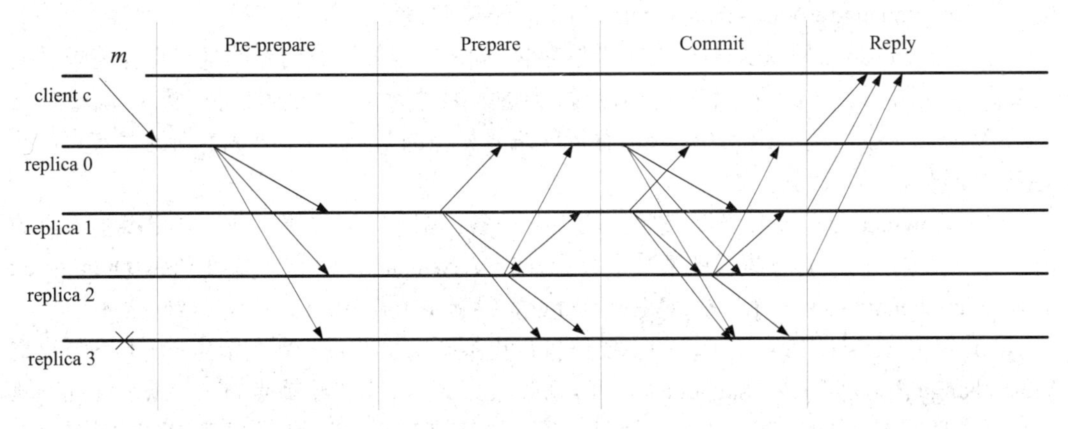

图 3.7　PBFT 共识过程($N=4$，$f=1$)

(1) Pre-prepare 阶段。该阶段的主要任务：p 为消息 m 分配序列号。p 收到客户端 c 发送的消息 m 后，为 m 分配一个序列号 n，并向其他所有副本节点发送一条 Pre-prepare 消息 <<Pre-prepare, v, n, d>σi, m>，并将该消息记录在自己的日志中。

(2) Prepare 阶段。该阶段的主要任务：副本节点验证序列号。一个副本节点 i 接收到 Pre-prepare 消息后，就进入了自己的 Prepare 阶段。节点 i 判断以下条件是否为真，若为真，则向其他副本节点(包括主节点 p)广播一条 Prepare 消息<Prepare, v, n, d, i>σi，并将此

Prepare 消息和 Pre-prepare 消息记录到自己的日志中。判断条件为：

① Pre-prepare 消息中的签名是正确的，且 d 是消息 m 的摘要；

② 副本节点 i 的视图编号 v 与 Pre-prepare 消息和 Prepare 消息中的 v 相同；

③ 副本节点 i 没有接收到有相同 v 和 n 但有不同 d 的一条 Pre-Prepare 消息；

④ n 的值在一个特定范围内(避免坏节点用大序号值消耗序列号空间)。

(3) Commit 阶段。该阶段的主要任务：副本节点确认序列号是否通过了大多数节点的验证。副本节点 r(包括主节点 p)接收到 Prepare 消息后将其记录到自己的日志中。如果 r 已经接收到了 $2f$ 条 Prepare 消息，并且这 $2f$ 条 Prepare 消息与自己日志中的 Pre-prepare 消息匹配(即 Prepare 消息与 Pre-prepare 消息具有相同的视图号、序列号和消息的签名)，则 r 就能够判断出至少有 $f+1$ 个非拜占庭副本节点已经对分配给客户端 c 的请求序号 n 达成了共识，此时 r 进入 Commit 阶段。

r 向其他副本节点(包括主节点 p)广播一条 Commit 消息<Commit, v, n, d, r>σr。如果满足以下两个条件，则副本会通过将该 Commit 消息记录到日志中并执行请求命令 o 的方式接受此 Commit 消息。两个条件如下：

① 收到了来自不同副本的 $2f+1$ 条匹配的 Commit 消息(可以包括自身的 Commit 消息)；

② 其状态反映了序列号小于 n 的所有请求的顺序执行。

(4) Reply 阶段。该阶段的主要任务：客户端收到相应的应答消息。副本节点 r(包括主节点 p)在执行完请求命令 o 后，向客户端 c 发送一条应答消息<Reply, v, t, c, r, res>σr，客户端 c 接收到来自不同副本节点的相同的 $f+1$ 条应答消息时才接受 res。

2) 视图更改过程

当主节点出现问题(超时或者错误)时，就会触发视图更改事件。视图更改分为三个阶段，即 View-change、View-change-ack 和 New-view 阶段。

(1) View-change 阶段。该阶段的主要任务：副本节点发现有问题的主节点并请求更换主节点。当副本节点 i 认为主节点有问题时，会进入编号为 $v+1$ 的视图并广播 View-change 消息<View-change, v+1, s, C, P>。当前存活的编号最小的节点 $p+1$ 将成为新的主节点，并对应更新日志中的信息。

(2) View-change-ack 阶段。该阶段的主要任务：副本节点收集其他请求更换主节点的消息。节点 i(不包括 p)收集视图编号不大于 v 的 View-change 消息，发送 View-change-ack 消息<View-change-ack, v+1, i, j, D(View-change)>给新主节点 $p+1$。

(3) New-view 阶段。该阶段的主要任务：更换新的主节点。新主节点 $p+1$ 不断收集 View-change 消息和 View-change-ack 消息。当收集到 $2f-1$ 个关于节点 j 的 View-change-ack 消息后，证明节点 j 的 View-change 消息合理，再将该 View-change 消息存储在集合 S 中。

主节点 $p+1$ 收到 $2f$ 个来自其他节点的 View-change 消息后，广播 New-view 消息<New-view, v+1, S, O>以同步各个节点的状态。其他节点验证 New-view 消息通过后，继续按照一般共识流程处理主节点发来的 Pre-prepare 消息。

当触发视图更改事件时，各个副本节点可能收集到的是请求 m 在不同视图下的 Prepare 消息，进而有可能存在 $2f+1$ 个节点无法达到 Prepare 状态，此时各个节点不应执行请求 m。PBFT 共识的 Commit 阶段就是为了解决这个问题。

3) 垃圾回收机制

副本节点记录了大量的日志信息，在执行完请求后，需要将相关的一些日志信息清除掉。由于存在视图更改的情况，因此每次在节点要删除一些日志信息时，需要进行广播，就是否可以清除达成一致。

PBFT 的垃圾回收机制的过程：节点每连续执行完成 K 条请求后，向全网发起广播，宣布已将这 K 条请求执行完毕，如果网络中大多数节点也都做出了同样的反馈，则删除这 K 条请求的日志信息。节点 i 的检查点(Checkpoint)是节点 i 每执行完成 K 条请求的最新请求编号，如果检查点获得了至少 $2f+1$ 个节点(包括自身)的认同，则将第 K 条请求的编号记为节点 i 的稳定检查点 s，稳定检查点之前的请求信息都可以删除。

当副本节点 i 发出检查点共识后，有时并不会立刻得到响应，因为其他节点可能还没有执行完这 K 条请求。随着节点 i 处理消息越来越快，它距离其他节点会越来越远。所以 PBFT 引入了高低水位的概念，以此来表示节点可处理的请求编号范围。

每个节点 i 的低水位 h 是其稳定检查点，高水位 $H=h+L$，L 是系统决定的数值，一般是 K 的整数倍。这样即使节点 i 的处理进度很快，其处理的请求编号达到高水位 H 后也必须暂停自己的脚步，直到其低水位发生变化，才能继续运行[2]。

2. 授权拜占庭容错共识

授权拜占庭容错(Delegated Byzantine Fault Tolerant，DBFT)算法是基于 PBFT 而改进的，首次应用于 NEO 小蚁区块链项目[35]。相比 PBFT 算法，DBFT 算法更适用于区块链中[36]。虽然 PBFT 算法可以有效地解决分布式网络共识，但是 PBFT 的时间复杂度为 $O(n^2)$，接入网络中的共识节点越多，系统性能下降的速度就越快。因此，NEO 结合 DPoS 算法[12]的特性提出了 DBFT 算法。

该算法通过对区块链进行投票来确定下一轮参与共识的节点，即授权委托选取出相对较少数量的共识节点达成 PBFT 共识，并创建新的区块，其他节点将充当普通节点的身份负责接收和验证区块。2019 年 3 月 14 日，NEO 在旧版 DBFT 1.0 算法的基础上优化并升级成为 DBFT2.0 算法，主要的改进是在 DBFT 1.0 基础上增加了三个阶段的共识机制和恢复机制，在很大程度上提高了算法的安全性和鲁棒性。

1) DBFT 共识模型

由于 PBFT 只有主节点和副本节点，而 DBFT 系统中将副本节点又进行了划分，产生了以下几种节点：

(1) 共识节点：该类节点参与共识过程，发起新区块的提议并投票。

(2) 普通节点：不参与区块提议与投票的共识过程，主要负责转账、发起交易。

(3) 议长：从共识节点中选择一个议长，主要用于创建一个提议区块并将其广播到区块链系统中，相当于 PBFT 中的主节点。

(4) 议员：从共识节点中选择一小部分节点作为议员(总数为 N)，主要负责对提议的区块投票，相当于 PBFT 中的副本节点。如果超过 $2f+1$ 个议员对该提议的区块进行投票，则该区块将被共识节点所接受。

2) 共识过程

共识算法的执行步骤如下：

(1) 用户通过钱包发起交易。

(2) 用户利用自己的钱包对交易数据签名并广播到 P2P 网络中。

(3) 共识节点接收到交易数据后，将其放入内存池中。

(4) 在确定的一轮共识过程中，议长负责将内存池中的交易打包到一个提议区块中，并以<PrepareRequest, h, v, p, block, <block>σp>的形式向全网广播该提议区块，其中 h 表示当前区块的高度，block 表示提议的区块。

(5) 议员们接收到该提议区块后，对该区块进行验证并向全网广播<PrepareResponse, h, v, i, block, <block>σi>。

(6) 对于任何共识节点，当接收到至少 $N-f$ 个来自议员们的<block>σi 信息后，这些共识节点则会达成共识并发布新的区块。

(7) 任何节点在接收到新的区块后，都会从内存池中删除包含于该区块中的所有交易。如果该节点是共识节点，则它将开始下一轮共识。

通过上面的描述，DBFT 2.0 算法可划分为 Pre-prepare、Prepare 和 Persist 三个重要的阶段。

(1) Pre-prepare 阶段。该阶段的主要任务：议长提议区块。在一轮共识中，议长负责以<PrepareRequest, h, v, p, block, <block>σp>的形式向议员们广播 PrepareRequest 并发起提议的区块。

(2) Prepare 阶段。该阶段的主要任务：议员验证区块。当议员们接收到<PrepareRequest, h, v, p, block,<block>σp>形式的 PrepareRequest 时，验证提议的区块，即验证签名<block>σp 是否正确、v 与自己当前视图编号是否相等、块的高度 h 是否比当前区块高度大 1。如果以上三条验证全部通过，则以<PrepareResponse, h, v, i, block, <block>σi>的形式广播 PrepareResponse 消息；

(3) Persist 阶段。当该阶段的主要任务：共识节点确认区块至少被 $N-f$ 个议员验证通过。共识节点接收到 PrepareResponse 消息时，验证 v 与自己当前视图编号是否相等、块的高度 h 是否比当前区块高度大 1、签名<block>σi 是否正确。当一个共识节点接收到至少 $N-f$ 条<block>σi 消息并验证通过时，此时发布一个新的区块，每一个共识节点在自己当前的区块基础上添加议长所提议的区块 block，开始下一轮共识。

3) 视图更改过程

由于此共识过程是在开放的 P2P 网络环境中进行的，因此在某些情况下无法达成共识。为了保证系统的安全性和可靠性，共识节点可以发起 ChangeView 建议。他们将收到至少 $N-f$ 条具有相同视图编号的 ChangeView 消息后，将使用新的议长进入新视图，并重新开始共识。ChangeView 的过程如下：

(1) 给定 $\mathrm{k}=1$，$v_k=v+1$。

(2) 第 i 个节点发起一个提议<ChangeView, h, v, i, v_k>。

(3) 当任何一个节点从不同的共识节点收到至少 $N-f$ 个 ChangeView 且具有相同的 v_k 时，此时完成视图更换过程。更新 v，即 $v=v_k$，然后开始共识过程。

(4) 若在一定时间间隔内并未完成视图更换，则 $k=k+1$ 并跳转到步骤(2)。在完成视图更换前，原始视图 v 仍然有效，避免了由于意外的网络延迟而导致不必要的视图更改。

3. 可验证拜占庭容错共识

可验证拜占庭容错(Verifiable Byzantine Fault Tolerance，VBFT)共识算法是由 Ontology 团队于 2016 年发布的[37]。Ontology 是一个高性能的公共区块链项目，也是一个分布式的信任协作平台。Ontology 团队结合 PoS 共识算法、可验证随机函数(Verifiable Random Function，VRF)和拜占庭容错算法设计了一种新型的拜占庭容错算法——VBFT，该算法是 Ontology 共识引擎(Ontology Consensus Engine，OCE)的核心共识算法。

首先，Ontology 节点通过配股申请参与网络共识。然后，通过使用一个可验证随机值从共识网络中的所有共识节点中选择一定量的节点。这些被选出来的节点主要负责提议、验证、投票新的区块。要进一步理解 VBFT 在区块链中是如何工作的，需要对 OCE 网络有一个初步的理解。

OCE 网络主要包括共识网络和共识候选网络两部分：

(1) 共识网络：由共识节点组成，共识节点负责交易验证、区块生成、区块分配和区块链维护。

(2) 共识候选网络：由参与选举但未当选共识节点的节点组成，即这类节点不参与区块共识，但需要与共识网络保持同步，实时将最新的共识区块添加到其所维护的区块链上。节点监视网络状态、验证区块并辅助共识节点管理整个系统。

本质上，VBFT 算法是从可验证随机函数的角度基于 BFT 算法的改进，由于 VRF 引入了随机性，使得在每一轮共识过程中提议节点、验证节点和确认节点不相同，而且难以预测，从而有效提高了抵抗攻击者的能力。

VBFT 算法的执行步骤如下：

(1) 根据 VRF 从共识网络中选择提议节点，每一个候选节点将独立提议一个区块。

(2) 根据 VRF 从共识网络中选择多个验证节点，每一个验证节点从网络中收集第(1)步所提议的区块并进行相关验证，随后选择优先级最高的候选区块进行投票。

(3) 根据 VRF 从共识网络中选择多个确认节点，对第(2)步验证节点的投票结果进行验证，从而确定最终的共识结果。

(4) 网络中所有节点都将接收到来自确认节点的共识结果，在一轮共识确认后开始新一轮的共识。

每一轮共识中区块的 VRF 值是由前一轮共识区块确定的。VRF 是从上一个区块中提取易变信息，随后对所提取的易变信息计算哈希并生成 1024 位的哈希值。该哈希值将作为下一个区块的 VRF 值，并在 PoS 表中随机选择节点参与新一轮的共识。PoS 表的生成必须考虑节点所有者的 PoS 信息和整个共识网络的治理策略。虽然 VRF 的值是随机均匀分布的，但是在 VBFT 算法中随机节点的选择要遵守共识网络的治理与管理政策。由于一个区块的 VRF 值是可验证的，在不发生区块分叉的情况下所有节点对于同一高度区块的 VRF 是一致的。在 VBFT 算法的每一轮共识过程中，根据 VRF 在 PoS 表中按照顺序依次选择一组共识节点。因此，每个 VRF 值决定了所选共识节点的序列。这个随机选择的节点序列可以作为所有共识节点的优先级顺序。

4. 分层拜占庭容错共识

分层拜占庭容错(Bystack Byzantine Fault Tolerance, BBFT)是由 ByStack 团队设计的一

种共识算法，应用于主侧链一体的 BaSS 平台 ByStack[38]。BBFT 的主要特点是对节点进行了分层，其拓扑结构是一棵最小生成树(根据网络时延构建的)。节点可以分为三类：共识节点，参与共识过程，复制系统的当前状态；网关节点，执行附加签名聚合的共识节点；领导者节点，每轮共识开始时提出要验证的块的共识节点。

根据这三种节点将树分层，叶节点是共识节点，非叶节点是网关节点，顶层网关节点相互连接，领导者节点始终是顶层网关节点之一。

BBFT 的共识过程如下：

(1) 领导者节点 p 从交易池中选择交易，并将其封装到下一个要提议的块 block 中，广播<DISTRIBUTE, h, v, m, block, $\text{block}_{\sigma p}$>到与 p 同级的对等网关节点。

(2) 对等网络节点收到该提议，并开始沿着拓扑树的边向下传播。

(3) 对于叶节点 i，收到提议后，对块和签名进行验证，并对块签名，将结果<AGGREGATE, h, v, m, $\text{block}_{\sigma i}$>发送给其父网关节点。

(4) 在每个非叶节点上，网关节点验证从其子节点接收到的签名，并将其与自己的签名增量聚合在一起，并沿着拓扑树的边向上传递。

(5) 当顶层节点接收到聚合的签名时，它们将对消息进行完整的交换。然后将完全聚合的签名<FINALIZE, h, v, m, block_{σ}>沿着拓扑树边向下传递，到达叶节点。

(6) 任何共识节点在收到至少 $N-f$ 个签名后，达成共识并将该块记录到自己的账本中。

BBFT 中，共识节点维护当前网络拓扑，按最短路径原理，相近的节点采取优先通信。对通信的聚合可以进一步降低延时。类似于 PBFT，BBFT 中领导节点的角色被弱化，共识节点拿到超过 2/3 票数就可以做出判定，从而在领导节点通信受到阻塞的情况下，也不会对整个网络决策产生巨大影响。

传统 PBFT 的通信复杂度是指数级的，难以扩展，网络里面随着节点数暴涨，整个网络延迟可能很严重。BBFT 通过分层和加密签名的聚合，对整个网络结构进行有效组合，可以保证通信复杂度线性增长，而不是呈指数级增长。

5. HotStuff 共识

HotStuff 是 VMware Research 团队在 2018 年 3 月提出的一种基于主节点(Leader)的拜占庭容错共识算法[39]。相较于 PBFT 算法，HotStuff 主要有三方面改进：

(1) 网络拓扑结构由网状通信变成了星型通信，即节点不再是将消息广播给其他节点，而是将消息发送给主节点，主节点将消息处理后再发送给其他节点，由此大大降低了系统的通信复杂度。

(2) 将视图切换和正常流程合并，不再进行单独的视图切换流程，从而降低了视图切换的复杂度。

(3) 整个共识过程做了流水化处理，即每个 prepare 阶段都会切换视图，减少了等待时间，从而降低了时间复杂度。

这三方面的改进使 HotStuff 被认为是设计最先进的 BTF 算法。HotStuff 算法的流程简单描述如下：

(1) Prepare 阶段。当主节点收集到足够的节点发来的新视图请求后，它开始新视图并提出自己的状态迁移要求，发送 prepare 消息(区块链系统中可认为该消息为新的提议区块)

给其他节点。

(2) Pre-commit 阶段。其他节点对 Prepare 消息进行投票，并将投票结果发送给主节点。主节点在接收到 $N-f$ 个投票后，向所有节点广播 Pre-commit 消息，向其他节点表明足够多的节点确认了此次状态迁移的要求。

(3) Commit 阶段。其他节点对 Pre-commit 消息进行投票，并将投票结果发送给主节点。主节点在接收到 $N-f$ 个投票后，向所有节点广播 Commit 消息，当节点收到 Commit 消息后就可以锁定当前的状态迁移，以便即使视图切换也可以顺利达成共识。

(4) Decide 阶段。上述流程中，节点在对消息投票时使用了门限签名，当主节点收到了足够多的投票时，才可以导出完整签名，供其他节点进行验证。从通信复杂度而言，这几个改变使 HotStuff 优于其他拜占庭类共识算法；从应用而言，Facebook 设计的 Libra 区块链就是使用的 HotStuff 算法的变种，而且并没有改变算法的流程，只是在一些细节上做了一些优化。

6. 拜占庭类共识比较

拜占庭类共识算法有一些共同的优点：以上 5 种共识算法的容错性都是 1/3；由于领导节点的存在，可以避免区块链产生分叉；应用拜占庭类共识算法系统可以脱离币的存在。然而它们也有共同的缺点：当有超过 1/3 的拜占庭节点时，拜占庭节点可以使系统出现分叉。上述 5 种拜占庭类共识的比较如表 3.3 所示。

表 3.3　拜占庭类共识算法比较

共识算法	PBFT	DBFT	VBFT	BBFT	HotStuff
提出时间	1999 年	2014 年	2016 年	2019 年	2018 年
时间复杂度	$O(n^2)$	$O(n \log n)$	$O(n \log n)$	$O(n)$	$O(n)$
代表性应用	HyperLedger	NEO	Ontology	ByStack	Libra
算法特点	三阶段内达成共识	投票选择记账节点	VRF 随机化选取各种节点	分层广播聚合签名	星型通信合并切换

3.4.4　Paxos 共识

早在千年以前，爱琴海的 Paxos 群岛[40]就是一个繁荣的商业中心。财富促进了政治的进步，但也导致了政治形势的复杂。虽然 Paxos 岛人用议会形式的政府取代了古老的神权政体，但是在每一个 Paxos 岛人的心目中，贸易远比公民义务重要，因此没有人愿意一直留在议会工作。这与当今分布式容错系统面临的问题几乎是一样的。如何解决这样的问题？聪明的 Paxos 人早在千年以前已经给出了答案，下面我们将介绍 Paxos 共识。

1998 年，Lamport 等人介绍了一种分布式一致性算法——Paxos[40]，3 年后又对其进行了更简洁的阐述[41]。Lamport 通过介绍 Paxos 岛上议会通过决议的流程方法，深入浅出地介绍了 Paxos 算法，并阐述了此算法如何在现在分布式系统达成共识。Paxos 算法的假定前提是不存在拜占庭将军问题，即信道必须是安全的、可靠的，节点之间传递的消息是不会被篡改的，但消息的丢失是被允许的。自 Paxos 算法问世以来，就被广泛应用于各种分布式系统中，比如在 Google 的 Chubby 中。此外，Raft 算法作为 Paxos 算法的衍生算法，被应用于 Hyperledger Fabric 1.4.1、Hyperledger Fabric 2.0.0，Quorum 等区块链架构中。

1. Paxos 共识模型

Paxos 中共包含 3 种角色[41]：提议者(Proposer)、决策者(Acceptor)和学习者(Learner)。在算法进行的过程中，每个服务器都可以是提议者、决策者、学习者。算法选举出一个提议者代表防止活锁出现，选出一个决策者代表降低通信复杂度。这三个角色的功能分别如下：

(1) 提议者：提出提案(Proposal)，并且决策者必须接受他所收到的第一个提案。如果值为 v 的提案被选定，那么每一个被选择的具有更大编号的提案的值也为 v。

(2) 决策者：对于提议者提出的提案进行表决。

(3) 学习者：学习通过的提案。

2. Paxos 的共识过程

Paxos 遵循以下基本原则进行共识：

(1) 提议者不会执着于让自己的提案通过，而会执着于让提案尽快达成一致。

(2) 如果决策者中大多数通过了提案，则此提案被通过。

(3) 为了使提案尽快达成一致，如果有多个提议者，那么会在多个提议者之中选择一个领导者。

(4) 共识只能选择一个被提议的值，且进程只能学习被选择的值。

Paxos 的具体共识过程可以分为 3 个阶段，即 Prepare 阶段、Accept 阶段和 Learn 阶段，具体算法流程如图 3.8 所示。

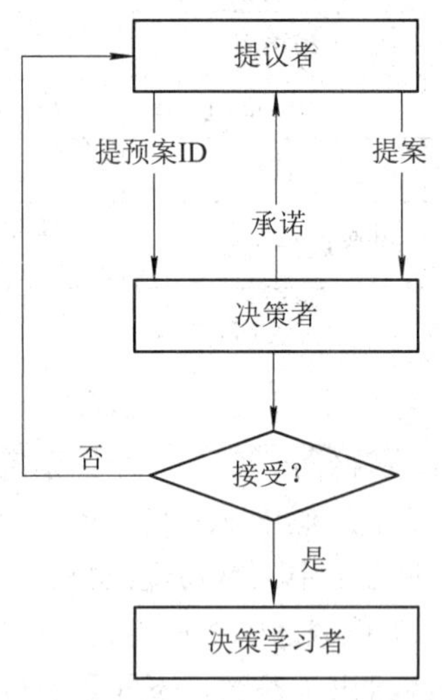

图 3.8　Paxos 流程示意图

(1) Prepare 阶段。提议者向决策者发出 Prepare 请求，决策者针对收到的 Prepare 请求进行 Promise 承诺。如果有多个提议者，为了保证 Paxos 算法的活性，需要先在多个提议者之间选举一个 Leader，Leader 的确定也是一次决议的形式，因此可以先执行一次 Paxos 算法来选举一个 Leader，具体流程如下：

① 获取一个提议者选择一个提案编号(ProposalID) n。

② 提议者向半数以上的决策者发送 Prepare(n)请求。

③ 决策者比较 n 和 minProposal，如果 n＞minProposal，则 minProposal = n，并且将 acceptedProposal 和 acceptedValue 返回。

④ 提议者接收到过半数回复后，如果发现有 acceptedValue 返回，将所有回复中 acceptedProposal 最大的 acceptedValue 作为本次提案的 value，否则可以任意决定本次提案的 value。

(2) Accept 阶段。提议者收到多数决策者承诺的 Promise 后，向决策者发出 Propose 请求，决策者针对收到的 Propose 请求进行 Accept 处理，具体流程如下：

① 将 Accept(n, value)请求发送给半数以上的决策者。

② 决策者比较 n 和 minProposal，如果 n>=minProposal，则 acceptedProposal = minProposal = n，acceptedValue = value，本地持久化后，返回；否则，返回 minProposal。

③ 提议者接收到过半数请求后，如果发现有返回值 result＞n，则表示有更新的提议，跳转到(1)，否则 value 达成一致。

(3) Learn 阶段。提议者在收到多数决策者的 Accept 之后，标志着本次 Accept 成功，决议形成，系统将会把新形成的决议发送给所有学习者，学习者开始学习提案。

Paxos 共识过程主要有两大注意点：

① 第一阶段决策者的处理流程中，如果本地已经写入了，则不再接受和同意后面的所有请求，并返回本地写入的值；如果本地未写入，则本地记录该请求编号，并不再接受其他编号的请求。简单来说，只信任最后一次提交的编号请求，使其他编号写入失效。

② 第二阶段提案者的处理流程未超过半数决策者响应，提议失败；超过半数的决策者值都为空才提交自身要写入的值，否则选择非空值里编号最大的值提交，最大的区别在于提交的是自身的还是使用已提交的。

3. Paxos 的优缺点

1) Paxos 的优点

(1) Paxos 是目前公认的解决分布式一致性问题最有效的算法之一，节点通信无需验证身份签名，效率较高；

(2) 允许半数以内的决策者失效、任意数量的提议者失效，容错性较强，一旦 value 值被确定，即使半数以内的决策者失效，此值也可以被获取，并不会再修改。

2) Paxos 的缺点

(1) 理论性太强，算法描述和系统实现之间有着巨大的鸿沟；

(2) 可容纳故障节点，却不容纳作恶节点；

(3) 无法实现拜占庭容错。

3.4.5 Raft 共识

在以往的共识算法中，Paxos 算法一直占据着主导地位，很多共识算法的实现都是基于 Paxos 或者受其影响。不尽如人意的是，学者们进行了许多尝试以使 Paxos 更加容易学习，但 Paxos 仍然非常晦涩、难以理解。此外，其体系结构需要复杂的更改以支持实际系统。因此，学者们着手寻找一种更容易理解、方便实现的全新共识算法。新算法的主要目标是：

可以在实际系统中定义一致性算法，并且能够比 Paxos 算法更加容易学习。此外，由于算法的可用性与工作原理同等重要，我们需要该新算法能被开发人员直观理解。最终，斯坦福的 Diego Ongaro、John Ousterhout 两人以易懂为目标设计出 Raft 一致性算法，并在 2013 年发表的论文 In Search of an Understandable Consensus Algorithm 中详细阐述了 Raft 算法。Raft 与 Paxos 的功能一样，可以实现分布式共识，主要用来管理日志复制(Log Replication)的一致性。但是 Raft 算法更容易理解，更适合生产环境，也更容易应用到实际的系统中，如应用于 Hyperledger Fabric 2.0.0、Quorum(将共识机制由 POW 改为 Raft)等区块链架构中。

1. Raft 共识模型

在 Raft 算法中，一共有 3 种角色：追随者(Follower)、候选人(Candidate)、领导者：

(1) 追随者：所有的节点都是以 Follower 的状态开始，接受并持久化同步 Leader 的日志，在 Leader 告知可以提交日志时，提交日志。

(2) 候选人：Leader 选举过程中的临时角色，用于选举 Leader，并且日志不是最新者不能成为 Candidate。一个节点切换到这个状态时，将开始进行一次新的 Leader 选举。

(3) 领导者：负责接收客户端的请求，向 Follower 同步请求日志，将日志复制到其他节点，并告知其他节点何时应用这些日志是安全的。当日志同步到大多数节点上后告诉 Follower 提交日志。一个集群里只能存在一个 Leader。

Raft 集群包含多个服务器且系统可以容忍($N/2-1$)服务器出现故障，每个服务器都可以处于以下 3 种角色状态之一，并且 3 种角色状态可以相互转换，角色之间的转换如图 3.9 所示。

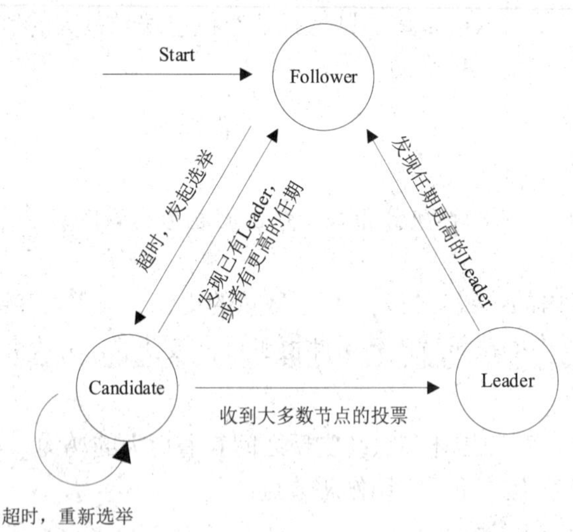

图 3.9　Raft 角色转换图

2. Raft 相关概念

1) 任期(Term)

Raft 算法将时间划分为一个个任期，任期号用连续的数字表示。每一个任期的开始都是一次 Leader 选举。当且仅当一个 Candidate 赢得了选举，它就会在该任期内担任 Leader 管理整个集群。在特殊情况下，可能并未选出 Leader，那么此任期就会因没有 Leader 而结束，之后会开始新的任期进行下一次 Leader 选举。Raft 算法保证在给定的一个任期内最多只有一个 Leader。

2) 远程过程调用

Raft 算法中服务器节点之间通信使用远程过程调用(Remote Process Call，RPC)，下面将介绍在 Raft 算法中使用的 3 种 RPC。

(1) RequestVote RPCs：Candidate 在选举 Leader 期间发起；

(2) AppendEntries RPC：Leader 发起的一种心跳机制，复制日志在该命令中完成；

(3) InstallSnapshot RPC：Leader 使用该 RPC 来发送快照给较落后的 Follower。

3. Raft 的共识过程

Raft 算法首先会初始化所有节点为 Follower，当 Follower 长时间未接收到有效的 Leader 或者 Candidate 的 RPCs 时，发生超时并增加自身任期号，成为 Candidate。此时，从 Candidate 中选举出一个唯一的 Leader，并赋予 Leader 完全负责复制日志的管理。Leader 负责接收所有客户端的更新请求，然后复制到其他 Follower 服务器，同时将日志条目追加到自身日志并告知其他服务器可以应用日志条目到状态机。该算法的工作流程主要包括两个阶段：领导者选举、日志复制。

1) 领导者选举

Raft 算法使用心跳机制来触发 Leader Election。当服务器启动时，所有服务器初始化为 Follower。Leader 向所有的 Follower 周期性地发送心跳信息。如果 Follower 在选举的一个超时时间内没有收到 Leader 的心跳，就会重新发起一次 Leader election。这个超时时间是 150～300 ms 之间的随机数。

Follower 将其当前任期号加 1 然后转换为 Candidate。它首先给自己投票并且给集群中的其他服务器发送 AppendEntries RPC。在这个过程中，根据其他节点的消息，可能出现 3 种情况：

(1) 某一 Candidate 获得多数($N/2+1$)选票，赢得了选举，即成为 Leader。新的 Leader 定期向所有的 Follower 发送心跳信息维持其统治，避免其余节点触发新的选举。若 Follower 在一段时间内未收到 Leader 的心跳信息，则认为 Leader 可能发生故障，再次发起 Leader election。

(2) Candidate 收到了 Leader 的消息并自行切换为 Follower，表示已有其他服务器抢先当选了 Leader。假设有 3 个节点 A、B、C，其中 A、B 同时发起选举，而 A 的选举消息先到达 C，于是 C 将选票投给 A，当 B 的选举消息到达 C 时，由以上约束可知单个节点不能再投第二张选票，即 C 不会给 B 投票，而 A 和 B 也都不会给对方投票。于是 A 胜出，并给 B、C 发心跳信息，B 发现 A 的任期号不低于自己的任期号，得知已有 Leader，随后便转换成 Follower。

(3) 一段时间内没有任何一个服务器赢得多数的选票，Leader 选举失败并保持 Candidate 状态，等待选举超时后重新发起选举。假设有 4 个节点 A、B、C、D，其中 C、D 同时成为 Candidate，进入同一个 Term，但 A 投了 C 一票，B 投了 D 一票，此时就出现了等票对峙的情况，这时所有的节点都会等待，直到超时后重新发起选举。若出现等票对峙的情况，就会延长系统的不可用时间(没有 Leader 情况下不能处理客户端写请求)，因此 Raft 算法引入了随机选举超时来尽量避免等票对峙的情况。与此同时，Leader-based 共识算法中，节点数目都是奇数，尽量保证了多数($N/2+1$)选票的出现。

2) 日志复制

当 Leader 选举出来以后，系统便进入工作期开始接收客户端的请求。Leader 会调度并发请求的顺序，并且保证 Leader 与 Follower 状态的一致性。日志复制的流程如下：

(1) Leader 将客户端的请求命令作为一条新的条目写入日志；

(2) Leader 发送 AppendEntries RPC 给所有的 Follower 服务器去备份此日志条目；

(3) Follower 服务器收到 Leader 的 AppendEntries RPC，将此条目记录到日志中，并回应 Leader；

(4) 当 Leader 收到半数以上的 Follower 回应此条目已记录，则可认为此条目是有效的，Leader 服务器将此条目应用到它的状态机并向客户端返回执行结果。Leader 会在下次心跳中，通知所有 Follower 更新确认的日志条目。

由有序编号的日志条目组成的日志包含其被创建时的任期号和用于状态机执行的命令。若一个日志条目被复制到大多数($N/2+1$)服务器上时，就可以认为该日志可以提交。Raft 算法强调的是最终一致性，某些 Follower 可能没有完成日志的复制，Leader 会无限次地重试 AppendEntries RPC，直到所有 Follower 最终同步所有的日志条目。

正常运行期间，Leader 与 Follower 的日志保持一致，因此 AppendEntries RPC 的一致性检查不会失败。然而，Leader 崩溃的情况便会出现日志不一致的状态，一个 Follower 可能丢失 Leader 的一些条目，也可能包含一些新 Leader 中没有的条目，或者同时发生。缺失或多出的日志条目可能会持续多个任期。在 Raft 算法中，Leader 通过强制 Follower 复制它的日志来解决日志的不一致问题，这意味着 Follower 中与 Leader 不一致的日志条目会被 Leader 的日志条目覆盖。为了保证 Follower 日志跟自己的日志一致，Leader 需要从后往前试，在每次 AppendEntries 失败后尝试前一个日志条目，直到找到两者达成一致的最大日志条目，然后将未达成一致之后的所有日志条目发送给 Follower，并覆盖 Follower 在该位置之后的日志条目。

在 Log Replication 过程中，若发生网络通信故障，使 Leader 不能访问大多数 Follower 了，那么 Leader 只能正常更新其能访问的那些 Follower 服务器。而大多数服务器 Follower 因为没有了 Leader 而将重新选举一个候选者作为 Leader，然后这个 Leader 作为代表与外界打交道。如果外界要求其添加新的日志信息，这个新的 Leader 便会通知大多数 Follower。当网络通信恢复后，原先的 Leader 就变成 Follower。在通信故障时的任何更新都作废，必须全部回滚，采用新 Leader 的更新。

4. Raft 的安全性

安全性是用于保证每个节点都执行相同序列的安全机制，即当一个服务器在其自己的状态机上应用了一个指定索引的日志条目后，其他服务器状态机将不会出现应用同样索引的不同日志条目情况。共识算法 Raft 的日志同步必须保证以下两点：

(1) 如果不同日志的两个条目有着相同的索引和任期号，则它们所存储的命令是相同的。这意味着 Leader 在一个特定的任期内一个日志索引处最多创建一个日志条目，同时日志条目在日志中的位置从来不会改变。

(2) 如果不同日志的两个条目有着相同的索引和任期号，则它们之前的所有条目是完全一致的。这一点是由 AppendEntries RPC 执行的简单一致性检查来保证的。当发送

AppendEntries RPC 时，Leader 会把新的日志条目以及之前日志条目的索引位置和任期号包含在其中。如果 Follower 没有在它的日志中找到包含相同的索引位置和任期号，那它就会拒绝此次新的日志条目。

为了在任何异常情况下系统不出错，即满足安全属性，对领导者选举和日志复制两个子问题有如下约束：

(1) Leader Election 约束：同一任期内最多只能投一票，先来先得；选举人必须比自己知道得更多(比较任期号、日志索引)。

(2) Log Replication 约束：一个日志被复制到大多数服务器上，保证不会回滚；Leader 一定包含最新提交的日志，因此 Leader 只会追加日志，不会删除日志；不同节点某个位置上日志相同，那么这个位置之前所有的日志都一定相同。

5. Raft 的优缺点

1) Raft 的优点

(1) 比 Paxos 算法更容易理解，而且更容易工程化实现；

(2) Raft 与 Paxos 一样高效，效率上 Raft 等价于 multi-Paxos；

(3) 强调合法 Leader 的唯一性协议。

2) Raft 的缺点

(1) Raft 只适用于私有链，只能容纳故障节点，不容纳作恶节点；

(2) 相比于 Paxos 算法，Raft 的限制比较多，通用性也不如 Paxos 算法。

6. Raft 对比其他同类共识

Raft 算法和 Zab(Zookeeper atomic broadcast protocol)都是基于 Paxos 算法的衍生，所以在共识原理方面类似于 Paxos 算法。而在性能方面，Raft 可以通过少量的消息包为已建立的 Leader 复制新的日志条目，具有更高的可理解性和可实施性。Raft 算法与其他共识算法在适应环境、容错能力等方面的区别如表 3.4 所示。

表 3.4　Raft 算法与其他同类共识算法的对比

共识算法	Raft	Paxos	PBFT	Zab
适用环境	私有链	私有链	联盟链	私有链
最大故障和容错节点	故障节点：$(N-1)/2$	故障节点：$(N-1)/2$	容错节点：$(N-1)/3$	故障节点：$(N-1)/2$
Leader 当选	先到先得，且只允许拥有最新日志者	任何节点都有机会当选	轮流当选，可以被拒绝	具有最高的 zxid

在日常工作中，分布式系统经常会因为机器故障宕机。Raft、Paxos、Zab 都简化了对系统容错性的要求，针对不存在恶意节点的场景，其应用场合是安全可靠的私有链。而 PBFT 适用于联盟链，是因为在拜占庭将军问题中，可能会出现叛徒，即作恶节点，但 PBFT 最大可以容忍$(N-1)/3$ 个作恶节点的存在，并且可以拒绝作恶的主节点。Raft 协议只能单向从 Leader 到 Follower(成为 Leader 的条件之一就是拥有最新的日志)，而 Zab 则相反，Zab 算法中的 Leader 需要将自己的日志更新为多数派里面最新的日志，然后再将此日志同步到

其他节点。Zab 更类似于 Paxos 算法，因其不会出现对峙票的情况，成员会在同一轮次的投票进行优先级对比，但 Raft 更为简单易于实现。因此，共识算法的选择与应用场景高度相关，没有任何一种共识算法是最好的，适合才是最优的。

3.4.6 基于排序的共识算法

1. Solo 共识

在 Solo 共识模型中，网络环境中只有一个排序(Order)节点，该节点为单节点通信模式，由 Peer 节点发送过来的消息由一个排序节点进行排序和产生区块。因为排序服务只有一个排序节点为所有节点服务，没有高可用性和可扩展性，所以不适于生产环境大规模使用，仅仅可用于 Hyperledger Fabric 的开发和环境测试。Solo 的共识过程如下：

(1) Peer 节点通过 gRPC(高性能、开源和通用的 RPC 框架)连接排序服务，连接成功后，发送交易信息。

(2) 排序服务通过 Recv 接口，监听 Peer 节点发送过来的信息，收到信息后进行数据区块处理。

(3) 排序服务根据收到的消息生成数据区块，并将数据区块写入账本(Ledger)中，返回处理信息。

(4) Peer 节点通过 Deliver 接口获取排序服务生成的区块数据。

2. Kafka 共识

Kafka[42]由领英(LinkedIn)开发，是一个分布式、分区、多副本、多订阅者基于 Zookeeper 协调的分布式日志系统，也是一种高吞吐量、低延迟的分布式发布订阅消息系统。Kafka 本质上是一个消息系统，其使用的是经典的发布—订阅模型。消费者订阅特定的主题，以便收到新消息的通知，生产者则负责消息的发布。目前，Kafka 排序算法主要用在 Hyperledger Fabric 中，实现多个 Orderer 节点(Ordering Service Node，OSN)对接到 Kafka 集群中达成共识的功能。Hyperledger Fabric 作为企业级的区块链项目，更加注重 TPS 吞吐量和部署成本，所以采用 Kafka 共识算法。相比于 PoW 共识算法，Kafka 更加高效，节能环保，而且提供容错机制，保证系统稳定运行。

Kafka 并不跟踪消费者读取了哪些消息，也不会自动删除已经读取的消息。Kafka 会保存消息一段时间，或者直到数据规模超过一定的阈值。如果消费者需要轮询新的消息，那么他们可以根据自己的需求来定位消息，可以重放或重新处理事件。消费者处于不同的消费者分组，对应一个或多个消费者进程。每个分区被分配给单一的消费者进程，因此同样的消息不会被多次读取。

崩溃容错机制是通过在多个 Kafka 代理之间复制分区来实现的。因此即使一个代理的软件或硬件发生了故障，数据也不会丢失。当然接下来还需要一个领导—跟随机制，领导者持有分区，跟随者则进行分区的复制。当领导者发生故障后，会有某个跟随者转变为新的领导者。需要注意的是，Kafka 只提供了 CFT 类型的容错能力，即仅可对节点的一般故障失效容错，缺乏对节点故意作恶的行为进行容错的能力。Kafka 的调用过程与 Solo 共识极为相似，只是其排序节点不再是单一的，而是许多 OSN 的 Kafka 集群。

1) Kafka 的共识模型

Kafka 共识中主要涉及 4 种角色：消息处理节点 Broker、管理者 Zookeeper、消息产生者 Producer、消息消费者 Consumer。

(1) Broker：主要任务是接收生产者发送的消息，然后写入对应主题(Topic)的分区(Partition)中，并将排序后的消息发送给订阅该主题的消费者。大量的 Broker 节点提高了数据吞吐量，并互相对 Partition 数据做冗余备份。

(2) Zookeeper：为 Brokers 提供集群管理服务和共识算法服务，例如选举。Leader 节点处理消息并将结果同步给其他跟随者(Followers)节点，移除故障节点以及加入新节点并将最新的网络拓扑图同步发送给所有 Brokers 节点。

(3) Producer：应用程序通过调用 Producer API 将消息发送给 Brokers 节点。

(4) Consumer：应用程序通过 Consumer API 订阅主题并接收处理后的消息。

2) Kafka 的共识过程

Kafka 将消息分类保存为多个主题，每个主题包含多个分区，消息被连续追加写入分区中，形成目录式的结构。一个主题可以被多个消费者订阅。简单来说，分区就是一个 FIFO 的消息管道，一端由生产者写入消息，另一端由消费者获取消息。

Hyperledger Fabric 中的每个 channel 对应一个主题(主题名称是 channelID)，每个主题只有一个分区(0 号分区)，没有利用多分区的负载均衡特性。每条交易信息对应分区中的一个记录(Record)，形成一条有序的交易信息链。最后，经过分割打包后形成区块链，写入 committing peer 节点，具体算法流程如图 3.10 所示。

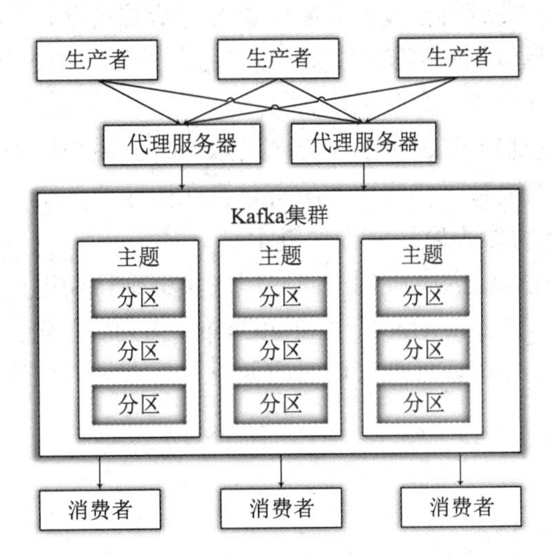

图 3.10　Kafka 算法流程示意图

3) Kafka 与 Solo 共识对比

Solo 模式是指单节点通信模式，该环境中只有一个排序服务，从节点发送来的消息由单一的 Order 进行排序和生产区块。Kafka 模式是半中心化结构，在 Kafka 模式中排序服务是通过集群来实现的。简单来说，Solo 模式中排序节点由一台机器组成，而 Kafka 模式中的排序节点由多台机器组成，并且具有高可用性和可扩展性。

3.4.7 Thunderella 共识算法

一般来讲，经典共识在节点数量较少的情况下速度非常快，能以接近中心化部署的速度确认交易。但是，相关的共识协议通常会很复杂，难以实现，并且不能随参与者的数量增多而实现规模效应。相比之下，中本聪协议更加简洁且健壮，理论上参与者的数量可以无限多，但需要花几分钟时间才能以高概率确认交易。Pass 和 Shi 在 2018 年首次提出了 Thunderella[43]，Thunderella 引入了乐观响应的新概念，即将绝大部分节点都诚实的情况定义为乐观情况，其他情况定义为悲观情况。通过在区块链上构建双层架构，建立“快速通道”层，乐观情况下可以高速处理交易。如果遇到攻击则回退到原有区块链上进行慢速安全处理，从而既实现了高效性又保留了区块链本身的鲁棒性。

快速通道由两部分组成，一个是 500 个节点构成的委员会，另一个是作为领导者的加速器。委员会节点负责对所有新的交易进行签名处理，以防止作弊。加速器负责收集委员会已经签名的交易，进行整合后打包进慢速链。任何想参加委员会的节点都必须在慢速链上写入一个“escrow”，称之为契约，并抵押保证金，然后系统会从中随机选出 500 个节点作为委员会成员，而加速器会从委员会中产生。

当系统中的领导者为诚实节点并且委员会中诚实节点比例超过 3/4 时，系统就处于乐观情况。乐观期交易确认过程如下：

(1) 指定一个加速器。

(2) 所有交易发送给加速器，加速器将交易打包进微区块(Micro-block)，并用递增序列对每个微区块进行签名，最后将已签名的微区块发送给委员会。

(3) 委员会所有成员通过签名，对加速器签名打包的微区块进行一个承认(ack)的操作。注意：同一个序号最多只承认一个微区块。

(4) 当一个微区块收到超过 3/4 委员会成员承认时，系统认为这个微区块链经过了公证，可以直接输出最长连续微区块序列，所有包含在微区块的交易都算作被确认的交易。

(5) 加速器负责把区块数据发送到慢速链上。

当未满足乐观期条件时进入宽限期，向底层区块链确认期进行过渡，底层区块链确认期采用底层链共识机制，Thunderella 采用 FruitChains 作为底层链，实现公平性，抵抗自私挖矿攻击。在该时期，Thunderella 能够随时重新进入乐观期，快速确认交易。

3.4.8 混合共识算法

1. Hybrid Consensus

近年来，比特币等加密货币的发展使非授权环境下的共识协议逐渐流行起来。在这种情况下，任何人都可以随时加入或离开，虽然这种共识协议取得了很大的突破，但其性能非常糟糕。Pass 和 Shi 在 2016 年首次提出 Hybrid Consensus[44]，并于 2017 年对其进行了改进[45]。Hybrid Consensus 将经典共识机制与非授权共识机制结合，利用工作量证明，实现了非授权环境中的状态机复制。在 Hybrid Consensus 中，Pass 和 Shi 提出了交易的快速响应特性(Responsiveness)，表示交易的确认时间与网络真实时延有关，而与网络时延上限无关。

Hybrid Consensus 的主要思想是运行一个底层的区块链协议——SnailChain，随着时间来重新选举委员会，每个委员会都由最近在线矿工组成。然后每个委员会将执行一个经典的、部分同步的共识实例以确认交易。

Hybrid Consensus 首次利用形式化的安全模型和模块化的设计建模 Hybrid Consensus 机制，并证明了其能够满足一致性和活性等安全特性。对于模块化协议组合，该共识算法中定义了 DailyBFT。在 DailyBFT 中，委员会成员运行一个链下 BFT 实例每天记录一份日志，而非成员则统计来自委员会成员的签名。Hybrid Consensus 消耗了 DailyBFT 的多个实例，其中轮值委员会就每日日志达成一致。它使用 SnailChain 作为全局时钟来有效地管理 DailyBFT 实例的生成和终止，提供了诚实节点之间的弱同步；因为委员会成员在未来可能会变得腐败，在此时他们可以签署任意的 tuple，所以每个 DailyBFT 实例都不能确保太晚生成节点的安全性。因此，Hybrid Consensus 引入了一种链上冲压机制，将安全保证扩展到生成太晚的节点。

由于链质量损失引起的弹性损失大多可以避免，同时 FruitChain 可以有效防止自私的挖掘攻击，实现了近乎理想的链质量，因此目前 SnailChain 实际采用的是 FruitChains 协议来实例化，获得了几乎最优的弹性。

2. FruitChains

FruitChains 由 Pass 和 Shi 于 2017 年首次提出[46]，主要是为了解决比特币区块链系统中存在的联合挖矿、自私挖矿以及交易费用不稳定导致的诚实用户链质量下降的问题。在 FruitChains 中首次提出了“水果(Fruit)”的概念，一个水果可能包含多个交易，而一个区块可能包含多个水果，水果的产生通过寻找工作量证明来完成。

在 FruitChains 中，水果被定义为 $f = (h_{-1}); h'; \eta$; digest; m; h)，区块被定义为 B = ((h_{-1}; h'; η; digest; m; h), F)。对于水果而言，当前水果 f 的哈希值 h 的后 128 位小于水果挖矿难度 D_f，则代表找到了水果；对于区块而言，当区块中前几个元素的哈希值 h 的前 128 位小于区块挖矿难度 D_B 时，则代表节点成功挖到了区块。需要注意的是，水果指向的区块只能为区块链末端几个区块之一，以此来保证水果的新鲜性；同时，在 FruitChains 中水果和区块的挖矿同时运行，并且是利用同一个哈希函数完成。

在 FruitChains 中，交易并不会直接存储在区块链中，它首先会被包含在水果 f 中，新挖到的水果被放入有效水果集 F 中，有效水果集随着水果的挖出和使用不断更新，新挖到的区块负责将 F 中的水果放入区块中。此时敌手如果针对底层区块采取自私挖矿便毫无意义，因为敌手挖到的水果如果没有及时广播并被有效水果集 F 包含，那么 F 在经过一轮的更新后该水果就会过期，这样的话敌手在该水果上耗费的资源就会毫无回报。因此 FruitChains 防止了自私挖矿攻击，实现了公平性。

FruitChains 重新设计了矿工的激励机制，将连续几个区块的奖励和其中包含的所有交易费平均分给找到工作量证明的节点。与此同时，FruitChains 为了解决目前比特币矿池算力集中化的问题，将水果挖矿难度降低，矿工能够以比特币 1000 倍的频率获得回报，平均每 2 天获得一次，因此在 FruitChains 中，节点不再需要参与矿池就能频繁获得挖矿收益，降低了矿池引发的算力集中化。

3. Omniledger

单一委员会的混合共识机制虽然在很大程度上增大了交易处理规模，但是当全网节点增多，导致交易数量增多。此时，如果委员会成员数目不变，那么其交易处理能力并不会改变。为了解决全网节点处理交易的可扩展性问题，在单一委员会基础上发展了多委员会的混合共识机制。多委员会的混合共识机制又被称为分片共识机制，其原理是将网络节点分为多个并行的片区，每个片区由各自的委员会负责并行处理对应的交易。分片共识中比较典型的方案是 Omniledger，它由 Kokoris-Kogias 等人[47]于 2018 年首次提出。

Omniledger 采用未花费的交易输出(Unspent Transaction Cutputs，UTXO)模型，网络中不同分片的节点只需处理和存储该分片对应的 UTXO 数据。与此同时，Omniledger 提出跨区交易只能处于失败或成功两种状态，这有效避免了交易锁死的状态。在 Omniledger 中，有身份区块链和交易区块链两种链，身份区块链用于记录协议每个时期参与的节点和其对应的分片信息，每个时期更新一次，而一个时期能够产生多个交易区块，每个分片负责产生和维护自己分片的交易区块链。

Omniledger 协议的具体过程如下：

(1) 节点身份确认：节点在找到工作量证明后将身份信息和相应的工作量证明广播，完成注册。领导者收集所有合法注册者信息并将其写入身份区块链。

(2) 领导者选举：在任一时期开始时，每个节点计算 ticket，然后在一定时间段内用户之间交换 ticket 信息，将数值最小的 ticket 对应的节点作为领导者。

(3) 随机数生成：领导者启动 RandHound 算法，生成本轮随机数，并在全网广播该随机数及其证明。节点收到后验证随机数是否正确生成，若正确，则将其作为种子进行随机置换确认，进而确认本轮所在的分片。

(4) 委员会内分布式一致性算法：每个委员会内部按照 ByzCoin 的方式处理分片内部交易。

(5) 委员会成员重选：为了持续处理交易，Omniledger 合理设置挖矿难度，使每次重选，每个委员会只将不超过总人数的节点替换。在节点替换过程中，利用本轮随机数决定现任委员会中被替换的节点。

由于交易的分片存储，当交易存在多个输入且属于不同分片时，需要多个分片协作完成对交易的处理。为了解决这个问题，Omniledger 设计了锁定-解锁的原子性跨区交易解决方案。

参 考 文 献

[1] 区块链白皮书(2018). 中国信息通信研究院, 2018.

[2] 李挥，王菡. 区块链共识算法原理及应用[M]. 北京：科学出版社, 2019: 1-202.

[3] BABAOĞLU Ö,TOUEG S. Understanding Non-Blocking Atomic Commitment[J]. Distributed systems, 1993: 147-168.

[4] DWORK C, LYNCH N, STOCKMEYER L. Consensus in the Presence of Partial Synchrony[J]. Journal of the ACM (JACM), 1988, 35(2): 288-323.

[5] BRACHA G, TOUEG S. Asynchronous Consensus and Broadcast Protocols[J]. Journal of the ACM (JACM), 1985, 32(4): 824-840.

[6] 刘懿中，刘建伟，张宗洋，等. 区块链共识机制研究综述[J]. 密码学报，2019，6(4): 395-432.

[7] NAKAMOTO S. Bitcoin:A Peer-to-Peer Electronic Cash System[J]. Decentralized Business Review, 2008: 21260.

[8] GARAY J, KIAYIAS A, LEONARDOS N. The bitcoin backbone protocol: Analysis and Applications[C]. Annual International Conference on the Theory and Applications of Cryptographic Techniques. Berlin: Springer, 2015: 281-310.

[9] DWORK C, NAOR M. Pricing Via Processing or Combatting Junk Mail[C]. Annual International Cryptology Conference. Berlin:Springer, 1993: 139-147.

[10] JAKOBSSON M,JUELS A. Proofs of Work and Bread Pudding Protocols[M]//Preneel B. Secure Information Networks. Boston:Springer, 1999: 258-272.

[11] DWORK C, GOLDBERG A, NAOR M. On Memory-Bound Functions for Fighting Spam[C]. Annual International Cryptology Conference. Berlin: Springer, 2003: 426-444.

[12] KING S, NADAL S. PPCoin: Peer-to-Peer Crypto-Currency with Proof-of-Stake[J]. 2012.

[13] EYAL I, GENCER A E,SIRER E G, et al. Bitcoin-Ng: A Scalable Blockchain Protocol[C]. USENIX. Proceedings of the 13th USENIX Conference on Networked Systems Design and Implementation. Berkeley: USENIX Association, 2016: 45-59.

[14] BUTERIN V, GRIFFITH V. Casper the Friendly Finality Gadget[J]. arXiv preprint arXiv: 1710.09437, 2017.

[15] BENTOV I, LEE C, MIZRAHI A, et al. Proof of Activity:Extending Bitcoin's Proof of Work Via Proof of Stake [Extended Abstract] y[J]. ACM SIGMETRICS Performance Evaluation Review, 2014, 42(3): 34-37.

[16] P. O. A. Network. Proof of Authority:Consensus Model with Identity at Stake. Medium,2017. [Online]. https://medium.com/poa-network/proof-of-authority-consensus-modelwith-identity-at-stake-d5bd15463256.

[17] SEND D. Internet of Services: The Next-generation, Secure, Highly Scalable Ecosystem for Online Services[J]. 2017.

[18] ANATOLY Y. Proof of History: A Clock for Blockchain. Medium, 2-Aug-2020. [Online]. https://medium.com/solana-labs/proof-of-history-a-clock-for-blockchain-cf47a61a9274.

[19] STEWART I. Proof of burn - bitcoin wiki, 2012. [Online]. https://en.bitcoin.it/wiki/Proof of burn.

[20] GAI F, WANG B, DENG W, et al. Proof of Reputation: a Reputation-Based Consensus Protocol for Peer-to-Peer Network[C]. International Conference on Database Systems for Advanced Applications. Springer, Cham, 2018: 666-681.

[21] MORAN T, ORLOV I. Proofs of Space-Time and Rational Proofs of Storage[J]. IACR Cryptol ePrint Arch, 2016: 35.

[22] MORAN T, ORLOV I. Simple Proofs of Space-Time and Rational Proofs of Storage[C]. Annual International Cryptology Conference. Cham:Springer, 2019: 381-409.

[23] BENET J, DALRYMPLE D, GRECO N. Proof of Replication[J]. Protocol Labs, 2017, 27: 20.

[24] FISCH B. PoReps: Proofs of Space on Useful Data[J]. IACR Cryptol ePrint Arch, 2018: 678.

[25] FISCH B, BONNEAU J, GRECO N, et al. Scaling Proof-of-Replication for Filecoin Mining[J]. Benet//Technical report, Stanford University, 2018.

[26] DAMGÅRD I, GANESH C, ORLANDI C. Proofs of Replicated Storage without Timing Assumptions[C]. Annual International Cryptology Conference. Cham: Springer, 2019: 355-380.

[27] KIAYIAS A, RUSSELL A, DAVID B, et al. Ouroboros: A Provably Secure Proof-of-Stake Blockchain Protocol[C]. Annual International Cryptology Conference. Cham:Springer, 2017: 357-388.

[28] BUNTINX J P. What is Proof of Elapsed Time?[J]. The Merkle Hash. https://themerkle.com/what-is-proof-of-elapsed-time/(accessed on 5 December 2019),2017.

[29] CHEN L, XU L, SHAH N, et al. On Security Analysis of Proof-of-Elapsed-Time (PoET)[C]. International Symposium on Stabilization Safety and Security of Distributed Systems, 2017: 282-297.

[30] MILUTINOVIC M, HE W, WU H, et al. Proof of luck: An Efficient Blockchain Consensus Protocol[C]. Proceedings of the 1st Workshop on System Software for Trusted Execution. 2016: 1-6.

[31] LI K, LI H, HOU H, et al. Proof of Vote: A High-Performance Consensus Protocol Based on Vote Mechanism & Consortium Blockchain[C]. 2017 IEEE 19th International Conference on High Performance Computing and Communications; IEEE 15th International Conference on Smart City; IEEE 3rd International Conference on Data Science and Systems (HPCC/SmartCity/DSS). IEEE, 2017: 466-473.

[32] NATOLI C, YU J, GRAMOLI V, et al. Deconstructing Blockchains: A Comprehensive Survey on Consensus, Membership and Structure[J]. arXiv Preprint, arXiv: 1908.08316, 2019.

[33] LAMPORT L, SHOSTAK R,PEASE M. The Byzantine Generals Problem[J]. ACM Transactions on Programming Languages and Systems, 1982, 4(3): 382-401.

[34] CASTRO M, LISKOV B. Practical Byzantine Fault Tolerance and Proactive Recovery[J]. ACM Transactions on Computer Systems, 2002: 20(4): 398-461.

[35] NEO White Paper, 2014. http://docs. neo. org/en-us.

[36] COELHO I M, COELHO V N, LIN P, et al. Community Yellow Paper: A Technical Specification for NEO Blockchain[J]. NeoResearch, 2019.

[37] Ontology Launches VBFT. https://medium.com/ontologynetwork/ontology-launches-vbft-a-next-generation-consensus-mechanism-becoming-one-of-the-first-vrf-based-91f782308db4.https://github.com/ontio/ontology.

[38] MICALI S, RABIN M, VADHAN S. Verifiable Random Functions[C]. 40th Annual Symposium on Foundations of Computer Science (cat. No. 99CB37039). IEEE, 1999: 120-130.

[39] YIN M, MALKHI D, REITER M K, et al. HotStuff: BFT Consensus in the Lens of Blockchain[J]. arXiv Preprint, arXiv: 1803.05069, 2018.

[40] LESLIE L. The Part-Time Parliament[J]. ACM Transactions on Computer Systems (TOCS), 1998, 16(2): 133-169.

[41] LAMPORT L. Paxos Made Simple[J]. ACM Sigact News, 2001, 32(4): 18-25.

[42] MEDEIROS A. ZooKeeper's Atomic Broadcast Protocol:Theory and Practice[J]. Aalto University School of Science, 2012.

[43] PASS R, SHI E. Thunderella:Blockchains with Optimistic Instant Confirmation[C]. Annual International Conference on the Theory and Applications of Cryptographic Techniques. Cham: Springer, 2018:3-33.

[44] PASS R, SHI E. Hybrid Consensus: Efficient Consensus in the Permissionless Model, 2016[J]. https://eprint. iacr. org/2016/917.

[45] PASS R, SHI E. Hybrid Consensus: Efficient Consensus in the Permissionless Model[C]. 31st International Symposium on Distributed Computing (DISC 2017). Schloss Dagstuhl-Leibniz-Zentrum fuer Informatik, 2017.

[46] PASS R, SHI E. Fruitchains: A Fair Blockchain[C]. Proceedings of the ACM Symposium on Principles of Distributed Computing. 2017: 315-324.

[47] KOKORIS-KOGIAS E,JOVANOVIC P, GASSER L, et al. Omniledger: A Secure, Scale-Out, Decentralized Ledger Via Sharding[C]. 2018 IEEE Symposium on Security and Privacy (SP). IEEE, 2018: 583-598.

第四章　区块链 1.0：密码货币

密码货币(Cryptocurrency，又称密码学货币)是一种使用密码学技术来确保交易安全及控制交易单位创造的交易介质，属于数字货币的一种，是货币作为支付手段不断进化的表现。在现有的密码货币中，利用区块链技术实现的密码货币是目前最流行的。比特币在 2009 年成为第一个去中心化的密码货币，引起了全球各界的高度关注。此后，不断出现具备不同功能、不同程度隐私保护、不同算法与共识机制的密码货币，如莱特币、素数币、点点币、狗狗币、零币等。本章将介绍比特币的发展历程和相关的技术原理，以及比特币的应用和其他代表性密码货币。

4.1　比特币简介

比特币是第一个开放性的密码货币。中本聪于 2008 年 10 月 31 日发表了一篇题为 *Bitcoin: A Peer-to-Peer Electronic Cash System*[1]的论文，文中详细阐述了如何在分布式环境中建立一套去中心化的电子支付系统。2009 年 1 月 3 日，中本聪开发出了比特币客户端，创世区块诞生，并得到了第一批 50 枚比特币，如图 4.1 所示。至此，一种新型的虚拟货币——比特币诞生了[2]。2010 年 5 月 22 日，一名程序员花费了 10 000 个比特币购买了两个披萨。比特币的诞生与流通标志着以信息产生与流动为特征的互联网络加速迈入以价值产生与转移为特征的价值互联网新时代[3]。比特币天使投资人 Roger Ver 说：“比特币是继互联网之后世界历史上最重要的发明。”2009 年 10 月 5 日出现了最早的交易所汇率：1 美元相当于 1309.03 比特币。之后，随着比特币价格的大幅上涨，受到了各行各业的广泛关注，诺贝尔和平奖提名者 Leon Luow 说：“每个见多识广的人都应该了解比特币，因为这是世界上最重要的发展趋势之一。”

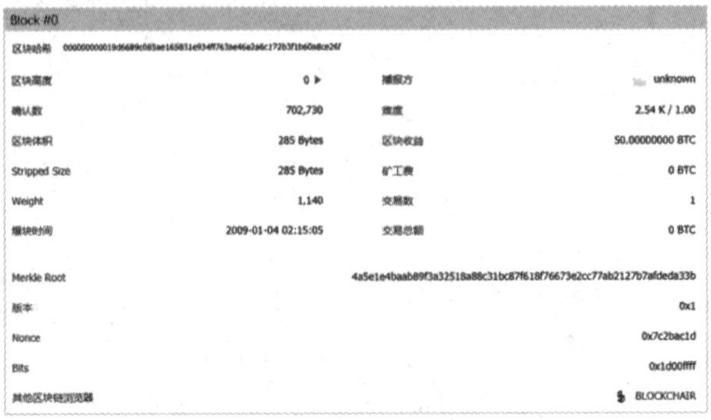

Block #0			
区块哈希	000000000019d6689c085ae165831e934ff763ae46a2a6c172b3f1b60a8ce26f		
区块高度	0 ▶	播报方	unknown
确认数	702,730	难度	2.54 K / 1.00
区块体积	285 Bytes	区块收益	50.00000000 BTC
Stripped Size	285 Bytes	矿工费	0 BTC
Weight	1,140	交易数	1
爆块时间	2009-01-04 02:15:05	交易总额	0 BTC
Merkle Root			4a5e1e4baab89f3a32518a88c31bc87f618f76673e2cc77ab2127b7afdeda33b
版本			0x1
Nonce			0x7c2bac1d
Bits			0x1d00ffff
其他区块链浏览器			BLOCKCHAIR

图 4.1　比特币创世区块

相比传统的电子货币，比特币具有独特的优势。首先，结合点对点网络技术与现代密码学技术，比特币系统具有较强的系统健壮性和抗攻击能力，使得黑客不易对开源且公开的比特币系统进行攻击。其次，比特币具有较高的安全性，且能够保护用户隐私。比特币采用密码学技术，不仅可以有效防止其二次花费问题，并能够保护用户身份隐私。比特币代表了数十年密码学理论和分布式系统研究的一次新的高潮，构建了一个完备、安全开放、去中心化、信息不可伪造和不可篡改的数字货币体系。比特币的底层技术——区块链技术也引起了学术界和工业界的广泛关注与研究。区块链本质上是使用密码学技术，将存储交易数据的区块按照时间顺序组合成的一个分布式账本。哈希运算保证了数据的一致性和不可篡改性，非对称加密保证了交易的可靠性。区块链就是利用密码技术形成了独一无二的链式结构。因此，密码技术是区块链的基石，甚至可以说，如果没有密码学，就不会诞生区块链技术。

4.2　比特币的核心概念

本节将介绍比特币的一些核心概念，包括比特币交易和比特币脚本。具体来说，本节主要介绍比特币整个生命周期中一笔比特币交易的主要流程、比特币基于 UTXO 的交易模型以及比特币交易的脚本结构和类型。

4.2.1　比特币交易

比特币交易是指比特币资产从交易输入转移到交易输出[3]。交易输入指明了这笔比特币资产的来源，通常是上一笔关联交易的输出，而交易输出则指明了这笔比特币资产的去向。下面介绍比特币交易流程和交易模型。

1. 交易流程

比特币系统从 2009 年 1 月至今在没有专人维护的情况下已经平稳运行了 13 年，没有出现任何宕机。比特币系统的每一部分设计都是为了保证正确且可靠的价值流转，这就需要保证比特币交易的正确生成、广播、验证，并且最终加入比特币的全球账本中。比特币的交易流程如图 4.2 所示，包括 5 个阶段：交易创建、交易广播、交易验证和打包、交易确认和交易记录。

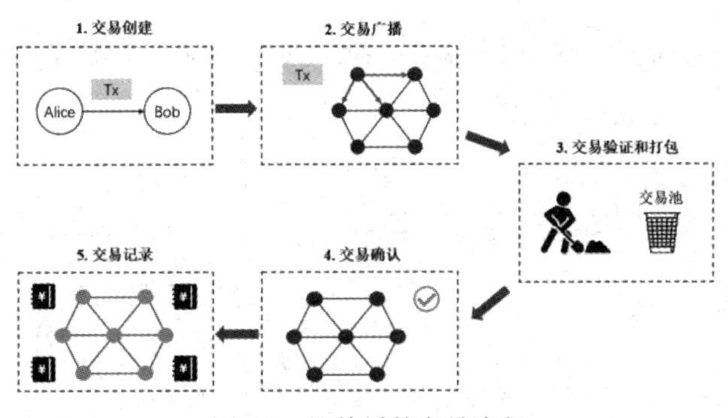

图 4.2　比特币的交易流程

1) 交易创建

当 Alice 向 Bob 转账时，Bob 首先创建一个新的比特币地址，用于接收 Alice 的收款。Alice 通知其比特币客户端向 Bob 的收款地址转账。Alice 的钱包里有其每一个比特币地址的私钥，比特币客户端用 Alice 此次被转移比特币对应地址的私钥对这一笔交易申请进行签名，这条交易数据包含了比特币在网络中进行价值流通的所有信息。

2) 交易广播

创建的比特币交易会被发送到至少一个与比特币网络相连接的节点，节点会验证该交易是不是一笔合法的交易，如果交易有效，则该节点就会将这笔交易发送给与自己相连接的其他比特币节点，其他节点收到之后将会做同样的操作。以此类推，在几秒之内，一笔有效的交易就会呈指数级扩散在全网传播，直到所有节点都收到这笔交易。

3) 交易验证和打包

为了避免垃圾信息的传播，每个节点在收到交易后都会对交易进行验证，需要验证的信息主要包括交易语法和数据结果、交易总价值、交易输入和交易解锁脚本等。通常一笔异常交易所能达到的节点不会超过 1 个。

所有具有挖矿功能的节点都会通过工作量证明的机制来争取将最近的交易打包成区块。谁先算出正确的目标结果，谁就可以优先将交易打包成一个区块并广播给其他节点。

4) 交易确认

其他节点在收到区块后，会对区块进行检验，检验内容包括本轮算力竞赛结果是否正确、区块中的交易是否都为合法交易等。如果全部正确，则将该区块接入自己区块链的账本末尾，并将该区块广播至与自己相连接的节点。

5) 交易记录

这笔交易所在的新区块将加入已经存在的区块链中，这笔交易便永远地被记录在区块链账本中，不可更改。此时交易完成。

2. 基于 UTXO 的交易模型

在比特币系统中，没有账户的概念，而是基于 UTXO 的交易模型，所有的交易都是由输入和输出构成的[3]。比特币全节点跟踪所有可用和可花费的输出，称为 UTXO。图 4.3 为比特币浏览器中第 72 248 个块中的一笔交易，交易的来源是 1 个地址，交易的去向是 3 个地址。

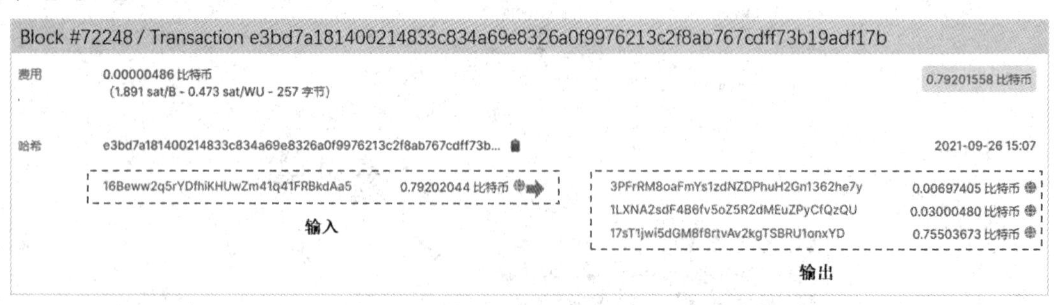

图 4.3　比特币浏览器中显示的一笔交易

比特币的交易本质就是一条包含发送方的输入、接收方的输出以及其他与资产价值转移相关的数据结构。比特币交易的数据结构如表 4.1 所示。

表 4.1　比特币交易的数据结构

字　段	描　　述	大　小
版本号	交易数据结构的版本号	4B
输入数量	交易中输入的数量	1～9 B var_int 类型
输入列表	交易中输入数组，可以是 1 个也可以是多个	不确定
输出数量	交易中输出的数量	1～9 B var_int 类型
输出列表	交易中输出数组，可以是 1 个也可以是多个	不确定
锁定时间	多意字段，为 0 时表示立即生效；小于 500 000 000 时代表区块高度，表示该区块高度之前锁定；大于 500 000 000 时代表 UNIX 时间戳，表示该时刻前锁定	4 B

在比特币系统中，除了挖矿所得的奖励之外，每一笔输入都可以在账本中找到与之对应的上一笔交易的输出，形成一条交易链，使每一笔交易都可以查找对应的来源。每一笔交易所消耗的比特币都可以在区块链中查到其来源。对于一般的比特币交易，用户在创建新的 UTXO 时，因为地址是收款方的公钥所计算得来的，所以收款方需要使用对应的私钥进行签名和公钥验证，才能向其他用户证明这笔钱归他所有，也才能消费这笔比特币。比特币交易的链式结构如图 4.4 所示。

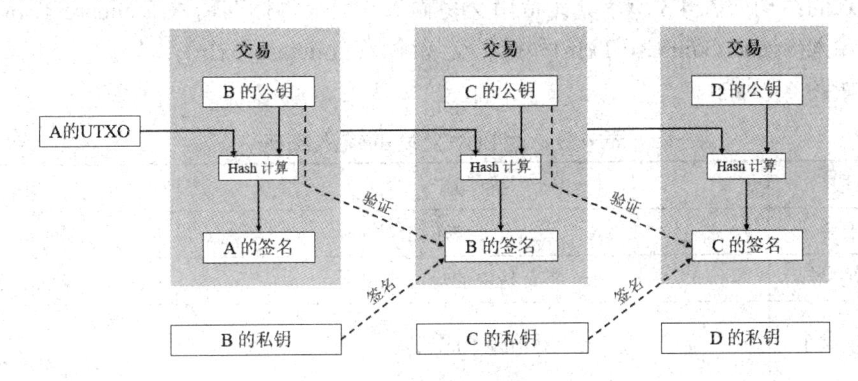

图 4.4　比特币交易链式结构

每一笔比特币交易创造的输入、输出都会记录在比特币的账本中，比特币交易的本质就是用户消耗自己可用的 UTXO，创造新的 UTXO，将新创建的 UTXO 注册到收款人的比特币地址上，并且能被收款人用于新的支付。

1) 交易输出

一笔交易输出包含两个部分：一定量的比特币和锁定脚本。锁定脚本相当于付款用户用一把锁将对应的比特币“锁住”，只有收款用户有对应的钥匙可以“解锁”而花掉对应的比特币。比特币交易的输出结构如表 4.2 所示。比特币交易的输出一般分为标准输出(Standard TxOut)和挖矿交易输出(Coinbase TxOut)。从整个交易来看，其输出结构示意图如图 4.5 所示。

表 4.2　比特币交易的输出结构

字　段	描　　述	大　小
比特币数量	比特币的值，以聪为单位	8 bit
锁定脚本大小	锁定脚本的长度	1～9 B var_int 类型
锁定脚本	支付这笔比特币所需要的锁定条件	不确定

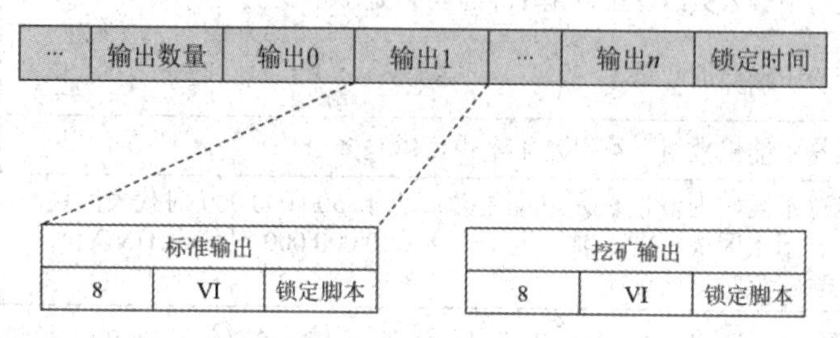

图 4.5　比特币交易的输出结构示意图

2) 交易输入

交易输入指明消费哪个 UTXO，并通过一个解锁脚本提供所有权证明。解锁脚本与锁定脚本相对应，若想支付某笔交易，则需要“锁住”这笔交易对应的“钥匙”，即解锁脚本。只有解锁脚本和锁定脚本组合起来，满足支付条件，才可以被比特币网络接收。比特币交易输入的结构如表 4.3 所示。比特币交易输入一般分为标准输入(Standard TxIn)、花费挖矿交易输入(Spend Coinbase TxIn)和挖矿交易输入(Coinbase TxIn)。从整个交易来看，其输入结构如图 4.6 所示。

表 4.3　比特币交易的输入结构

字　段	描　述	大　小
交易哈希	上一笔交易的 ID	32 bit
输出索引号	上一笔交易中的输出索引号	4 bit
解锁脚本大小	解锁脚本的长度	1～9 B var_int 类型
锁定脚本	满足花费这笔比特币所需要的解锁条件	不确定
序列号	目前未被使用的字段，设置为 0xFFFFFFFF	4

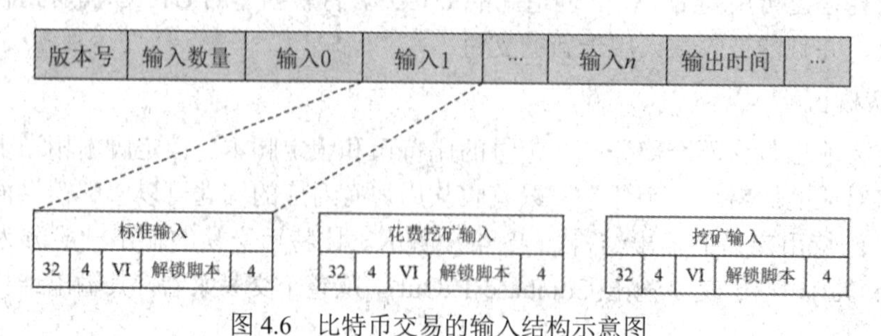

图 4.6　比特币交易的输入结构示意图

3) 交易费

交易费是对矿工把一笔交易打包到下一个区块中的一种激励，同时作为一种抑制因素，通过对每一笔交易收取小额费用来防止对系统的滥用。成功挖到区块的矿工将得到该区块内包含的矿工费，区块被记录到区块链中。交易费的计算公式为

交易费 = 输入之和 − 输出之和

交易费是根据交易字节数(千字节)来计算的，而不是根据交易的比特币价值来计算。总的来说，交易费是根据比特币网络中的市场力量确定的。矿工会依据许多不同的标准对交易进行优先级排序，包括交易费，甚至可以在某些情况下免费处理交易。交易费影响处理优先级，意味着有足够交易费的交易更可能被包含在下一个区块里；反之，交易费不足或没有交易费的交易可能会被推迟，在以后的区块中基于尽力而为的原则来处理，或者根本不处理。交易费不是强制的，没有交易费的交易最终也可能会被处理，但是，有交易费能鼓励优先处理。

4.2.2　比特币脚本

比特币的交易引擎依赖于两类比特币交易脚本来验证交易，即锁定脚本和解锁脚本。锁定脚本是指存在于交易输出上的花费条件，用于限定花费这笔输出必须要满足的条件。在进行交易时，锁定脚本通常由付款方创建，内容包含收款方的比特币地址信息。解锁脚本位于交易输入中，解决被锁定脚本在一个输出上设定的花费条件的脚本，只有解决锁定脚本中的问题，才可以花费这个 UTXO。锁定脚本是在双方进行交易时由付款方创建的，包含这个钱包中的地址，所以一般解锁脚本中包含这个地址的公钥及使用对应私钥生成的签名[4]。

比特币系统中最常见的比特币交易(P2PKH)的解锁脚本和锁定脚本结构如图 4.7 所示。

图 4.7　P2PKH 类型交易脚本结构

比特币系统中定义了 5 种标准交易脚本，包括 P2PKH (Pay-to-Public-Key-Hash)、P2PK (Pay-to-Public-Key)、MS (Multiple Signature)、P2SH (Pay-to-Script-Hash)和 OP_RETURN。下面介绍比特币系统中最常见的交易脚本类型 P2PKH 的脚本格式和脚本执行过程。

1. P2PKH 脚本格式

P2PKH 交易类型是比特币网络中最常见的交易类型。P2PKH 类型交易的锁定脚本主要包含一个公钥的 Hash，其解锁脚本包括该公钥和对应私钥的签名，验证的主要思想是验证公钥是否正确，再使用公钥验证签名是否正确。

(1) P2PKH 型交易的锁定脚本格式如下：

```
OP_DUP OP_HASH160 <PubKHash> OP_EQUALVERIFY OP_CHECKSIG
```

(2) P2PKH 型交易的解锁脚本格式如下：

```
<sig><Pubk>
```

2. P2PKH 脚本执行过程

下面使用 Alice 向 Bob 转账的例子来分析矿工在收到一笔新交易后是如何执行脚本程序的，以验证这笔交易的有效性。

步骤一：Alice 向 Bob 转账，该笔交易的输出中包含以下锁定脚本。

```
OP_DUP OP_HASH160 < Bob Public Key Hash> OP_EQUALVERIFY OP_CHECKSIG
```

步骤二：Bob 要使用这笔被 Alice 转账时锁定的资产，必须在交易中输入相应的解锁脚本。

```
< Bob Signature>< Bob Publick Key>
```

步骤三：将两个脚本结合，由此形成组合验证脚本，先执行输入脚本(即解锁脚本)，再执行输出脚本(即锁定脚本)，脚本按照从左至右的顺序执行。

```
< Bob Signature>< Bob Publick Key> OP_DUP OP_HASH160 < Bob Public Key Hash> OP_EQUALVERIFY
OP_CHECKSIG
```

步骤四：矿工执行组合脚本程序，验证交易有效性。

4.3　比特币技术原理

比特币是区块链 1.0 的典型应用，比特币及其衍生出的其他数字货币形成了区块链技术发展的第一个阶段。随着时间的推移，人们意识到区块链技术不仅能简单地记录交易数据，还能在资产和信托协议、契约管理等方面发挥巨大作用，关于区块链的研究和应用仍在不断发展中。比特币作为第一个去中心化的虚拟货币系统，其技术原理是基于区块链技术研究的第一步。本节将介绍比特币区块链的架构以及其相应的技术原理。

4.3.1　比特币架构

中本聪在比特币白皮书发表的第二年就正式上线了比特币系统。据普林斯顿大学出版的 *Bitcoin and Cryptocurrency Technologies*[5]的作者推测，中本聪很可能是先编写了比特币系统，然后编写了《比特币白皮书》。从最初的比特币源代码可以看出，比特币系统没有很明确的模块划分，很多功能代码都是在 Main.cpp 中实现的。因此，可能中本聪当时也没有从技术架构上去考虑太多，而是一气呵成用最简单直白的办法完成了比特币系统的开发[4]。本节将分别对比特币功能架构和技术分层架构进行介绍。

根据比特币的功能模块划分，比特币的功能架构如图 4.8 所示。比特币的功能主要分为前端与节点后台两部分。前端包括钱包以及一些图形化界面，后台节点具有挖矿、区块链管理、脚本引擎以及网络管理等功能。

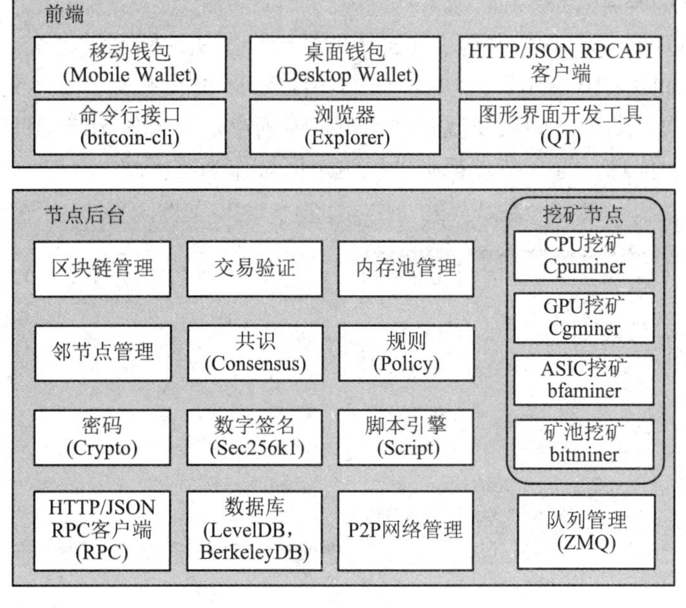

图 4.8　比特币区块链功能架构图

比特币区块链涉及转账、汇款和数字化支付等相关的数字货币应用，其技术分层架构如图 4.9 所示，主要分为 5 层：数据层、网络层、共识层、激励层和应用层。

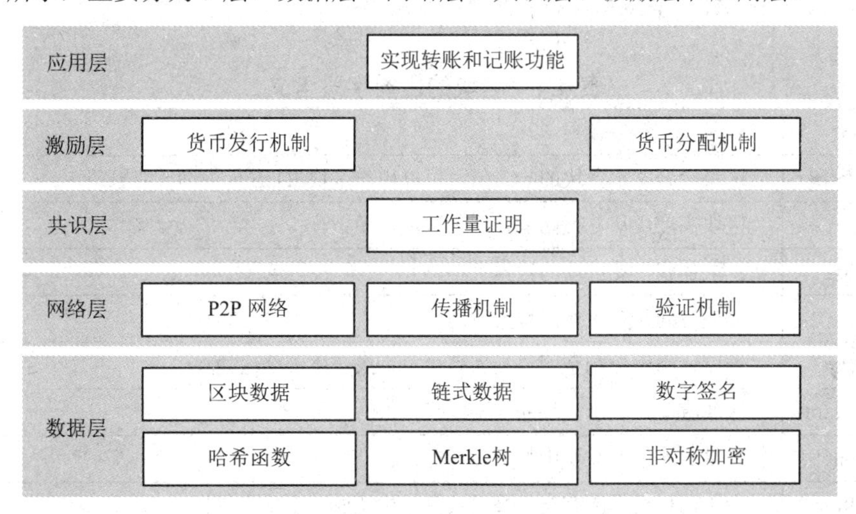

图 4.9　比特币区块链系统分层技术架构

4.3.2　数据层

数据层主要用于处理比特币交易数据，所有交易数据顺序存储在 Merkle 树中，并将 Merkle 树的根节点存储在区块中，而各个区块从创世区块开始，就以链式结构串联起来。此外，密码学技术保证了区块链中的数据不可篡改，如果想要篡改某个区块中的交易数据就必须重构此区块之后的所有区块数据，同时还要让全网其他节点都接受篡改链，这几乎无法实现。数字签名保证了用户数字资产的安全[6]。

1. 创世区块的诞生

2009 年 1 月 3 日，中本聪创建了比特币的第一个区块，即创世区块，并获得了 50 枚比特币的奖励，如图 4.10 所示。区块链网站上所显示区块的主要字段含义如表 4.4 所示。每个节点在第一次启动时，如果发现区块的数据库为空，则会先构造创世区块，之后再从其他节点同步区块信息，每个节点都必须以这个区块作为首区块。

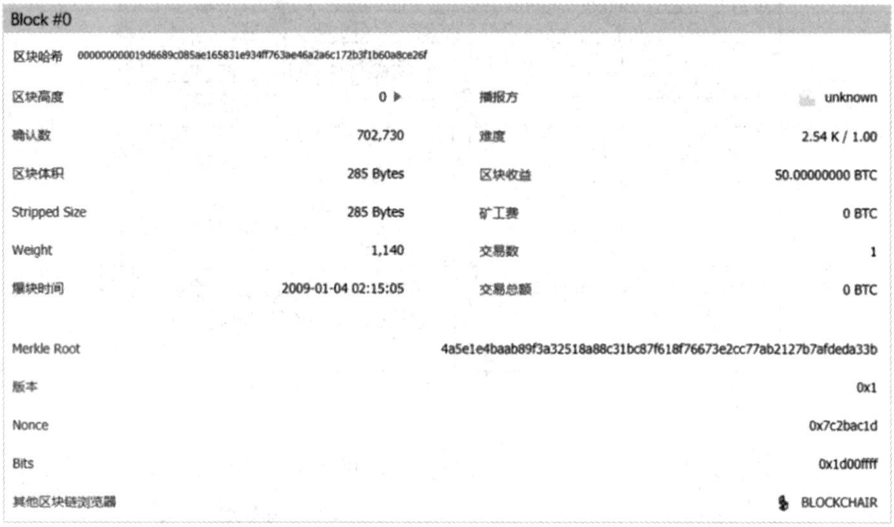

图 4.10　比特币创世区块

表 4.4　区块的主要字段含义

字　段	含　　义
Block Hash	区块哈希，本区块的哈希值，可以用作区块 ID 进行查询、防篡改
Height	区块高度，从 0 开始，可用于区块标识
Block size	区块体积，此区块的数据大小
Time	爆块时间，产生此区块的时间
Difficulty	难度，用于控制全网要投入多少算力来产生一个区块
Block Reward	区块收益，表示区块的奖励
Tx Count	交易数，创世区块中只有一笔交易
Merkle Root	默克尔树根，所有交易摘要信息被构建成一个默克尔树
Version	版本
Nonce	随机数，使挖矿运算结果满足难度要求的一个随机数，挖矿的目的就是找到这个随机数
Bits	挖矿难度比特，与 Difficulty 一样，都是挖矿难度指标，保证全网算力平均 10 min 找到一个新的区块

2. 区块的形成

比特币的区块分为区块头和区块体两部分，如图 4.11 所示。区块头存储该区块当前版本号(Version)、前一区块的哈希值(Previous Block Hash)、随机数、难度目标(Difficulty Target)、时间戳以及 Merkle 根。区块体存储的内容是当前区块经过验证的交易记录和区块创建过程中所有有序的交易记录。这些交易记录存储在区块体中，并通过 Merkle 根与区块头联系起来构成一个完整的区块[4]。

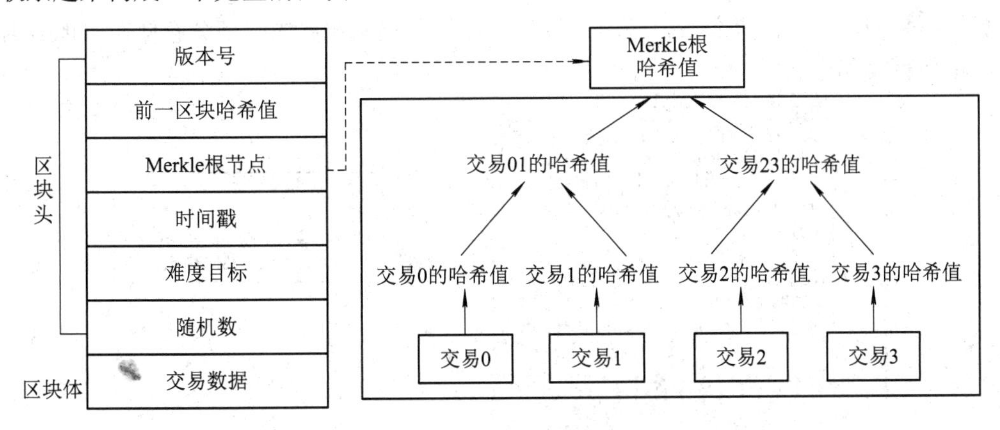

图 4.11　比特币区块结构

3. 链的形成

比特币区块链是由上述一个一个区块形成的链式结构，如图 4.12 所示。区块与区块之间通过“前一区块哈希值”字段连接起来。如果要修改区块中的一笔交易信息，则必然影响这个区块之后的所有区块上的内容。区块链的链式结构保证了任何一笔处于区块中的交易不可被篡改。

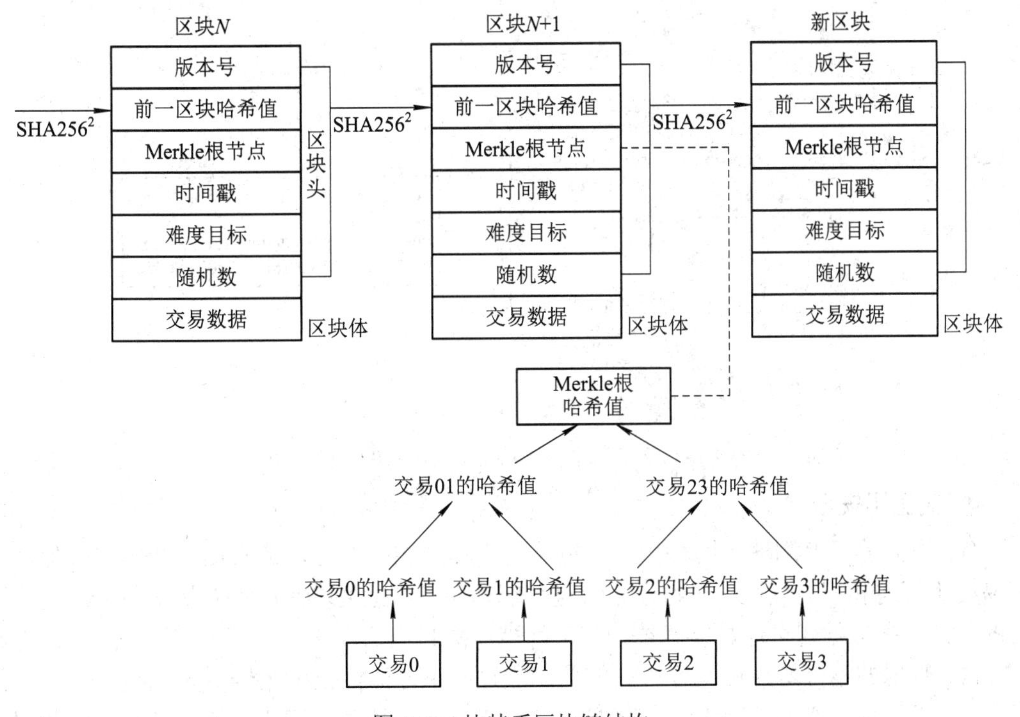

图 4.12　比特币区块链结构

比特币区块链记录了整个比特币区块链的历史，任意比特币交易数据都可以通过区块头的哈希值或区块高度来对特定的区块进行索引，实现溯源和定位功能。图 4.13 为比特币区块链第 702 700～702 702 区块。需要注意的是，区块的哈希值并没有被包含在区块的结构中，区块头中只含有前一区块的哈希，区块的哈希值都是节点在接收到新区块之后通过计算得出来的。计算出来之后，节点可以将其作为区块元数据的一部分存储在本地数据库中，以便查找和检索。

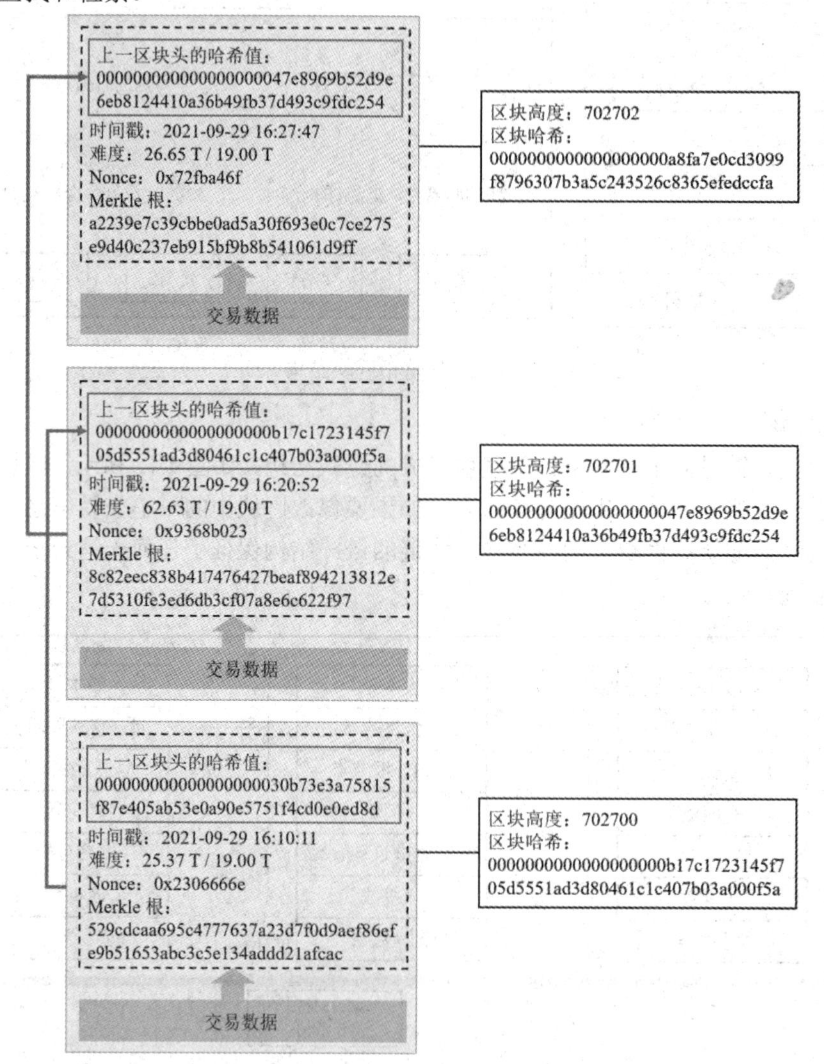

图 4.13　比特币区块链第 702 700～702 702 区块

4. 数据层安全

(1) 数据的可追溯性：比特币区块链系统中环环相扣的区块链式结构和时间戳保证了交易的不可逆和可追溯性。比特币区块链系统存储了创世区块后的所有历史数据，区块链上的任意一条数据皆可通过链式结构和时间戳追溯其本源。

(2) 数据的不可篡改性：区块链的信息通过共识并添加至区块链后，就被所有节点共同记录，通过密码学保证前后互相关联，篡改的难度与成本非常高。一旦信息经过验证并添加至区块链，就会永久存储起来，除非能够同时控制住系统中超过 51%的节点，否则单个节点上对数据库的修改是无效的，因此区块链的数据稳定性和可靠性极高。

(3) 数据的一致性：比特币区块链系统中每个区块采用 Merkle 树结构存储交易数据。如果交易数据在 Merkle 数据结构中验证一致，则说明该交易数据是有效的，在传输过程中没有发生改变。假如存在一笔交易数据被篡改，也可以利用 Merkle 树快速定位到具体是哪一笔交易被篡改了。

4.3.3 网络层

比特币区块链主要采用点对点网络传输架构搭建一套完整的分布式网络系统。比特币网络层实现了点对点组网机制、数据传播机制和数据验证机制。点对点组网机制允许节点自由方便地加入或退出网络，同时具备动态的自动组网能力；数据传播机制保证交易和区块数据在全网广播，并被大部分节点所接收；数据验证机制确保交易和区块数据到达节点后，节点独立进行验证，防止非法交易数据写入区块链，同时第一时间检测并剔除异常的交易和区块，保证不会被进一步传播，从而避免网络带宽的浪费[6]。

1. P2P 网络架构

比特币网络本质上是一种点对点的数字货币交易系统，采用了基于 Internet 的 P2P 网络结构，通过一种扁平化、去中心化的 P2P 共识网络来维持整个比特币网络。比特币网络中的每个节点都是对等的并共同提供网络服务，每个节点呈拓扑结构连通，网络中不存在任何中央服务和层级结构。比特币网络中，所有节点承担网络路由、验证区块数据、传播区块数据、发现新节点、广播交易数据等全部和部分功能。P2P 网络架构如图 4.14 所示，P2P 网络中的 7 个节点共享计算资源、存储资源等，这些共享资源通过网络提供服务，能被其他所有的对等节点直接访问，具有去中心化、开放性和可靠性的特点。因此，比特币网络也具有去中心化、可靠性和开放性的特点。

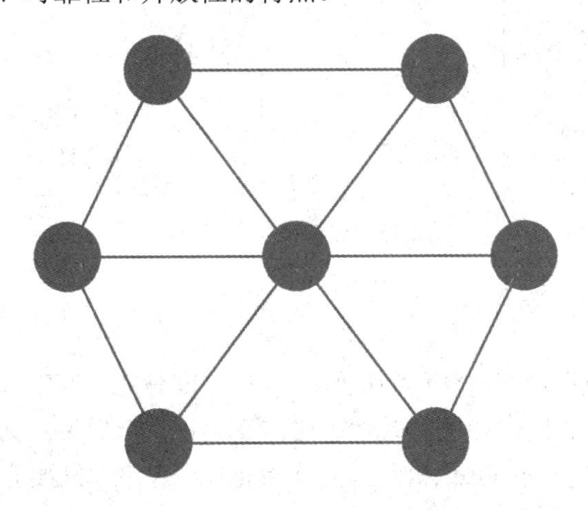

图 4.14　P2P 网络架构

2. 比特币的节点类型和作用

比特币网络的去中心化是比特币区块链设计的核心。虽然比特币网络中的各个节点在网络中彼此对等，但是比特币的全节点账本已经超过 200 GB，这对于普通用户或移动终端用户需要包含网络路由、区块链数据库、挖矿、钱包等全部功能集合来说是不现实的。因此，比特币系统中，根据各个节点所提供的具体功能不同，各个节点被赋予不同的角色。例如，一个全节点具有 4 个功能：网络路由、钱包服务、矿工和完整的区块链数据库。钱包允许用户在区块链网络上进行交易，矿工通过记录交易及解答计算生成新区块，如果解答成功，则可以得到比特币奖励。区块链数据库存储了所有的交易记录，利用特殊的结构确保交易的安全性。每个节点都参与全网络的路由功能，网络路由功能是负责把其他节点传送的交易数据再广播给其他所有的节点。每个节点都需验证并广播交易信息和区块信息，并维持与同一网络中其他节点之间的网络连接。

具有网络路由、区块链数据库、挖矿、钱包等全部功能的节点一般称作全节点，也称作标准比特币客户端、比特币核心。根据具备的不同功能，比特币系统还存在其他几种常见的节点类型，包括完全区块链节点、个体矿工、轻量(SPV)钱包、挖矿节点和轻量 Stratum 钱包，如图 4.15 所示。

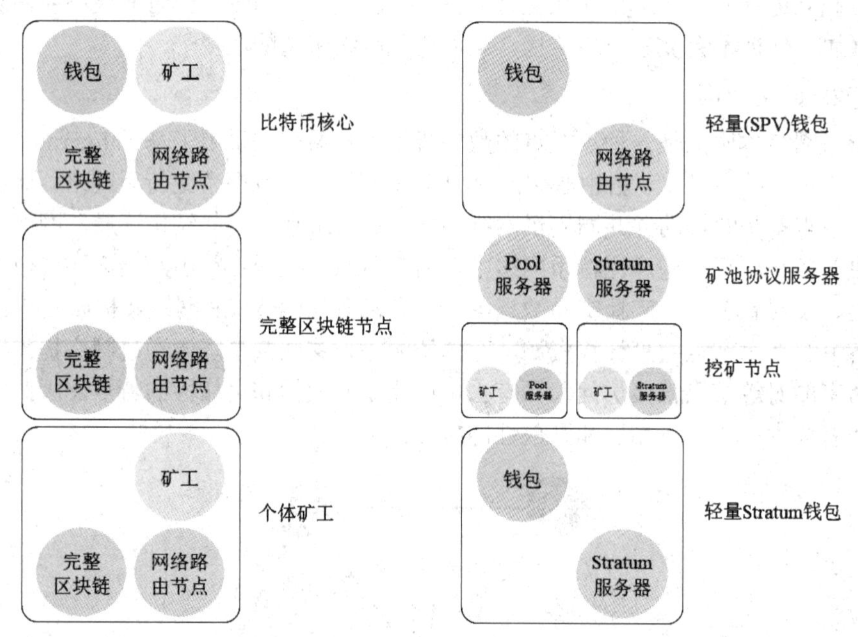

图 4.15　比特币各类型节点

4.3.4　共识层

比特币系统的共识层主要包含共识机制，能让高度分散、互不信任的节点在去中心化网络中，对包含交易数据的区块的有效性达成广泛共识。可以说，共识机制是区块链的核心技术之一。比特币区块链的共识机制是工作量证明[6]。下面简要介绍比特币网络中实现去中心化共识的主要步骤。

(1) 每个节点独立验证每个交易，并将有效交易广播到全网。

当网络中的节点接收到一笔交易后，首先会在向全网广播前对这笔交易进行有效性验证，并按照接收时的相应顺序，为有效的新交易建立交易池。具体地说，当每一个节点在验证每笔交易时，都需要遵守以下验证规则：

- 交易的语法和数据结构必须正确。

- 交易的字节大小在限制范围内。
- 每一个输出值以及总量必须在规定值的范围内。
- 没有哈希等于 0，N 等于−1 的输入。
- 锁定时间在限定范围内。
- 交易的字节大小不能小于 100。
- 交易中的签名数量应小于签名操作数量的上界。
- 解锁脚本、锁定脚本格式规范。
- 交易池或主分支区块链中必须存在匹配的交易。
- 针对每一个输入，若引用的输出是交易池中的任何交易，则该交易将被拒绝。
- 针对每一个输入，在交易池和主分支寻找引用的输出交易；如果输出交易缺少任何一个输入，则该交易将成为一个孤立的交易；如果与其匹配的交易还没有出现在池中，那么该交易将被加入孤立的交易池中。
- 针对每一个输入，引用的输出是存在且是未被花费的。
- 使用引用的输出交易获取输入值，并检查每个输入值与总值是否在指定值的范围内(大于 0 且小于 2100 万枚币)。
- 如果输入值的总和小于输出值的总和，就会终止此次交易。
- 验证付款人是否使用私钥对原始交易信息进行签名来生成签名信息。如果验证通过，则表明确实是付款方本人发出的交易，且交易有效并被记录到账本中。

(2) 竞争区块记账权，将交易纳入新区块并全网广播。

交易经过验证之后，被放入节点的交易池，在交易池中等待加入区块。截至 2021 年 9 月 29 日 17 时 23 分，比特币网络最新区块高度为 702 710，所有节点正在竞争高度为 702 711 区块的记账权，如图 4.16 所示。

最新区块

高度	中继者	时间	发送计数	奖励 (比特币)	大小 (KB)	费用 (比特币) ⇄	交易量 (BTC)
702,710	币安矿池	2021-09-29 17:17:02	11	6.25011934	3.93	0.00011934	11.25232122
702,709	蚁池	2021-09-29 17:16:59	2,121	6.32807914	976.64	0.07807914	33,765.21060641
702,708	F2Pool	2021-09-29 17:05:24	2,066	6.31649740	1,077.68	0.06649740	6,672.33639264
702,707	蚁池	2021-09-29 16:54:06	1,541	6.32279848	700.73	0.07279848	30,596.16682515
702,706	比特币网	2021-09-29 16:45:11	644	6.27001724	306.05	0.02001724	2,713.22270387
702,705	F2Pool	2021-09-29 16:41:33	768	6.27686424	455.97	0.02686424	1,782.27600077
702,704	F2Pool	2021-09-29 16:37:13	207	6.26422996	113.83	0.01422996	193.02811540

图 4.16　各节点竞争下一高度为 702 711 区块的记账权

(3) 节点独立校验新区块，并更新本地区块链副本。

节点收到新区块后，在向邻居节点转发该新区块之前，要独立验证区块的有效性，只有有效的区块才能在全网广播。新区块验证通过后，矿工节点就会停下正在进行的挖矿工作，基于这个新区块开启新一轮的挖矿竞争。区块的验证大体包括两个部分：区块包含的每笔交易的有效性验证以及区块头部的验证。节点对于它收到的任何数据都持不信任态度，为了防止恶意矿工幸运地挖到区块而将自己伪造的交易纳入区块中，节点仍然要独立验证区块里的所有交易；区块头部的验证主要核验该区块头部的哈希值是否在要求的范围内，即核验矿工的工作量证明是否满足难度要求[6]。

(4) 每个节点独立选择最长的区块链。

比特币区块链可能存在若干组分支，包括主分支和次分支。主分支包含的区块最多，形成区块链的主链，次分支形成次链。节点完成新区块的验证后，就根据新区块的前序区块哈希值加入区块链的某一路分支。然而，由于网络延迟等因素，可能存在两个矿工几乎同时计算出了答案，但是由于收到的交易数据不同，导致两个区块不同，则产生的两个区块都存在，此时区块链出现分叉，如图 4.17 所示。最终保留哪个区块取决于其他矿工后续会选择分叉后的哪个分支上继续记账，最长的分支被认为是公认的链，其他分支里的合法数据后续被汇总。因此，当出现分叉情况时，链最终仍然是保持唯一的。

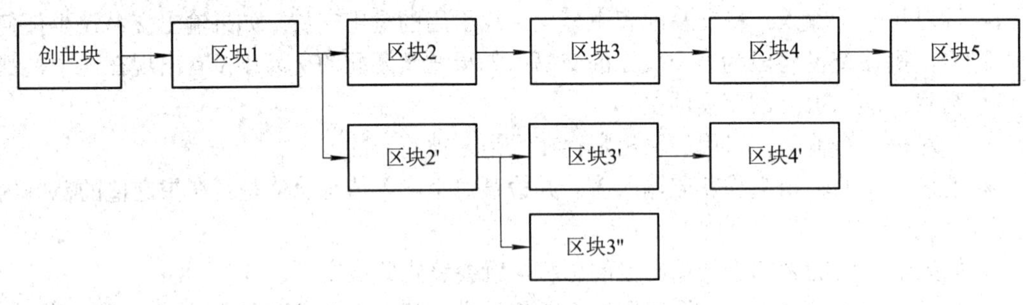

图 4.17　区块链分叉

4.3.5　激励层

激励层主要包括货币发行制度和货币分配制度，其功能是提供一定的经济激励，让各个节点在付出劳动的同时能够获得一定的资金奖励，鼓励每个节点公平地参与区块链的安全验证工作[6]。各个节点都是整个区块链系统运作的参与者。“挖矿”成功即是该节点成功获得当前区块记账权，获得一定数量的比特币奖励，以此激励比特币网络中所有节点积极地参与记账工作。矿工们在挖矿过程中，所获得的奖励包含两部分：创建区块的奖励和所包含交易的手续费。比特币挖矿原理如图 4.18 所示。

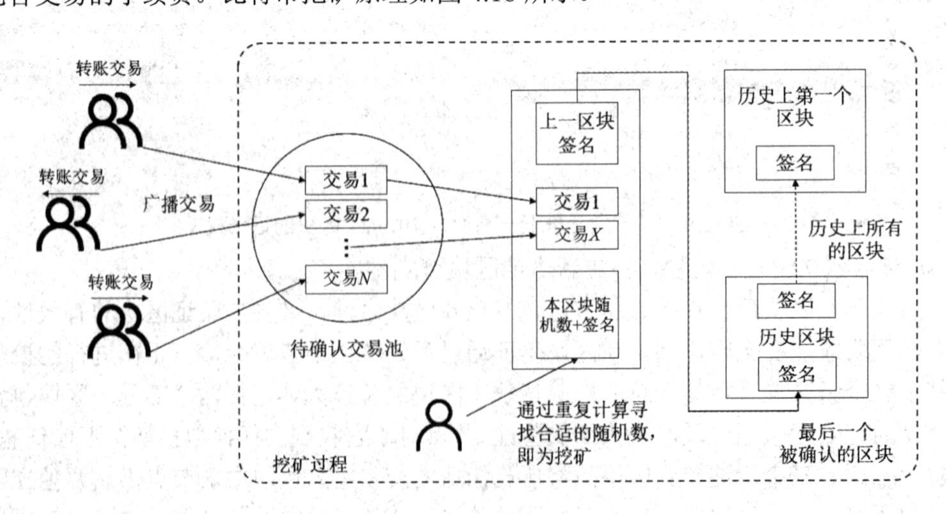

图 4.18　比特币挖矿示意图

众所周知，可以使用矿机通过“挖矿”的方式来获取比特币，“矿工”节点通过贡献自己的算力来获取比特币奖励的机会。从本质上来讲，“挖矿”就是为了争取比特币记账权，为了得到这些奖励，矿工们所进行的算力竞赛就是去求解一道非常复杂的数学难题，从而获得比特币奖励。全网“矿工节点”大约每 10 min 进行一次算力竞赛。每轮算力竞赛获胜的“矿工节点”将会把最近这段时间内发生的所有交易打包进区块放至区块链的最尾端，并将这个区块广播给全网其他节点。因此，“挖矿”的目的不仅仅是获取比特币奖励，这只不过是一种激励机制，这种机制在保证了货币发行的同时，更保证了全网去中心化的安全。

4.3.6　应用层

比特币区块链的应用场景主要是金融活动，可以实现数字货币的转账和记账功能、数字货币与法币的互购以及用数字货币交易商品等，所以其应用层主要还是钱包，包括软件钱包、硬件钱包、移动端钱包等[6-7]。

4.4　比特币钱包

关于比特币的一个普遍误解是比特币钱包中包含比特币。实际上，钱包只包含密钥，而“币”的记录在比特币网络的区块链中。用户通过使用钱包中的密钥签署交易来控制网络上的硬币。从某种意义上说，比特币钱包是密钥串[3]。

4.4.1　钱包概述

比特币钱包中只包含密钥，而不包含比特币。钱包只是包含私钥/公钥对的钥匙链。用户使用密钥对交易进行签名，从而证明他们拥有交易的输出，即比特币。比特币以交易输出的形式存储在区块链中，通常记为 vout 或 txout。比特币钱包主要有两种类型，区别在于它们包含的密钥是否彼此相关。第一种类型是非确定性钱包，其中每个密钥都是从随机数独立生成的，密钥彼此不相关。这种类型的钱包也被称为“Just a Bunch of Keys”，即 JBOK 钱包。第二种钱包是确定性钱包，其中所有的密钥都来自一个单一的主密钥，称为种子。这种钱包中的所有密钥都是相互关联的，如果有原始种子，则可以再次生成全部密钥。确定性钱包中使用了许多不同的密钥派生方法。最常用的派生方法是使用树状结构，称为分层确定性钱包(Hierarchical Determinmistic Wallet，HD 钱包)。确定性钱包使用种子初始化。为了使这些种子更易于使用，种子被编码为英语单词，也称为助记符单词。

4.4.2　非确定性钱包

在第一个比特币钱包(现称为比特币核心)中，钱包是随机生成的私钥的集合。例如，最初的比特币核心客户端在第一次启动时预先生成了 100 个随机私钥，并根据需要生成更多的密钥，每个密钥只使用一次。这种钱包正在被确定性钱包取代，因为它们管理、备份和导入都很麻烦。随机密钥的缺点是，如果你生成许多密钥，则必须保留所有密钥的副本，这意味着必须经常备份钱包，而且每个密钥都必须备份。如果钱包无法访问，则它控制的资金将不可撤销地丢失。这与避免地址重用的原则直接冲突，即每个比特币地址仅用于一次交易。地址重用通过将多个交易和地址相互关联而减少隐私性。

Type-0 非确定性钱包是一个不好的钱包选择，特别是在你想避免地址重用时，因为这意味着要管理许多密钥，也就需要频繁备份。虽然 Bitcoin Core 客户端包含 0 型钱包，但 Bitcoin Core 的开发人员不鼓励使用该钱包。图 4.19 显示了一个非确定性钱包，其包含了一些松散的随机密钥。

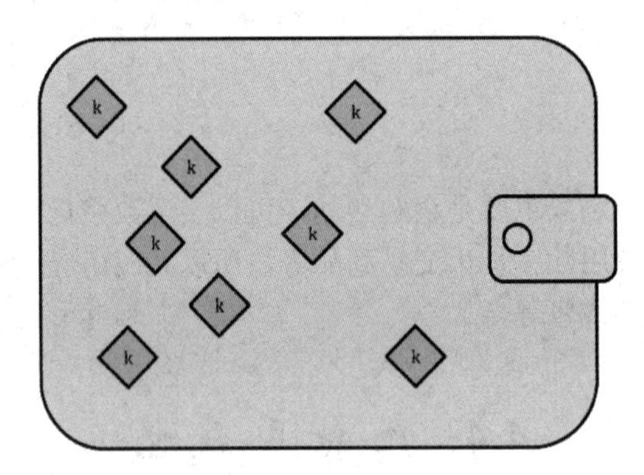

图 4.19　Type-0 非确定性(随机)钱包：包含随机生成的密钥

4.4.3　确定性钱包

确定性钱包或“种子”钱包包含私钥，这些私钥都是通过使用单向哈希函数从一个共同的种子派生出来的。种子是随机生成的数字，它与其他数据(例如索引号或“链码”)结合以导出私钥。在确定性钱包中，种子足以恢复所有派生密钥，因此创建时单个备份就足够了。种子也可以导出或导入钱包，允许在不同的钱包之间轻松迁移所有用户的密钥。图 4.20 展示了确定性钱包的逻辑图。

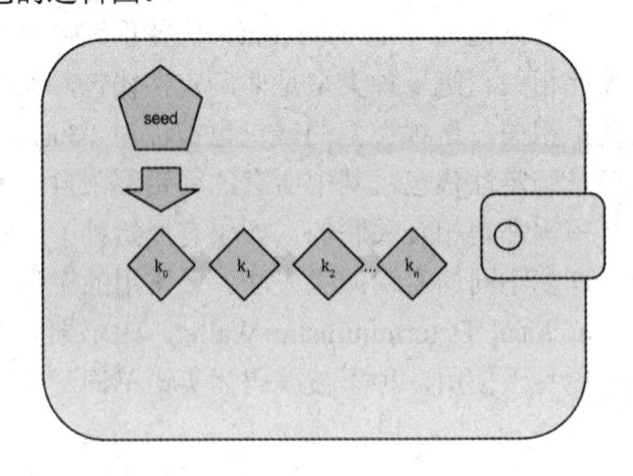

图 4.20　Type-1 确定性(种子)钱包：从种子派生的确定性密钥序列

4.4.4　分层确定性钱包

开发确定性钱包的目的是使从单个“种子”中更容易派生出许多密钥。确定性钱包的最高级形式是 BIP-32 标准定义的 HD 钱包。HD 钱包包含以树结构派生的密钥，这样父密钥可以派生出一系列子密钥，每个子密钥都可以派生出一系列孙密钥，以此类推，直到无限深度。图 4.21 展示了这种树状结构。

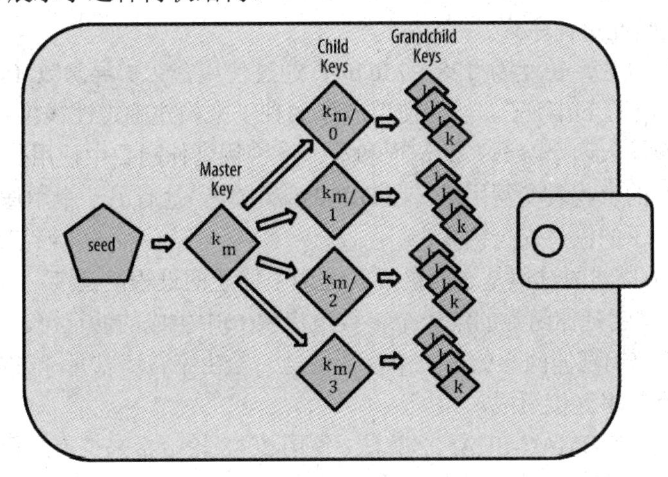

图 4.21　Type-2 HD 钱包：从单个种子生成的密钥树

与随机(非确定性)密钥相比，HD 钱包具有两大优势。第一，树结构可用于表达额外的组织含义，例如当子密钥的特定分支用于收款，而不同的分支用于接收来自付款的更改。密钥的分支也可用于企业设置，将不同的分支分配到部门、子公司、特定功能或会计类别。第二，用户可以创建一系列公钥，而无需访问相应的私钥。这允许 HD 钱包用于不安全或仅接收能力的服务器，为每笔交易发布不同的公钥。公钥不需要预先加载或派生，并且服务器也没有可以花费资金的私钥。

4.4.5　助记词

助记词是表示(编码)随机数的单词序列，用作派生确定性钱包的种子。单词序列足以重新创建种子，并重新创建钱包和所有派生密钥。使用助记词实现确定性钱包的应用程序将在首次创建钱包时向用户显示 12～24 个单词的序列。该单词序列是钱包备份，可用于恢复和重新创建相同或任何兼容钱包应用程序中的所有密钥。助记词使用户更容易备份钱包，因为与随机数字序列相比，助记词更易于阅读和正确转录。

助记词的代码在 BIP-39 中定义。需要注意的是，BIP-39 是助记词代码标准的一种实现。Electrum 钱包使用不同的标准和不同的词集，并且早于 BIP-39。BIP-39 是由 Trezor 硬件钱包背后的公司提出的，与 Electrum 的实现不兼容。然而，BIP-39 现在已经在数十个可互操作的实现中获得了广泛的行业支持，应该被视为实际上的行业标准。BIP-39 定义了助记词代码和种子的创建，在这里分 9 步进行描述。为清楚起见，该过程分为两部分：步骤(1)～(6)显示生成助记词，步骤(7)～(9)显示从助记符到种子。

助记词由钱包使用 BIP-39 中定义的标准化流程自动生成。钱包从熵源开始，添加一个校验和，然后将熵映射到一个单词列表。

(1) 创建一个 128～256 bit 的随机序列。

(2) 通过取这个随机序列的 SHA-256 哈希值的前 32 bit 来创建其校验和。

(3) 将校验和添加到随机序列的末尾。

(4) 将结果拆分为 11 bit 长度的分段。

(5) 将每 11 bit 的值映射到有 2048 个单词的预定义字典中的一个单词。

(6) 助记词就是此单词序列。

助记词代表随机数，长度为 128～256 bit。通过使用密钥扩展函数 PBKDF2，使用随机数来导出更长的(512 bit)种子。然后使用产生的种子来构建确定性钱包并派生其密钥。

密钥延伸函数输入两个参数：助记词和盐。在密钥延伸函数中使用盐的目的是使构建能够进行暴力攻击的查找表变得困难。在 BIP-39 标准中，盐有另一个用途——允许引入密码短语作为保护种子的额外安全因素。

步骤(7)～(9)中描述的过程是之前生成助记词中描述的过程的延续：

(7) PBKDF2 密钥延伸函数的第一个参数是步骤(6)中生成的助记符。

(8) PBKDF2 密钥延伸函数的第二个参数是盐。盐由字符串常量“mnemonic”与可选用户提供的密码字符串连接组成。

(9) PBKDF2 使用 HMAC-SHA512 算法，使用 2048 轮哈希来扩展助记符和盐参数，产生 512 bit 的值作为其最终输出。该 512 bit 的值是种子。

4.4.6　钱包地址生成

用户对交易的所有权是通过密钥、比特币地址(收款人地址)和数字签名技术保证的。用户生成自己的私钥和公钥并存储于数据库或文件中，此时称该数据库或文件为比特币钱包。存储在钱包中的密钥与比特币协议没有相互独立，密钥是用户利用钱包软件生成并对其进行管理的。钱包中存储的公钥和私钥是成对出现的，用户利用私钥对交易签名，目的是证明他们拥有交易的输出，即拥有该比特币。用户通过公钥生成比特币地址，该地址用于收款。下面分别从密钥生成、地址生成两方面进行详细介绍。

1. 密钥生成

在比特币系统中，通过调用随机数生成器生成的 256 位的二进制数字作为用户的私钥，通常情况下用 64 位的十六进制数表示。为了方便用户识别，会利用 SHA-256 哈希算法和 Base58 转换对 256 位的私钥进行压缩与编码，得到 50 个长度易识别和易书写的私钥。比特币的公钥是根据私钥计算的。具体地说，公钥本质上是私钥经过 Secp256k1 椭圆曲线 ECDSA 加密算法生成 65 B 的随机数。

2. 地址生成

比特币地址本质上是由字母和数字组成的字符串，是交易收款方的标识。比特币地址是对公钥经过两次哈希函数计算得到的。具体地说，首先对公钥执行 SHA256 操作，再执行 RIPEMD160 哈希操作，最后生成一个 20 B 的地址，AD 表示生成的比特币地址，生成过程如下：

$$AD = RIPEMD160(SHA256(PK))$$

通常，将生成的比特币地址通过 Base58 转换(一种 Base58 数字系统)，将 256 长度的字符转化成 58 长度的字符，大大提高了用户的可读性。图 4.22 所示是由公钥逐步生成比特币地址的详细过程。

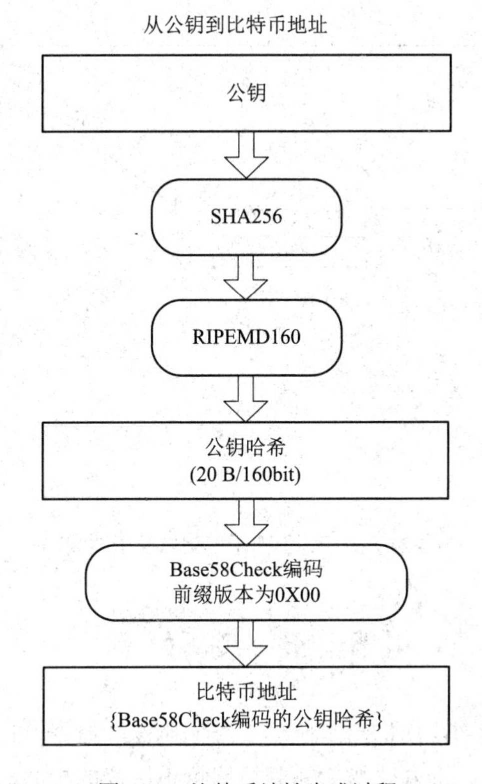

图 4.22　比特币地址生成过程

确定性钱包使用单个离散方程从种子生成密钥，所有密钥都相互关联，只需在初始创建时做一次备份，具有代表性的是 HD 钱包。主密钥的创建与 HD 钱包的主链编码过程如图 4.23 所示。根种子作为 HMAC-SHA-512 哈希算法的输入，就可计算出一个可用于创建主私钥 m 和主链编码的哈希值。根据椭圆曲线上的 $K = k \times G$，由主私钥 m 生成相对应的主公钥 M。由根种子生成私钥和主链编码之后，还可以从主私钥和主链编码并结合索引号使用 HMAC-SHA512 算法派生出下一层的子私钥和子链编码，依次循环，如图 4.24 所示。

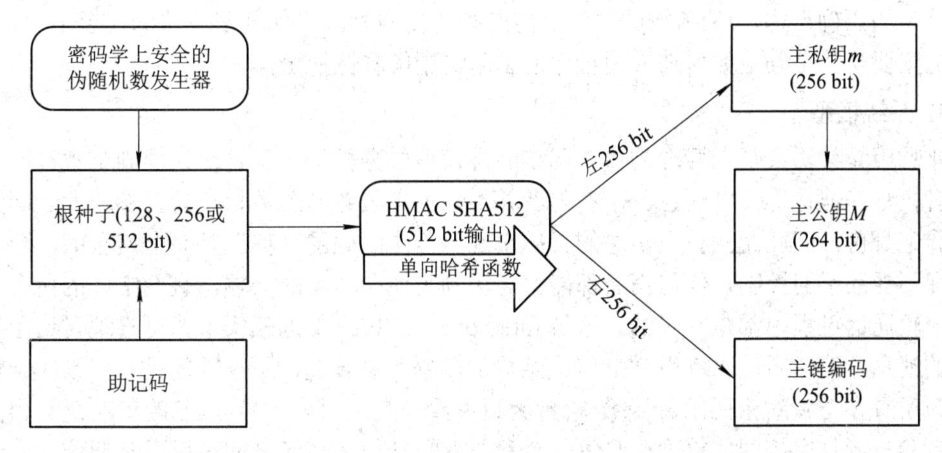

图 4.23　由根种子创建主密钥以及主链编码

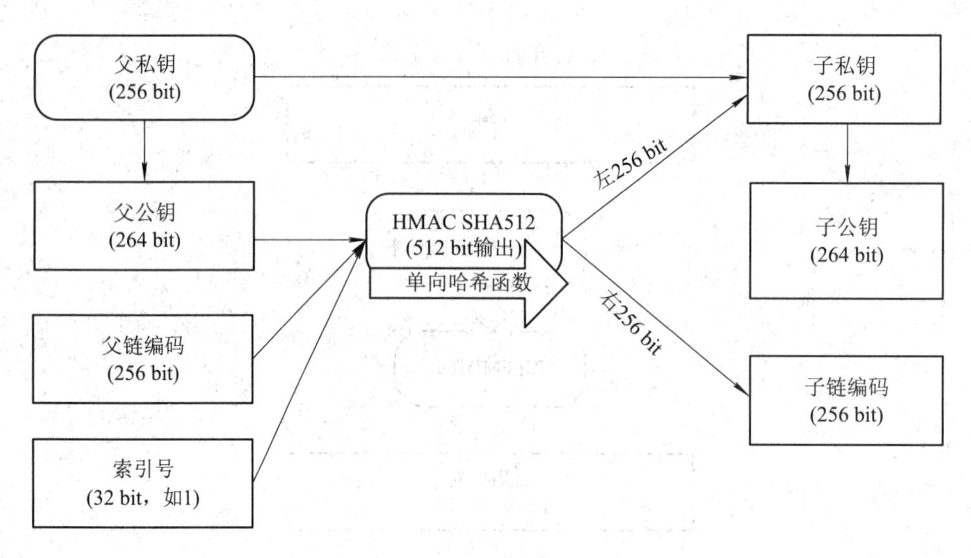

图 4.24　父密钥创建子密钥以及子链编码

4.5　骨架协议

2015 年，Garay 等人[8]首次提出了比特币骨架协议的概念。比特币骨架协议是用一种通用、可扩展的方式提取、形式化描述和分析比特币协议的核心。该协议由遵循比特币源代码构建区块链的矿工执行，并且允许矿工以分布式的方式维护区块链。该协议不仅可以用来解决 BA，也可以维护一个公共账本，甚至还可以将其应用于解决其他抽象的问题。

4.5.1　骨架协议的概念

比特币骨架协议由参与者根据比特币源代码构建区块链执行，并允许参与者以分布式的方式维护区块链。该协议由外部函数 $V(\cdot)$、$I(\cdot)$、$R(\cdot)$参数化，即分别表示输入验证谓词函数、输入贡献函数和链读取函数。更高层面上，$V(\cdot)$函数的主要功能是保证存储在区块链上信息的正确结构，$I(\cdot)$函数的主要功能是指定参与者应当如何形成块的内容信息，$R(\cdot)$函数的主要功能是确定如何在应用程序的上下文中解释区块链。

1. 系统模型

比特币骨架协议是在标准的多方同步静态模型中分析的。假设协议由固定数量的 n 个参与者执行，但是协议中任意一个参与者并不知道参与者的总数量，而且参与者之间无法相互验证身份，因此无法获取消息的具体来源。其次，底层通信图是完全连接的，即消息的传递不受敌手的控制，任何消息都能够传递到其他参与者的一端，且网络中的所有参与者在一轮通信过程中都是同步的。这与 Internet 中 TCP/IP 的通信类似，可靠地传递了各方之间的消息，消息通过比特币 P2P 网络结构的广播机制传递。更重要的是，假设在一轮通信中，所有参与者对密码哈希函数(哈希函数被看作是一个随机预言机)的询问次数相同，即所有参与者具有相同的算力，且每一个参与者与其他参与者之间可以正常通信。

下面简要介绍基本的符号含义及其每个函数的具体功能。$H(\cdot)$、$G(\cdot)$分别表示两个哈希函数，且满足 $H(\cdot)$、$G(\cdot)\in\{0,1\}^k$，一个区块 B 可表示为 $B=<s, x, \text{ctr}>$，其中 $s\in\{0,1\}^k$，$x\in\{0,1\}^*$，$\text{ctr}\in\mathbb{N}$，满足 $\text{validblock}_q^D(B)$，即满足$(H(\text{ctr}, G(s, x))<D)\wedge(\text{ctr}\leqslant q)$。参数 $D\in\mathbb{N}$ 称为区块的难度系数，参数 $q\in\mathbb{N}$ 是比特币实现中限定 ctr 大小的界限，表明 ctr 不能超过 q 值。为了简化分析过程，通常受到条件 $\text{ctr}(0\leqslant\text{ctr}<2^{32})$的约束。

一条区块链是由多个区块按照顺序通过哈希连接而成的。右边的区块表示链的头部，记作 head(C)。特殊地，空串 ε 也是一条链，此时链的头部 head(C) = ε。一条链的头部为 $\text{head}(C) = <s', x', \text{ctr}'>$，若满足 $s=H(\text{ctr}',G(s', x'))$，可通过添加有效区块 $B=<s, x, \text{ctr}>$进一步扩展该链。如果 $C=\varepsilon$，可以通过任何有效的块进行扩展，换一种表达方式，即 $C_{\text{new}} = CB$，则有 $\text{head}(C_{\text{new}}) = B$。

一条区块链 C 的长 len(C)是链上所有区块的数量。给定一条链 C，若 len(C) $=n>0$，则可以定义一个向量 $\boldsymbol{X}_C= <x_1, \cdots, x_n>$，该向量表示包含链 C 的 n 个值 x_i，x_i 是链中第 i 个块中的数据。设一条链 C 的长度为 m，对任意一个非负整数 k，$C^{\lceil k}$ 表示从链的最右端删除 k 个块。特别地，$k\geqslant\text{len}(C)$时，$C^{\lceil k} = \varepsilon$。如果 C_1 是 C_2 的前缀，则记作 $C_1\leqslant C_2$。

1) 链验证

骨架协议中的第一个函数也称为链验证(Chain Validation)算法，该算法具有验证给定区块链 C 的结构属性的功能。算法的输入值是 q、D 以及哈希函数 $H(\cdot)$。该算法由谓词函数 $V(\cdot)$参数化，因此称为输入验证谓词。如图 4.25 所示，对于链 C 的每一个区块，算法检查工作证明是否正确处理，ctr 的值不超过 q，且前一个块的哈希值正确地包含在当前块中，收集来自链上块的所有输入，并将它们打包成一个向量 $\boldsymbol{X}_C$。如果所有块都被验证且 $V(\boldsymbol{X}_C)$ 为真，则表示该链是有效的，否则将被其他参与者拒绝接受。

```
1:  function validate(C)
2:  b←V(X_C)∧(C≠ε);
3:  if b = True then
4:        <s', x', ctr'>←head(C);
5:        s=H(ctr',G(s',x'));
6:        repeat;
7:              <s', x', ctr'>←head(C);
8:              if  validblock_q^D(<s', x', ctr'>)∧(H(ctr',G(s',x'))=s) then
9:                    s←s';
10:                   C←C^⌈1;
11:             else
12:                         b = False;
13:             end if
14:       until (C=ε)∨(b=False);;
15:       end if
16:   return b;
17: end function
```

图 4.25 链验证算法

2) 链比较

骨架协议的第二个算法称为最大验证算法(Maxvalid)，是在给定多条链时找到“最佳可能”的链。如图 4.26 所示，该算法通过 max(·,·)函数参数化，该函数可应用于链在空间范围的排序，特别是链的长度。在这种情况下，max(C_1, C_2)函数最终将返回两条链中最长的一条链。

```
1: function maxvalid (C1, C2, ⋯, Ck)
2:     temp←ε;
3:     for i = 1 to k do
4:       if validate(Ci)  then
5:           temp←max(Ci, temp);
6:       end if
7:     end for
8:     return temp;
9: end function
```

图 4.26 链比较算法

特殊地，当链 C_1 与链 C_2 的长度相同时，可以采用一些其他特征打破这种特例。在骨架协议的应用中规定，max(·,·)函数将始终返回第一个操作数，或者存在其他输出方式，例如按照字典顺序或随机选择一条链输出。

3) 工作量证明

比特币通过采用一种新颖的共识机制，即中本聪共识，从一个新的角度解决了必须依赖可信第三方的问题。共识问题是容错分布式计算中一个独特的研究领域，涉及确定分布式系统中达成协议的基本方面。在分布式系统中，过程及其通信方式可能会失败，庆幸的是，共识是可靠的分布式系统的基本构建块，可用于在一组进程中实现任何无等待的并发数据对象，或用作活动复制的基础方法(例如在复制状态机中)[9-10]。

“共识”一词目前在比特币和区块链技术的背景下还没有很好的定义。它可以用于讨论社会协议，比如比特币社区试图就未来的协议更改达成一致，或者参考协议的管理规则来确定一个块是否有效。在分布式计算领域中，“共识”通常用于指代一个特定的问题，或一类问题，其起源在于寻求有关如何开发可靠的分布式系统。在这种情况下，分布式并不一定意味着巨大的地理空间差异，也可以指通过消息传递或分布式共享内存进行通信的单个系统中的处理器。

在比特币系统中，通常采用工作量证明的方法达成共识。下面描述骨架协议的第三个核心算法，即 PoW 算法，如图 4.27 所示。该算法的输入是一条链 C 和待插入的数据 x，通过 PoW 过程尽可能地扩展该链的长度。该算法通过两个哈希函数 $H(\cdot)$、$G(\cdot)$参数化，其中包含两个正整数 q 和 D。q 表示算法试图蛮力计算 PoW 实例的哈希函数不等式的次数，D 表示 PoW 的难度系数。给一条链 C，x 是待插入到该链的一个值(能否插入到该链中还需通过 PoW 确定)。通过哈希函数 $G(\cdot)$获得 h，并初始化 ctr，随后通过增量 ctr 检查 $H(\text{ctr}, h) < D$ 是否成立。如果在不超过 q 的范围内找到满足不等式的 ctr，则算法成功解决 PoW，

并在链 C 的基础上扩展一个新的区块，即在该新块中插入 x 以及 ctr；如果没有找到符合约束条件的 ctr，则返回链 C，且对该链不做任何修改。

```
1: function pow(x,C)
2:         if C = ε then
3:                 s←0;
4:         else
5:         <s', x', ctr'>  ←head(C);
6:         s←H(ctr',G(s', x' ) );
7:     end if
8:     ctr←1;
9:     B←ε;
10:    h←G(s, x);
11:    while(ctr≤q)do
12:        if (H(ctr,h) )<D     then
13:                B←<s, x, ctr>;
14:                break;
15:          end if
16:                ctr←ctr+1;
17:         end while
18:      C←CB;
19:    return C;
20: end function
```

图 4.27　工作量证明算法

2. 协议与性质

1) 协议概述

以上内容是对 3 种算法功能的具体描述，接下来描述比特币骨架协议。该协议是由参与方(矿工)执行的协议，且假定“无限期”运行。它由两个函数参数化，即输入贡献函数 $I(\cdot)$和链读取函数 $R(\cdot)$，主要应用于存储在链中的值。

每个矿工维护一条本地的链 C，并试图通过调用上述 PoW 对链 C 进行扩展。在每次更新链之前，矿工首先检查其通信带的 RECEIVE()函数以查看是否收到“更好”的链，通过使用 maxvalid 函数即可完成，具体取决于本地链的替换。

如图 4.28 所示，矿工试图在链中插入的值由输入函数 $I(\cdot)$确定。$I(\cdot)$的输入是状态值 st、当前链 C、矿工输入带 INPUT()和通信带 RECEIVE()的内容以及当前的轮数 round。该协议期望输入带中有两种类型的条目 READ 和(INSERT, value)，其他输入被忽略。$I(\cdot)$函数和 $R(\cdot)$函数在骨架协议中并未详细阐述，其具体内容根据具体的应用场景有所不同。

1: $C \leftarrow \varepsilon$;
2:st $\leftarrow \varepsilon$;
3:round $\leftarrow$ 0;
4:**while** TRUE **do**
5:　　$\widetilde{C} \leftarrow$ maxvalid(C, 从 RECEIVE()读到的链 C');
6:　　**if** INPUT() contains READ **then**
7:　　　　**write** $R(\widetilde{C})$to OUTPUT();
8:　　**end if**
9:　　<st, x> $\leftarrow$ I(st, $\widetilde{C}$,round,INPUT(),RECEIVE());
10:　　$C_{new} \leftarrow$ pow(x, $\widetilde{C}$);
11:　　**if** $C_{new} \neq \widetilde{C}$
12:　　　$\widetilde{C} \leftarrow C_{new}$;
13:　　　DIFFUSE($\widetilde{C}$);
14:　**else**
15:　　　DIFFUSE($\perp$);
16:　　　round $\leftarrow$ round+1;
17:　　**end if**
18:**end while**

图 4.28　骨架协议

2) 协议性质

(1) 共同前缀属性。

共同前缀属性(Common Prefix Property)通过值 $k \in \mathbb{N}$ 参数化，在以 q 为界限的环境中考虑敌手，并且只要任意两个诚实的参与者所维护的链中只有距离链末端的 k 个区块不同，其余区块均相同。

定义 1　共同前缀属性 Q_{Cp} 通过 $k \in \mathbb{N}$ 参数化，对于任意两个诚实方 P_1 和 P_2 在 $\text{VIEW}_{\Pi A,Z}^{H(\cdot)}$ (k, q, z)下各自维护的链 C_1 和 C_2，则有：

$$C_1^{\lceil k} \leqslant C_2,\ C_2^{\lceil k} \leqslant C_1$$

(2) 链质量属性。

链质量属性(Chain Quality Property)主要在于反映链中足够长且连续的区块所包含的大多数区块是由诚实的参与者贡献的。具体地说，对于参数 $k \in \mathbb{N}$，$u \in (0,1)$，在一个有诚实参与者的链的输入连续部分中，敌手输入的贡献率受 u 的约束限制。这是为了捕获到一个诚实的参与者在任意时刻看到其区块链足够长的部分，该部分将具有足够的“质量”，即这条链的该部分中存在敌手的贡献数量是有界限的。

定义 2　链质量属性 Q_{Cq} 通过参数 $u \in \mathbb{R}$，$l \in \mathbb{N}$，表示任意诚实方 P 在 $\text{VIEW}_{\Pi A,Z}^{H(\cdot)}$ (k, q, z)下拥有链 C，且链 C 上任意 l 个连续的块中敌手贡献的块所占比例最多为 u。

3) 激励机制

整个网络合理地验证了比特币交易的合法性，只有大多数参与者接受的交易才认为该交易有效。在比特币系统中，通常会有大量的具有小型计算能力的结点选择加入挖矿池，通过相互合作和计算能力逐渐增加挖掘到新区块链的可能性，并共享区块链的比特币奖励和交易费奖励。Bitcoinmining.com 网站的统计结果显示，已设计出了 13 种不同的激励分配机制。目前主流的矿池将各节点贡献的算力按比例划分成不同的股份，并遵循一定的奖励分配机制进行奖励分配，主要采用组队挖矿(Pay Per Last N Shares，PPLNS)模式、比例分成(PROPortionately，PROP)模式和打工(PayPer Share，PPS)模式等。

(1) PPLNS 模式：指节点接收到区块后，每一个合作节点按照其在最后 N 个股份中贡献的实际股份比例分配比特币奖励。该奖励分配模式有一定的滞后性，所有矿工根据他们贡献的份额数量在区块中分配比特币。在 PPLNS 模式中，运气占主要成分，如果在一定时间内矿池能够发现的区块越多，那么参与挖矿的节点获得奖励时间会越短；相反，如果矿池在很长一段时间内都没有发现区块，那么参与挖矿的矿工在这段时间内得不到任何奖励。

(2) PROP 模式：奖励根据股东贡献的股份按比例分配。当矿池发现区块链在整个网络中广播时，经过 120 次确认以生成真实的区块链，矿池需要向矿工支付比特币作为挖矿奖励。由于矿池产生真正区块是概率性的，所以在一定的时间段内矿工得到的比特币数量存在不同的概率。即使暂时没有产生真正的区块，而在之后产生真正的区块，同样会根据所挖区块的贡献，将比特币奖励分配给每个矿工。

(3) PPS 模式：按照各个节点算力在矿池中所占比例与矿池每天平均可获得的奖励，为各个节点估算和支付一份固定基本理论上的收益，并立即为每一个股份支付奖励，而不必等待每个区块被确认。采用此分配模式的矿池将会收取 7%～8%的手续费，作为它为各个节点所承担的不确定风险的收益。矿工承担的风险越小，收益也相应越低。

4.5.2 骨架协议的应用

通过分析中本聪解决拜占庭问题的提议，发现该提议不满足定义 2。随后提出应用该协议解决 BA 的简单实例，该协议只能容忍少于 1/3 的节点。最后，分析该协议在公共账本中的应用。

1. 基于 PoW 的拜占庭共识协议

1) 中本聪解决拜占庭共识协议的方法

中本聪提出了解决拜占庭问题的方法[11]，即通过 PoW 来解决拜占庭问题。接下来利用比特币骨架协议来解决该问题。

如表 4.5 所示，协议通过函数 $V(\cdot)$、$I(\cdot)$、$R(\cdot)$描述中本聪提出的方法(称为$\Pi_{\mathrm{BA}}^{\mathrm{nak}}$)。内容验证谓词 $V(\cdot)$被定义为要求所有有效链包含相同的输入值和随机数，当链的长度至少为 k (安全参数)时，链读取函数 $R(\cdot)$返回该输入值(忽略随机数)；否则，它没有被定义。输入贡献函数 $I(\cdot)$检查当前链 C 和输入带 INSERT()的内容。如果 $C=\varepsilon$，则此时下一个块的输入贡献是从输入带逐字获取的；否则，输入贡献被确定为已经存在于 C 中的唯一值，并且在这种情况下忽略本地输入。

协议初始化时构建了包含相同值的不同链。协议遵循一个原则，即诚实的参与者最终会在单一链上达成一致，只要大多数哈希计算来自诚实的参与者。虽然如此，但是该协议仍不具备满足第二个必要属性的条件，即不能以压倒性的概率保证正确性。

一致性可直观地从公共前缀属性得出。实际上，不论其长度，只要存在共同的前缀，就能够保证当链读取函数 $R(\cdot)$被定义并且所有诚实的参与者将产生相同的输出时，$\Pi_{\text{BA}}^{\text{nak}}$ 满足一致性。

表 4.5 骨架协议在中本聪提出的拜占庭共识 BA(1/2)方法上的应用

函 数	定 义
内容验证谓词函数 $V(\cdot)$	当且仅当 $v_1 = v_2 = \cdots = v_n \in \{0,1\}$，$\rho_1, \rho_2, \cdots, \rho_n \in \{0,1\}^k$ 时，$V(<x_1, x_2, \cdots, x_n>)$ 为 True。其中，$x_i=<v_i, \rho_i>$或 $n=0$
链读取函数 $R(\cdot)$	如果 $V(X_C)$为 True，且 len(C)≥k，则链 $R(C)$读取 C 上的每一个块中的值是唯一的；当 $V(X_C)$为 False 或 len(C)<k 时，$R(C)$没有被定义
输入贡献函数 $I(\cdot)$	如果 $C=\varnothing$且(INSERT, v)在输入带，那么 I(st, C, round, INPUT())与$<v, \rho>$相等，其中 $\rho \in \{0,1\}^k$ 是一个随机数；否则，比如 $C \neq \varnothing$，则 I(st, C, round, INPUT())与$<v, \rho>$相等，其中 v 是唯一值，$v \in \{0,1\}$，$\rho \in \{0,1\}^k$ 是一个随机数

下面证明比特币骨架协议在该应用中是如何满足一致性与正确性的。

证明 1：观察到链包含唯一值(忽略随机数 Nonce)，采用反证法证明。假设两个诚实的参与者之间没有达成一致，表明他们维护的链是不相交的两条平行链，本质上是从创建初始区块时发生的分叉。从公共前缀属性可以推断出，执行过程中不存在完全不相交的两个长度至少为 k 的链。所以假设错误，原结论正确，即满足一致性。

证明 2：很容易看出，协议不能够以压倒性的概率保证正确性，除非与诚实的参与者相比敌手的哈希能力是可忽略的。但是中本聪关于解决拜占庭协议的方法中规定敌手的哈希能力小于全网的一半。假设一开始敌手控制了链，他连续输入 1，其他诚实的参与者也会在敌手所控制的链的基础上争取投票权继续在链上记录输入，此时诚实的参与者放弃他最初的意愿，即输入值为 0，而是输入与敌手相同的值 1。此时与正确性的定义相矛盾，故不能满足正确性。

2) 基于敌手 1/3 哈希能力的拜占庭共识协议

当敌手的哈希能力低于全网的 1/3 时，比特币骨架协议可以直接用于满足 BA 的一致性与正确性，且随着链的长度增加，其错误率呈指数级趋势降低。这种方法与中本聪提出的解决 BA 问题的方法的区别在于：① 即使接收到长链，参与者也会在长链的基础上继续进行 PoW 计算以获得投票权，但不会放弃他们的原始输入，而是坚持将其插入到链上；② 在第 L 轮之后，参与者们输出大多数本地长度为 k 的链(考虑到分叉情况)。协议的基础函数 $V(\cdot)$、$I(\cdot)$、$R(\cdot)$的规范如表 4.6 所示。

表 4.6 骨架协议在解决 BA(1/3)问题中的应用

函 数	定 义
内容验证谓词函数 $V(\cdot)$	当且仅当 $v_1, v_2, \cdots, v_n \in \{0,1\}$，$\rho_1, \rho_2, \cdots, \rho_n \in \{0,1\}^k$ 时，$V(<x_1, x_2, \cdots, x_n>)$为 True。其中，$x_i=<v_i, \rho_i>$或 $n=0$
链读取函数 $R(\cdot)$	如果 $V(X_C)$为 True，且 $n \geq 2k$，则链 $R(C)$读取 C 上的值大多数是 $v_1,v_2,\cdots,v_k$；当 $V(x_1, x_2,\cdots, x_n>)$为 False 或 $n<2k$ 时，输出值没有被定义
输入贡献函数 $I(\cdot)$	如果输入带包含(INSERT, v)，那么 I(st, C, round, INPUT())与$<v, \rho>$相等，其中 $\rho \in \{0,1\}^k$ 是一个随机数；否则，$C \neq \varnothing$，则 I(st, C, round, INPUT())与$<v,\rho>$相等，$\rho \in \{0,1\}^k$ 是一个随机数

下面证明比特币骨架协议在该应用中如何满足一致性与正确性。

证明 1：为了证明满足一致性，只需要证明所有诚实的矿工是以 k 个相同的块作为基础块即可。在一次典型的执行过程中，L 轮之后所有诚实的矿工维护的链的长度包含的块超过了 $2k$ 个。假设两个诚实的矿工各自所维护的链的前 k 个块不一致，则有 $C_1^{\Gamma k} > C_2$，这与共同前缀属性相矛盾，故假设不成立，原结论成立，即满足一致性。

证明 2：为了证明满足正确性，只需要证明在该协议终止时，任何诚实的参与者所维护的链将包含来自诚实参与者的更多输入，而不是由敌手提供的，即在 $C_1^{\Gamma k}$ 中大多数块是由诚实的参与者插入的。敌手的哈希计算能力是以 1/3 为上界的，根据链质量属性，$C_1^{\Gamma k}$ 中大多数块是由诚实的矿工计算的，假设敌手 $\mathcal{A}$ 从一开始控制了链，其他诚实的矿工会转向敌手 $\mathcal{A}$ 的链但不会放弃原始的输入。当该协议运行终止时，所有诚实的矿工输出的值是前 k 个块中的大多数(如果 1 占多数则输出 1，否则输出 0)，因此该协议满足正确性。

2. 公共交易账本

下面介绍比特币骨架协议在维护分布式公共账本方面的具体应用。首先介绍关于一个记录交易的“书”(账本)及其属性，然后展示如何通过正确实例化交易的概念，在诚实多数设置中使用它来实现比特币账本[12]。

1) 健壮的公共交易账本

一个公共交易账本被定义为一定数量的有效账本 $\mathcal{L}$ 和一定数量的有效交易 T，一个账本 $x \in \mathcal{L}$，是由交易 $tx \in T$ 的序列向量组成，每一笔交易 tx 可能对应一个甚至多个账户 $a_1, a_2, \cdots, a_n$。这部分内容中，所有涉及的参与者均称为矿工，矿工的主要任务是处理形如 $x = tx_1, tx_2, \cdots, tx_n$ 的交易序列，并将其添加到本地的链 C 上。在链 C 的每个块中插入的输入是交易的序列 x，因此，一个账本就是一个交易序列的向量集合 $\langle x_1, x_2, \cdots, x_m \rangle$，一条长度为 m 的链 C 包含的账本表示为 $X_C = \langle x_1, x_2, \cdots, x_m \rangle$，且第 j 个块的输入是 x_j，交易 tx_j 在账本 X_C 中的位置是 (i, j)，其中 $x_i = tx_1, tx_2, \cdots, tx_e$。

账本协议的描述和属性相对于随机状态预言机(Oracle Txgen)表示，属性将通过创建账户并代表他们发布交易进而控制一组账户。在执行骨架协议时，环境 $\mathcal{Z}$ 以及矿工都可以访问状态预言机。具体而言，Txgen 是一个有状态的预言机，它响应以下两种类型的查询：

(1) GenAccount(1^k)：生成一个账户 a；

(2) IssueTrans(1^k, $\widetilde{tx}$)：当 $\widetilde{tx}$ 是在一些恰当的字符串或⊥的条件下，返回一笔交易 tx。

同时，考虑了 T 上的对称关系，记作 $C(\cdot,\cdot)$，表示两笔交易 tx_1、tx_2 发生碰撞。然而有效的账本 $x \in \mathcal{L}$ 不能包含两笔冲突的交易，即 $C(tx_1, tx_2) = 1$。表 4.7 描述了三个函数 $V(\cdot)$、$I(\cdot)$、$R(\cdot)$的功能，将骨架协议完全应用到 $\prod_{PL}$ 中，使得该协议实例化为一个公开的交易账本。定义中的持久性表明，一旦诚实的用户在账本中公布“足够深”的交易，那么所有其他诚实的用户将在任何被询问的时候公布它，并且在账本中的位置完全相同。在更具体的比特币类应用场景中，持久性对于确保信用是不可更改的，并且它们发生在系统时间轴的某个“时间”是至关重要的。

表 4.7　骨架协议在公开账本的应用 $\prod_{PL}$ 协议

函　数	定　义
内容验证谓词 $V(\cdot)$	当且仅当向量 $<x_1, x_2, \cdots, x_m>$ 是有效的账本时，$V(<x_1, x_2, \cdots, x_m>)$ 为 True。$<x_1, x_2, \cdots, x_m> \in \mathcal{L}$
链读取函数 $R(\cdot)$	如果 $V<x_1, x_2,\cdots, x_m>$)为 True，则 $R(C)$ 读取到链 C 上的值与 $x_1, x_2, \cdots, x_m$ 相等；否则 $R(C)$ 没有被定义
输入贡献函数 $I(\cdot)$	I(st, C, round, INPUT())执行过程为：输入带包含(INSERT, v)，v 被解析为多笔交易并保留最大的子序列 $x' \leqslant v$，v 对 X_C 是有效的。tx_0 是一笔没有冲突的交易，最后，$x=tx_0x'$

2) 基本性质

定义：如果协议∏将交易组织为包含多个块的哈希链并且能够满足以下两个条件，则称协议∏在以 q 为界限的场景下实现一个健壮的公开交易账本。

Persistence：如果在确定的某一轮中，诚实的矿工广播的账本在一个区块中包含一个事务 tx，通过 $k \in \mathbb{N}$ 参数化，该区块距离账本的末端至少 k 个块(此类交易将被称为“稳定”)，每当 tx 被任何诚实的矿工广播为稳定时，对于任何诚实的矿工而言该交易在账本中处于相同的位置。

Liveness：通过 u，$k \in \mathbb{N}$ 参数化(分别表示“等待时间”和“深度”参数)。Liveness 要求由 Txgen 发出，连续给予所有诚实矿工 u 轮，随后所有诚实的矿工将从距离账本的末端至少 k 块广播此交易，且所有广播的交易是“稳定”的。

证明 1：假设诚实的矿工 P_1 在 r_1 轮维护的链是 C_1，如果在 r_1 轮一笔交易 tx 包含于 $C_1^{\lceil k}$，即该笔交易是稳定的，那么在一个典型的执行过程中这笔交易将总是包含在每个诚实的矿工所维护的链中。因为从下一轮开始他们维护的链的长度至少与 P_1 维护的链 C_1 的长度一样。因此，这笔交易 tx 对每个人的链而言是相对稳定的。如果不稳定，对于矿工 P_2 在 r_2 轮维护的链 C_2，则有 $C_1^{\lceil k} > C_2$，这与共同前缀属性相矛盾，故原结论成立，即满足持久性。

证明 2：假设所有诚实的矿工至少在 u 轮中收到交易 tx 作为输入，在执行过程中一个诚实的矿工维护的链 C，且满足交易 tx 包含于 $C^{\lceil k}$ 中。在 u 轮之后该诚实的矿工至少有 $2k$ 轮是成功的。根据链增长原理，可以推断出任何诚实的矿工维护的链的长度至少增加了 $2k$ 个块。链质量属性表明，在 $C^{\lceil k}$ 后缀长度的 k 个块内，至少有一个块是由诚实的矿工计算的，并且这个块中一定包含交易 tx，因为敌手生成一笔冲突的交易 tx' 插入到链 C 上是不合理的(这种情况只能是敌手通过从链 C 上的交易序列 x 中删除 tx 并试图插入 tx')，即满足灵活性。

2017 年，Garay 等人扩展了比特币骨架协议的 q 界同步模型[13]。该模型提出了比特币底层区块链数据结构的基本属性，并展示了如何在骨架协议之上构建健壮的公共交易账本，可能会在每一轮中引入或暂停各方的环境。他们针对人口的发展方式提供了一组必要条件，即在存在主动恶意敌手的情况下，具有可变难度链的比特币主干网提供了健壮的交易账本，在执行过程中这些恶意的敌手控制着严格低于 50%的矿工。

4.6　比特币安全

保护比特币具有挑战性，因为比特币不是对价值的抽象引用，比如银行账户中的余额。比特币非常像数字现金或黄金。你可能听过这样的说法："占有是法律的十分之九。" 在比特币中，占有是法律的十分之一。拥有解锁比特币的钥匙就相当于拥有现金或一大块贵金属。你可能会丢失、放错地方、被盗或不小心将错误数量的金额交给某人。在每种情况下，用户都没有追索权，就像他们在人行道上丢了现金一样。但是，比特币具有现金、黄金和银行账户所没有的功能。例如，包含密钥的比特币钱包可以像文件一样进行备份，而且可以多份存储，甚至可以打印在纸上进行硬拷贝备份。但是现金、黄金或银行账户无法"备份"。比特币与之前的任何东西都不同，我们也需要以一种新颖的方式来考虑比特币的安全性。

4.6.1　比特币安全原则

比特币的核心原则是去中心化，其对比特币安全具有重要意义。集中式模型如传统的银行或支付网络，依赖于访问控制和审查以将恶意行为者拒之门外。相比之下，像比特币这样的去中心化系统则是将责任和控制权推给了用户。因为网络的安全性基于工作量证明，而不是访问控制，所以网络可以是开放的，比特币流量不需要加密。

在传统的支付网络上，例如信用卡系统，支付是开放式的，因为它包含用户的私人标识符(信用卡号)。初次收费后，任何有权访问标识符的人都可以"提取"资金，并向所有者收费。因此，支付网络必须通过加密进行端到端的保护，并且必须确保没有窃听者或中间人可以破坏在传输过程中或存储(静止)时的支付。如果恶意行为者获得对系统的访问权限，那么他可以破坏当前交易和可用于创建新交易的支付令牌。更糟糕的是，当客户数据遭到破坏时，客户就会面临身份被盗用的风险，并且必须采取措施防止被盗账户被欺诈性使用。

比特币截然不同。比特币交易仅向特定接收者授权特定值，并且不能伪造或修改。它不会透露任何私人信息，例如参与者的身份，也不能用于授权额外付款。因此，比特币支付网络不需要加密或防止窃听。事实上，可以通过开放的公开信道(例如不安全的 WiFi 或蓝牙)广播比特币交易，而不会损害安全性。

比特币的去中心化安全模型让用户掌握了很多权力。这种权力使用户需要安全维护密钥。对于大多数用户，这并不容易，尤其是在通用计算设备上，例如联网的智能手机或笔记本电脑。尽管比特币的去中心化模型防止了信用卡中出现的大规模攻击类型，但许多用户无法充分保护他们的密钥。

1. 安全开发比特币系统

对于比特币开发者来说，最重要的原则是去中心化。大多数开发人员都会熟悉集中式安全模型，并且可能会试图将这些模型应用于他们的比特币应用程序。

比特币的安全性依赖于对密钥的分布式控制和矿工的独立交易验证。如果想利用比特币的安全性，则需要确保在比特币安全模型内。简单来说，不要从用户手中夺走密钥的控制权，也不要将交易脱离区块链。

例如，一个常见的错误是许多早期的比特币交易所将所有用户资金集中在一个“热”钱包中，密钥存储在单个服务器上。这种设计取消了用户的控制权，并将对密钥的控制集中在一个系统中。许多这样的系统已经被黑客入侵，给他们的客户带来了灾难性的后果。

另一个常见的错误是为了降低交易费用或加速交易处理而将交易“脱离区块链”。“离线区块链”系统将在内部集中式账本上记录交易，并且只是偶尔将它们同步到比特币区块链上。这种做法再次用专有和集中的方法替代了去中心化的比特币安全。当交易不在区块链上时，保护不当的集中账本可能会被伪造、转移资金并耗尽储备，并且可能不会被注意到。

除非准备在操作安全、多层访问控制和审计(如传统银行所做的)方面进行大量投资，否则在将资金转移到比特币去中心化安全环境以外之前，应该非常仔细地进行考虑。即使有资金和能力来实现一个强大的安全模型，这样的设计也只是复制了传统金融网络的脆弱模型，会受到身份盗用、腐败和挪用公款的困扰。为了利用比特币独特的去中心化安全模型，必须避免中心化架构的诱惑，这些架构可能因为熟悉而容易被采用，但其最终会破坏比特币的安全性。

2. 信任根

传统的安全体系结构是基于被称为信任根的概念，它是一个可信核心，是整个系统或应用程序安全的基础。安全体系结构是围绕信任的根源开发的，它是一系列同心圆，就像洋葱中的层，从中心向外扩展信任。每一层都使用访问控制、数字签名、加密和其他安全原语构建在更可信的内层之上。随着软件系统变得越来越复杂，它们更有可能出现错误，这使得它们容易受到安全威胁。因此，软件系统变得越复杂，就越难做到安全。信任根的概念确保大多数信任都落在系统中最不复杂的部分，因此也是系统中最不容易被攻击的部分，而更复杂的软件则围绕着它分层。这种安全体系结构以不同的规模重复，首先在单个系统的硬件中建立信任根，然后通过操作系统将该信任根扩展到更高级别的系统服务，并最终跨越许多服务器，这些服务器以信任递减的同心圆分层。

比特币安全架构不同于传统的安全体系结构。在比特币中，共识系统创建了一个完全去中心化的可信公共账本。正确验证的区块链使用创世区块作为信任根，构建一个到当前区块的信任链。比特币系统可以使用区块链作为其信任的基础。在设计由许多不同系统上的服务组成的复杂比特币应用程序时，应仔细检查安全体系结构，以确定信任的位置。最终，唯一应该明确信任的是一个经过充分验证的区块链。如果应用程序显式或隐式地信任区块链以外的任何东西，这将会造成安全性缺陷。评估应用程序的安全体系结构的一个好方法是考虑每个单独的组件并评估假设的场景。在该场景中，该组件完全被破坏并在恶意的参与者的控制下。依次使用应用程序的每个组件，并评估该组件受损时对整体安全性的影响。如果应用程序在组件受损时不再安全，则表明对这些组件的信任是错误的。比特币应用程序应该是只有在比特币共识机制受损的情况下才有漏洞，这意味着其信任的基础是比特币安全架构中最强大的部分。

大量被黑客入侵的比特币交易所的案例说明了这一点，因为即使在最随意的审查下，它们的安全架构和设计也会失败。这些中心化的系统实现将信任给予比特币区块链之外的许多组件，如热钱包、集中账本数据库、易受攻击的加密密钥和类似方案。

4.6.2　最佳用户安全实践

人类使用物理安全控制已有数千年历史。相比之下，我们在数字安全方面的经验累积还不到 50 年。现代通用操作系统不是很安全，也不是特别适合存储数字货币。计算机通过始终在线的互联网连接不断暴露在外部威胁下，它们运行着数千个软件组件，通常可以不受限制地访问用户的文件。在计算机上安装的成百上千个软件中，一个流氓软件就可以损害文件，窃取存储在钱包应用程序中的比特币。保持计算机无病毒和无木马程序所需的计算机维护水平超出了除极少数计算机用户之外的技能水平。

虽然信息安全方面的研究有数十年之久，也有了一定的进步，但是数字资产仍然很容易受到对手的攻击。即使是金融服务公司、情报机构和国防承包商中受保护和限制最严格的系统也经常遭到破坏。比特币创造了具有内在价值的数字资产，可以实时且不可撤销地被盗和转移给新的所有者。这给黑客带来了巨大的动力。到目前为止，黑客必须在攻破身份信息或账户令牌(例如信用卡和银行账户)后将其转换为价值。尽管很难屏蔽和清洗资金信息，然而我们还是看到了不断升级的盗窃行为。比特币加剧了这个问题的发展，因为它不需要被隔离或洗钱，它是数字资产包含的内在价值。

幸运的是，比特币还创造了提高计算机安全性的动力。以前计算机受损的风险是模糊和间接的，而比特币使这些风险变得清晰而明显。在计算机上存有比特币有助于将用户的注意力集中在提高计算机安全性的需求上。由于比特币和其他数字货币的扩散以及越来越多地被采用，我们已经看到黑客技术和安全解决方案的不断升级。简单来说，黑客有一个非常明确的目标，用户有明显的动机来保护自己。

在过去几年中，作为采用比特币的直接结果，我们在信息安全领域看到了硬件加密、密钥存储和硬件钱包、多重签名技术和数字托管等形式的巨大创新。在下面的内容中，我们将研究实际用户安全的各种最佳实践。

1. 物理比特币存储

由于大多数用户对物理安全比信息安全更放心，因此保护比特币的一种非常有效的方法是将它们转换为物理形式。比特币密钥只不过是比较长的数字，这意味着它们可以物理形式存储，例如打印在纸上或蚀刻在金属硬币上。保护密钥变得像物理保护比特币密钥的印刷副本一样简单。一组印在纸上的比特币密钥称为“纸钱包”，有许多免费工具可以创建它们。比特币密钥可以被存储在纸钱包中，使用 BIP-38 加密，并将多个副本锁在保险箱中。保持比特币离线状态称为冷存储，它是最有效的安全技术之一。冷存储系统是一种在离线系统(从未连接到互联网)上生成密钥并离线存储在纸上或数字媒体(如 USB 记忆棒)上的系统。

2. 硬件钱包

从长远来看，比特币安全将越来越多地采用硬件防篡改钱包的形式。与智能手机或台式电脑不同，比特币硬件钱包只有一个目的，即安全地持有比特币。没有通用软件可以攻破并且接口有限，硬件钱包可以为非专家用户提供几乎万无一失的安全级别。

3. 平衡风险

大多数用户对比特币丢失的担忧是正确的。为了保护他们的比特币钱包，用户必须非常小心。2011 年 7 月，一个著名的比特币认知教育项目丢失了近 7000 个比特币。为了防止盗窃，所有者实施了一系列复杂的加密备份。最后他们不小心丢失了加密密钥，使备份一文不值，损失了一大笔钱。就像把钱埋藏在沙漠里一样，如果你把比特币保护得太好，可能会导致再也找不到它们了。

4. 分散风险

你会把你的全部净资产现金放在钱包里吗？大多数人会认为这是鲁莽的，但比特币用户通常将所有比特币保存在一个钱包中。相反，用户应该在多个不同的比特币钱包中分散风险。谨慎的用户会将比特币的一小部分，也许不到 5%保留在在线或移动钱包中作为“零钱”。其余的比特币则被分配在几个不同的存储机制之间，例如桌面钱包和离线(冷存储)。

5. 多重签名和治理

每当公司或个人存储大量比特币时，他们应该考虑使用多重签名比特币地址。多重签名通过要求一定数量的签名来确保资金安全。签名密钥应该存储在多个不同的位置并由不同的人控制。例如，在企业环境中，密钥应独立生成并由多位公司高管持有，以确保任何人都无法泄露资金。多重签名地址还可以提供冗余，其中一个人可持有多个存储在不同位置的密钥。

6. 生存能力

经常被忽视的安全因素是非常重要的，尤其是在钥匙持有人丧失工作能力或死亡的情况下。比特币用户被告知使用复杂的密码并确保他们的密钥安全和私密，不要与任何人共享。不幸的是，如果用户无法解锁，这种做法使用户的家人几乎不可能收回任何资金。事实上，在大多数情况下，比特币用户的家人可能完全不知道比特币基金的存在。

如果你拥有大量比特币，则应考虑与可信赖的亲戚或律师分享访问详细信息。可以通过专门作为“数字资产执行人”的律师，通过多重签名访问和遗产规划来建立更复杂的保存方案。

4.7　区块链应用

将比特币视为一个应用程序平台可以加深对比特币的理解。如今，“区块链”一词被很多人用于表示那些和比特币有类似设计理念的应用程序平台，从而使得该术语经常被误用于指代某些未能提供与比特币所提供的主要功能相同的事物。在本节中，我们将研究比特币作为一个应用平台所提供的主要功能，并且将考察构成区块链应用的一些基础原语。

比特币系统被设计为去中心化的货币和支付系统。但是，它的大部分功能用于应用程序的低级结构。比特币不是由账户、用户、余额和支付等组件构建的，它使用的是具有低级密码功能的事务脚本语言。

正如账户、余额和支付的高级概念可以从这些基本原语中衍生出来一样，许多其他复杂的应用程序也可以。因此，比特币区块链可以成为一个应用平台，为智能合约等应用提供信任服务，远远超出数字货币和支付的初衷。

当比特币系统正确且长期运行时，它能够为上层应用提供基本的安全保障，因此可以用作构建块来创建应用程序，如表 4.8 所示。

表 4.8　比特币构建块

序号	术　语	定　义
1	无双重支付	比特币的去中心化共识算法最根本的保证是确保没有 UTXO 可以被重复使用
2	不可改变性(不变性)	一旦交易被记录在区块链中，并且后续区块已经添加了足够的工作，交易的数据就不可变了。不变性由能量保证，因为重写区块链需要消耗能量来产生工作量证明。所需的能量以及不变性程度随着在包含事务的块上提交的工作量而增加
3	中立	分布式的比特币网络传播有效的交易，而不管这些交易的来源或内容如何。这意味着任何人都可以以足够的费用创建有效的交易，并且相信他们能够随时传输该交易并将其包含在区块链中
4	安全时间戳	共识规则拒绝任何时间戳在过去或未来太远时间的块。这确保了区块上的时间戳是可信的。区块上的时间戳意味着对所有其包含的交易的输入之前从未被花费过的保证
5	授权	在去中心化网络中验证的数字签名提供授权保证。未经脚本中隐含的私钥持有者授权就不能执行包含数字签名要求的脚本
6	审计能力	所有交易都是公开的，可以被审计。所有交易和区块都可以在一条完整的链中链接回创世区块
7	会计	在任何交易(除了 coinbase 交易)中，输入的价值等于输出的价值加上费用。在交易中创造或销毁比特币价值是不可能的，并且输出不能超过输入
8	永不过期	有效交易不会过期。如果交易今天有效，那么将一直有效，只要输入还未被花费且共识规则不变
9	完整性	一个使用 SIGHASH_ALL 签名的或部分使用另一种 SIGHASH 类型的比特币交易不能在签名有效的情况下被修改，从而使交易本身无效
10	交易原子性	比特币交易是原子操作。交易要么是有效的并且经过确认的(挖矿)，要么不是。不存在挖矿出交易的一部分，交易也不存在中间状态。在任何时间，交易要么被挖出，要么没被挖出，不存在中间状态
11	不可分割的价值单位	交易输出是离散且不可分割的价值单位。它们可以全部使用或未使用，不能被分割或部分花费
12	控制法定人数	脚本中的多重签名约束加强了在多重签名方案中预定义的法定数量的授权。多重签名交易有时候也被叫做 M-of-N 交易，M 指的是交易生效所需要的签名数量，N 指的是和本次交易相关的各方的总数量，要求由共识规则强制执行
13	时间锁/老化	任何包含相对或绝对时间锁的脚本语句只能在其超过指定时间后执行
14	复制	区块链的去中心化存储确保在挖掘交易时，经过充分确认后，在整个网络中复制，并持久耐用，能够抵御断电、数据丢失等风险
15	防伪造	一笔交易只能花费现有的、经过验证的输出，不可能创造或伪造价值
16	一致性	在没有矿工分化的情况下，根据记录的深度，这种可能性会呈指数级下降：记录在区块链中的区块被重新组织或被不认可。一旦被记录在深层，改变所需的计算和能量将大到实际不可行的程度
17	记录外部状态	事务可以通过 OP_RETURN 提交数据值，表示外部状态机中的状态转换
18	可预测发行量	比特币总计不到 2100 万枚，以可预测的速度发行

4.7.1　染色币

染色币是指一组类似的技术，使用比特币交易来记录比特币以外的外在资产的创造、所有权和转移。“外在”是指不直接存储在比特币区块链上的资产，它不是比特币本身，而是包含在区块链中的资产。

染色币用于跟踪第三方持有的数字资产以及实物资产，并通过染色币所有权证书进行交易。数字资产染色币可以代表无形资产，例如股票证书、许可证、虚拟财产(游戏物品)或大多数任何形式的许可知识产权(商标、版权等)。实物资产染色币可以代表实物资产，如表 4.9 所示。

表 4.9　染色币分类

染色币	代　表	资 产 例 子
数字资产染色币	无形资产	股票证书、许可证、虚拟财产(游戏装备)，或大多数形式的许可知识产权(商标、版权等)
实物资产染色币	实物资产	商品(黄金/白银/石油)、土地所有权、汽车、船只、飞机等所有权证书

“染色币”这一术语源自“着色”或标记名义数量的比特币(如单个聪)的想法，以表示除比特币价值本身之外的其他东西。比如，在一张 1 美元的钞票上盖章，上面写着“这是 ACME 的股票证书”或“这张钞票可以兑换 1 盎司白银”，然后将这个 1 美元的钞票作为其他资产的所有权证明进行资产交易。

染色币的第一个实现，称为增强型基于填充顺序的着色(EPOBC)，将外部资产分配给 1 聪输出。这样，因为每个资产作为属性(颜色)被添加到了 1 聪上，成了一个“染色币”。目前，染色币的两个最突出的实现是 Open Assets 和 Colu 的染色币。这两个系统对染色币使用不同的方法并且不兼容。在一个系统中创建的染色币无法在另一个系统中看到或使用。

4.7.2　合约币

合约币是一个建立在比特币之上的协议层。合约币协议类似于染色币，提供创建和交易虚拟资产和代币的能力。此外，合约币提供去中心化的资产交换，也可以实现基于以太坊虚拟机(Ethereum Virtual Machine，EVM)的智能合约。与染色币协议一样，合约币将元数据嵌入比特币交易中，使用 OP_RETURN 操作码或 1-of-N(签名参与方有 N 个，只需 1 方的签名即可生效)多重签名地址代替公钥对元数据进行编码。使用这些机制，合约币实现了一个在比特币交易中编码的协议层。额外的协议层可以被合约币理解的应用程序解释，例如钱包和区块链浏览器，或是使用合约币库构建的任何应用程序。

反过来，合约币可以用作其他应用程序和服务的平台。例如，Tokenly 是一个建立在合约币之上的平台，它允许内容创作者、艺术家和公司发行表达数字所有权的代币，可用于出租、访问、交易或购买内容、产品和服务。利用合约币的其他应用程序还包括游戏(Spells of Genesis)和网格计算项目(Folding Coin)等。

4.7.3 比特币现金

比特币现金是比特币侧链技术的应用之一，是因比特币的扩容性问题于 2017 年产生的，是比特币区块链共识机制的升级(在 2019 年 11 月 15 日下午 12 点后，比特币现金执行了新的规则协议)。在比特币区块链中，区块大小为 1 MB，每一个区块的确认时间较慢，随着比特币用户的增多，容易造成网络拥塞。与比特币最大的区别是，在比特币现金中删除了隔离验证，取消了区块大小是 1 MB 的限制，每一个区块大小可扩容到 8 MB，坚持链上扩容技术路线，很好地解决了比特币用户出现网络拥塞的缺点，使比特币现金成为最符合中本聪白皮书中描述的“点对点的加密电子现金系统”。为了保证比特币现金网络健康发展，其采用动态调整挖矿难度的策略，能够保证产生区块的速度很好地适应算力。比特币现金除了具有比特币安全开放的特点之外，还具有支付自由、交易费用低、交易速度快、安全和可控等优势。

4.7.4 RootStock 平台

RSK(RootStock)是一个基于比特币侧链的开源智能合约平台，是比特币侧链技术的最前沿技术应用之一。RSK 使用一种比特币双向挂钩技术，这种双向挂钩以一种固定的转换率输送或输出 RSK 上的比特币，RSK 双向挂钩是一种混合驱链和侧链的技术。RSK 的目标之一是提供智能合约平台。基于 RSK 的智能合约平台可以运行无数应用，为核心比特币网络增加功能和价值。下面列举了几种基于 RSK 的应用实例。

1. 零售支付系统

RSK 允许比特币在全球范围内用于每日零售交易。比特币零售用途的主要限制之一是其确认时间(从 10 min 到 1 h 不等，以确保交易的不可逆转)。RSK 可使消费者在短短几秒内通过确认即可受益于比特币安全。商家可以立即接受付款而无需第三方中介平台。任何平台在零售市场上取得成功的另一个关键因素是能够支持每秒大量的交易(Tps)。

2. 加密资产创建

RSK 允许创建由比特币网络保护的加密资产(或替代币)。由于 RSK 可以灵活地为合同的燃料定价，因此这些应用程序(以及所有其他应用程序)可以供学生、银行、公司等使用。

3. 知识产权保护/登记

RSK 允许开发可以复制所谓的存在证明的合同，该证明允许个人和公司在比特币区块链的安全性下在任何给定时间点证明某个文档(或产权)的存在。这种用例在土地注册机制不可靠的拉丁美洲、非洲和亚洲可能尤其重要。

4.7.5 HiveMind 预测市场

比特币 HiveMind 被描述为一种点对点的先知系统和预测市场。具体地说，该项目是统计学家 Paul Sztorc 提出的“Truthcoin”概念，它是基于区块链的预测市场。比特币 HiveMind 不是建立在一个全新的平台上的项目，而是基于比特币侧链技术的一个应用。HiveMind 是一个点对点的 Oracle 协议，它把准确的数据吸收到区块链中，因此比特币用户可以通过预测市场来进行投机。Roger Ver 将 HiveMind 描述为一个“利用群众智慧预测未来的令人难以置信的强大工具”，也是其最被看好的比特币应用。

4.8 其他密码货币

受比特币巨大成功的启发，成千上万的其他区块链加密货币在这个新兴市场应运而生。大多数加密货币也被称为山寨币，是为了改善比特币系统的性能而产生的[14]。

4.8.1 Primecoin

自从比特币诞生以来，hashcash 类型的工作证明一直是对等加密货币的唯一工作证明设计类型。比特币的工作证明是基于 SHA-256 哈希函数的 hashcash 类型。2011 年，ArtForz 为加密货币 Tenebrix 实现了 scrypt 散列函数。尽管针对不同类型的工作证明进行了一些设计尝试，这些工作证明涉及流行的分布式计算工作负载和其他科学计算，但到目前为止，对于一个不同的工作证明系统，为加密货币网络提供铸币和安全仍然是难以实现的。

2013 年 3 月，Sunny King 意识到寻找主链可能就是这样一个替代的工作证明系统。经过努力，他设计出了一个纯粹的基于质数的工作证明，为类似于 hashcash 类型的工作证明的加密网络提供了铸造和安全性。这个项目被命名为 Primecoin[15-16]。它是首创价值挖矿(Useful PoW)概念的新一代共识算法。这一共识算法基于素数/质数分布理论的数学原理，非常适合于区块链的挖矿机制，而素数作为基础算术概念又恰恰构成了公钥加密系统的理论基础。通过挖掘 Primecoin，可以找到更多的孪生素数链(5、7、11、13)，矿工在挖矿的同时也可能促进基础科学的进步。素数币现在保持着素数链的多项世界纪录，曾被以太坊创始人 Vitalik 认为“素数币可能会成为比特币更好的首个替代货币”。

4.8.2 Permacoin

Andrew Miller 等人的研究表明，比特币资源可以被重新用于其他更广泛的用途。他们提出了一个新的方案，叫 Permacoin。该方案的关键思想是让比特币的开采依赖于存储资源，而不是计算。

具体来说，Permacoin 涉及一个经过修改的“擦除谜题”(scratch-off puzzle，SOP)，其中比特币网络中的节点通过构造一个 PORs 来进行挖掘。PORs 证明节点正在投资内存或存储资源来存储目标文件或文件片段。通过在比特币中构建基于端口的 SOP，该方案创建了一个高度分布式的对等文件存储系统，适用于存储一个大型的、有公开价值的数字存档文件 F。具体来说，他们的目标是分发 F 以保护其不受与单个实体相关的数据损失的影响，如云服务提供商已经发生的中断或批发数据损失。与现有的对等方案相比，Andrew Miller 等人的方案不需要身份或声誉系统来保证 F 的存储，也不需要普遍下载 F。他们严格根据客户的赚钱动机(比特币)实现文件可恢复性。

4.8.3 PPCoin

PPCoin 简称 PPC，译为点点币，由 Sunny King 于 2012 年推出，是根据中本聪所创造的比特币而改进衍生出的一种新的加密货币，主要思想是通过结合 PoS 和 PoW 混合挖矿的方式来维护网络安全。

PPC 是基于 PoW 和 PoS 混合设计的。在这种设计中，PoW 的作用是发行货币。随着挖矿难度的提升，发币量降低。显然，在交易费不变的情况下，算力降低，只使用 PoW 维护系统安全是不持续的。因此，在 PPC 中，系统安全主要由 PoS 保证。2011 年，Sunny King 等人研究发现币龄可作为 PoS 的基础。

PoS 使用的资源是“币龄”：币值乘以持有日期。与能源类似，硬币时代作为一种资源，大量积累起来很昂贵。为了使攻击者积累足够的硬币年龄来攻击分布式网络，他要么必须在公开市场上购买大量其试图攻击的货币，要么在过程中抬高其价格并降低其经济动力，要么持有硬币很长一段时间，减少自己的攻击频率。PoS 的一个主要特征是可节省大量能源，另一个主要特征是矿工与利益相关者之间的激励机制可以更好地保持一致，因为矿工现在是利益相关者。

4.8.4 Litecoin

莱特币[17] (Litecoin，LTC)是由谷歌工程师 Charles Lee 于 2011 年 11 月 9 日推出的基于比特币模型的另一种加密货币，其技术实现原理与比特币相同。莱特币自诞生起就获得了众多用户的欢迎，莱特币之于比特币正如白银之于黄金。莱特币是一种点对点的互联网货币，是一个完全去中心化的开源全球支付网络。多年来莱特币赢得了行业的支持以及高交易量和流动性。莱特币是为了改进比特币交易确认慢、总量较少以及因 PoW 机制造成的大矿池等缺点。

莱特币的设计产量是比特币的 4 倍(每 2.5 min 1 个新区块，相当于比特币的 10 个新区块)，并且其硬币上限为比特币的 4 倍，使其在比特币方面的主要吸引力在于速度和易购性。但是，由于莱特币使用 scrypt(而不是比特币的 SHA-256，Scrypt 加密算法是 2009 年由 Percival 为了在其设计的 Tarsnap 在线备份系统中使用而设计的，目的是降低 Tarsnap 的 CPU 负荷，减少对 CPU 计算的依赖)作为 PoW 算法，因此使用 ASIC 矿工或 GPU 采矿设备等采矿硬件需要更高的处理能力。就市值而言，莱特币一直是最大的加密货币之一(尽管仍远低于比特币)，目前流通的硬币超过 5000 万。Scyrpt 加密算法也是不可逆的，在莱特币的工作量证明过程中本质上是一种内存 PoW 算法，虽然其性能与算力的联系不大，但是很依赖内存，即使是矿机，凡是采用了 scrypt 工作量证明算法，挖矿的效果和在普通计算机上的效果一样，使得在普通计算机上挖矿变得不是那么困难，有效防止算力集中，进一步防止矿工进行 51%的网络攻击。截至目前，莱特币已经成功通过隔离验证(Segregated Witness，SW)，同时其闪电网络测试也获得了成功。今后，莱特币还将推出智能合约及匿名交易功能。

4.8.5　Zcash

零币(Zcash，ZEC)是由以 Aizensou 和 Poramin 为引领者的团队所开发，作为比特币的侧链开发的新版加密货币[18-19]。零币打破了交易双方之间的链接，是去中心化匿名支付方案 Zerocash 的实现，具有安全修复程序，对性能和功能有所改进。它将现有的由比特币使用的透明支付方案与由零知识简洁的非交互式知识论证 Zk-SNARK 保护的隐蔽支付方案相结合，试图通过使用 Equihash 硬存储 PoW 算法来解决挖掘集中化的问题，其安全性取决于共识，如果与 Zcash 网络交互的程序偏离了共识，则其安全性将被削弱或破坏。零币中通过零知识证明技术保证了交易双方以及交易金额的匿名性和隐私性，即可以保证在不公开交易资金数额和交易双方地址的情况下仍然能够验证交易的有效性，提供了一种称为选择性公开的功能，该功能允许用户出于审计原因证明其付款。零币与比特币的发行总量都是 2100 万枚。作为比特币的分支，零币保留了比特币原有的模式，本质上是在比特币 0.11.2 版本的基础上改进的。Zcash 钱包资金分为透明资金和屏蔽资金。

4.8.6　Dogecoin

狗狗币(Dogecoin)[20]是由澳大利亚的市场营销专家 Jackson Palmer 和 IBM 程序员 Billy Markus 于 2013 年 12 月 12 日发布的，其发行的总数是 1000 亿枚，用户数仅次于比特币。狗狗币的工作量证明原理是基于 scrypt 加密算法，设计愿景是一种更易于被广泛使用于现实生活，而不是被投机家买卖的电子货币。狗狗币系统上线后，不到一个月的时间，专门的博客、论坛就已成立。狗狗币的创作背景是基于西方文化——小费文化。受到众多用户的喜爱，不到一周的时间，便成为次于比特币的第二大小费货币。大多数人投狗狗币的目的是将其作为一种表达感恩和分享的方式。据美国福布斯网站统计，美国犹他州盐湖城的高级个人电脑生成器公司 Xidax，是第一个把狗狗币作为支付货币的生成器公司。2014 年 10 月，面向视频游戏的实时流媒体视频平台 Twitch 在其官方推特上宣布，该公司已经接受狗狗币作为其支付订阅方式。

参 考 文 献

[1] NAKAMOTO S. Bitcoin: A Peer-to-Peer Electronic Cash System [OL]. 2008.
[2] https://www.blockchain.com
[3] ANTONOPOULOS A M. Mastering Bitcoin [M]. Sebastopol: O'Reilly Media, 2017.
[4] 马兆丰, 高宏民, 彭雪银, 等. 区块链技术开发指南 [M].北京：清华大学出版社, 2021.
[5] NARAYANAN A, BONNEAU J, FELTEN E, et al. Bitcoin and Cryptocurrency Technologies: A Comprehensive Introduction [M]. Princeten: Princeton University Press, 2016.
[6] 黄芸芸, 蒲军. 零基础学区块链[M]. 北京：清华大学出版社, 2020.
[7] 邹均, 于斌, 庄鹏, 等. 区块链核心技术与应用[M]. 北京：机械工业出版社, 2016.

[8] GARAY J, KIAYIAS A, LEONARDOS N. The Bitcoin Backbone Protocol: Analysis and Applications[J]. Springer Berlin Heidelberg, 2015, 9057:281-310.

[9] LAMPORT L. Using Time Instead of Timeout for Fault-Tolerant Distributed Systems[J]. ACM Transactions on Programming Languages and Systems (TOPLAS), 1984, 6(2): 254-280.

[10] SCHNEIDER F B. Implementing Fault-Tolerant Services Using the State Machine Approach: A Tutorial[J]. ACM Computing Surveys (CSUR), 1990, 22(4): 299-319.

[11] NAKAMOTO S. The Proof-Of-Work Chain is a Solution to the Byzantine Generals' Problem[J]. The Cryptography Mailing List, 2008.

[12] RUFFING T, MORENO-SANCHEZ P, KATE A. P2P Mixing and Unlinkable Bitcoin Transactions[C]. The Network and Distributed System Symposium, 2017: 1-15.

[13] GARAY J, KIAYIAS A, LEONARDOS N. The Bitcoin Backbone Protocol with Chains of Variable Difficulty[C]. Annual International Cryptology Conference, 2017: 291-323.

[14] YUAN Y, WANG F Y. Blockchain and Cryptocurrencies: Model, Techniques, and Applications[J]. IEEE Transactions on Systems, Man, and Cybernetics: Systems, 2018, 48(9): 1421-1428.

[15] PECHER D, ZEELENBERG R, RAAIJMAKERS J G W. Does Pizza Prime Coin? Perceptual Priming in Lexical Decision and Pronunciation[J]. Journal of Memory and Language, 1998, 38(4): 401-418.

[16] KING S. Primecoin: Cryptocurrency with Prime Number Proof-of-Work. 2013.

[17] https://litecoin.org/

[18] HOPWOOD D, BOWE S, HORNBY T, et al. Zcash Protocol Specification[J]. GitHub, 2016.

[19] KAPPOS G, YOUSAF H, MALLER M, et al. An Empirical Analysis of Anonymity in Zcash[C]. 27th USENIX Security Symposium, 2018: 463-477.

[20] https://dogecoin.com/

第五章　区块链 2.0：以太坊

作为一种基于密码学原理的电子支付系统，比特币的出现引发了密码货币的发展高潮，极大地推进了区块链技术的发展进程。早期的比特币技术旨在实现用户间的转账操作，但随着区块链技术的发展，人们对各种基于区块链的去中心化可信服务的需求日益增长。因此，以太坊[1]作为新一代区块链平台的代表出现在人们的视野中。在本章中，我们将按照以太坊简介、数据层、网络层、共识层、激励层、合约层以及应用层的顺序对以太坊区块链进行介绍。

5.1　以太坊简介

5.1.1　以太坊 1.0

以太坊是维塔利克·布特林(Vitalik Buterin)于 2013 年在以太坊白皮书[1]中提出来的，其核心目标是开发一种图灵完备的语言，允许用户开发各种区块链程序和去中心化应用(Decentralized Applications)[2-3]，本章将其统称为智能合约(Smart Contract)[4]。

以太坊是一个建立在区块链技术上的去中心化应用平台，该平台允许任何人建立和使用通过区块链技术运行的去中心化应用，通过其专用密码货币——以太币(Ether)来处理点对点智能合约[5]。以太坊的目的是基于脚本(Scripting)、竞争币(Altcoin)和链上元协议(On-chain Meta-protocol)概念进行整合和提高，使开发者能够创建任意基于共识、可扩展、标准化、特性完备、易于开发和协同的应用。以太坊通过内置图灵完备的编程语言，使任何人都能创建各种智能合约和去中心化应用，并在其中设立他们自由定义的所有权规则、交易方式和状态转换函数。这些去中心化应用程序一旦被“上传”到以太坊，将始终按照编好的程序运行。

以太坊在整体上可以看作是一个基于交易的状态机：开始于一个创世区块(Genesis)状态，然后随着交易的执行状态逐步改变一直到最终状态，这个最终状态是以太坊网络的“权威版本”，如图 5.1 所示。状态中包含的信息有账户余额、转账记录及其他附加数据。

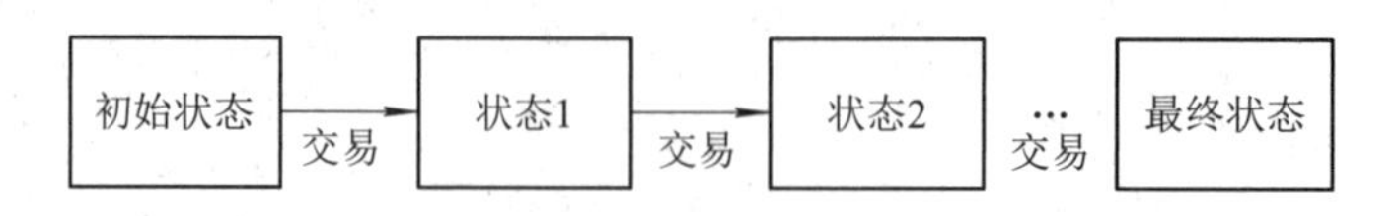

图 5.1　状态转移示意图

以太坊的每个状态中都包含若干个交易(Transactions)，这些交易都被打包进区块中，并通过哈希值与上一个区块进行链接，如图 5.2 所示。以太坊中的共识机制以及激励机制在比特币的基础上进行了优化，本章的 5.4、5.5 节将分别对其进行详细介绍。

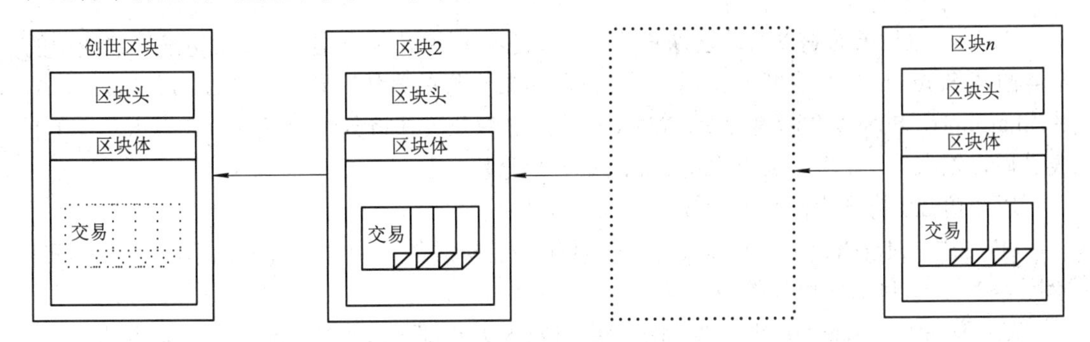

图 5.2　以太坊区块链示意图

加文 · 伍德(Gavin Wood)于 2014 年 4 月在白皮书的基础上发表了以太坊黄皮书[6]，通过大量的定义和公式详细描述了以太坊的技术细节。此后，以太坊的开发一直由以太坊社区的开发者们负责。在经历了 2014 年的资金筹集之后，以太坊区块链于 2015 年 7 月 30 日正式投入使用。布特林及其团队将以太坊未来的发展路线分为前沿(Frontier)、家园(Homestead)、大都会(Metropolis)以及宁静(Serenity) 4 个阶段：

(1) 前沿(Frontier)：2015 年 7 月 30 日启动，是以太坊初期的实验阶段。这个时期的软件还不成熟，只有命令行界面，没有图形界面，使用者仅限于具有以太坊背景知识和经验的专业人士。同时，引入金丝雀合约用于提醒用户存在不正当或易受攻击的某条链，它在以太坊发展初期是不可或缺的保护机制。这个阶段以太坊的奖励为每个新区块 5ETH，底层共识机制是 PoW[7]。

(2) 家园(Homestead)：2016 年 3 月 14 日启动，是以太坊网络的首次硬分叉计划，分叉高度为 1 150 000。该阶段依旧采用命令行界面，但取消了金丝雀合约功能，移除了网络中的中心化成分；同时加入了难度炸弹，使挖矿难度呈几何式增长，此时的以太坊系统更加稳定，所使用的共识算法仍为 PoW。

(3) 大都会(Metropolis)：又分为拜占庭、君士坦丁堡、伊斯坦布尔等阶段。

① 拜占庭硬分叉(高度 4 370 000)实施于 2017 年 10 月 16 日，该阶段进行了 Zk-SNARK、抽象账号、调整出块奖励(由 5ETH 降至 3ETH)等 8 项更新。同时，引入了图形界面(Mist)，使非专业用户也能便捷使用以太坊。

② 君士坦丁堡硬分叉(高度 7 280 000)于 2019 年 3 月 1 日被激活，其目的是提高以太坊的运行效率，并移除或推迟难度炸弹。该阶段将出块奖励由 3ETH 降为 2ETH。此时的共识机制依然是 PoW。

③ 伊斯坦布尔硬分叉(高度 9 069 000)实施于 2019 年 12 月。这次升级改变了各种操作码的成本，以防止垃圾区块攻击，并提高整体拒绝服务攻击的弹性。

(4) 宁静(Serenity)：这是以太坊的最终计划版本。计划引入基于 PoS 共识机制[8]的最终版本。该阶段是以太坊线路图的最后一个里程碑，至此以太坊区块链将拥有一个巨大的商业场景，这一场景内置图灵完备的编程语言，开发人员、公司和实体可以使用它来创建应用程序和系统。

5.1.2　以太坊 2.0

以太坊 2.0[9]指的是以太坊区块链后续的一系列重大升级方案，和以太坊发展路线中的第 4 阶段 Serenity 的含义相同。以太坊 2.0 将主要进行的升级有信标链(Beacon Chain)、分片(Sharding)、PoS 以及新虚拟机(eWASM)等，这些升级都将分阶段进行。在以太坊 2.0 上线之后，以太坊 1.0 将变成以太坊 2.0 的第一个分片。

以太坊 2.0 的设计目标可以概括为以下 5 点：

(1) 去中心化(Decentralization)：允许拥有 $O(C)$资源的典型消费者笔记本电脑去处理或验证 $O(1)$分片(包括任何系统级验证，如信标链)。

(2) 弹性(Resilience)：在主要网络分区以及很大一部分节点脱机时保持活动状态。

(3) 安全性(Security)：利用密码学技术，允许验证者在总时间内和每单位时间内大量参与。

(4) 简单性(Simplicity)：即使以牺牲效率为代价，也要最大程度地减少复杂性。

(5) 长期性(Longevity)：选择的所有组件要么是量子安全的，要么可以轻松替换为量子安全的对应组件。

以太坊 2.0 暂定的前 3 个阶段分别为信标链、分片链(Shard Chains)和虚拟机(Virtual Machine)，如图 5.3 所示。

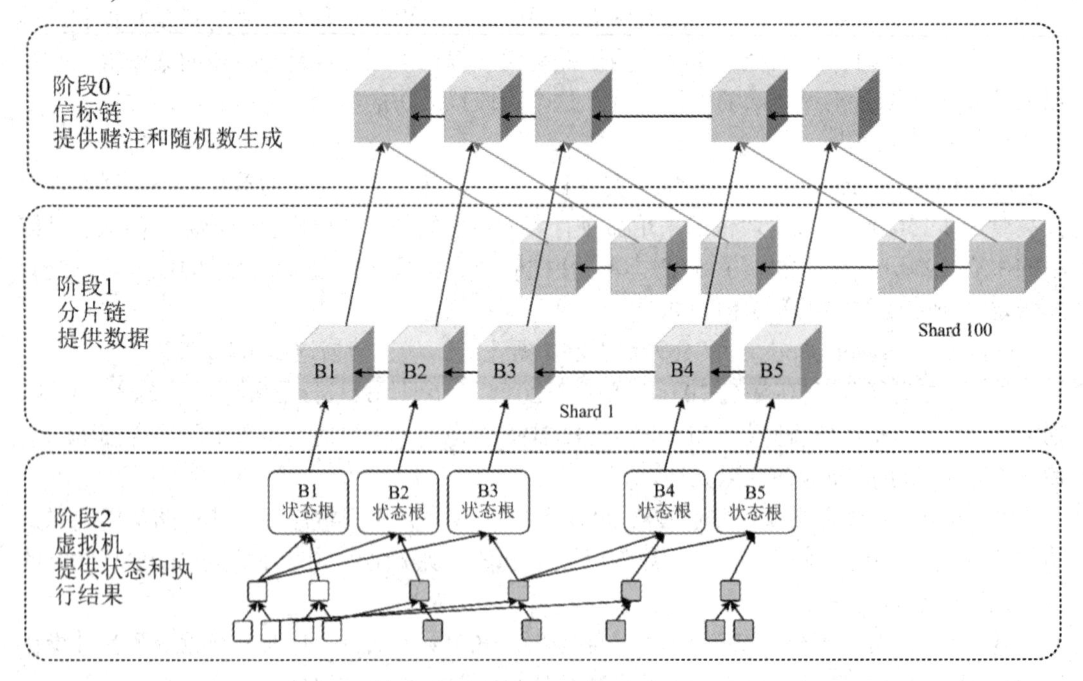

图 5.3　以太坊 2.0 架构

(1) 第 0 阶段(信标链)：信标链的启动时间预计在 2020 年底。信标链是以太坊 2.0 生态系统的核心，也是其他分片安全和验证的根源。信标链部署完毕后，将使用 PoW/PoS 混合机制进行股权证明。将验证者分配到不同的分片链上进行交易，一段时间后这些验证者会被打乱并重新分配。

(2) 第 1 阶段(分片链)：在信标链启动之后，会引入分片链。分片链用于存储 DApp 的数据，但其无法对数据进行任何计算，计算任务被放到链下进行。在这个阶段，以太坊 1.0 仍将正常运行，但也有可能作为特殊的分片链整合进以太坊 2.0。

(3) 第 2 阶段(虚拟机)：虚拟机是以太坊 2.0 的真正愿景。在这个阶段，分片链不仅能够存储数据，还能够处理交易。因此，开发者能够在此时的以太坊区块链上搭建出真正的分布式商业应用。

5.2 数　据　层

数据层是区块链最底层的技术架构。从没有记录任何交易信息的创世区块起，直到目前还在打包交易的最新区块，形成了链式结构。每个区块里面都包含了哈希值、随机数、时间戳、交易、公钥和私钥等。本小节将从编码技术和数据结构两个方面介绍以太坊区块链的数据层。

5.2.1 编码技术

以太坊数据层使用的递归长度前缀(Recursive Length Prefix, RLP)编码具有较好的数据处理效率，实际上 RLP 是基于 ASCII 编码的一种结构化补充，既能表示长度还能表示类型，是一种非常紧凑的结构化编码方案。RLP 主要用于编码任意嵌套结构的二进制数据，是以太坊中数据序列化/反序列化的主要方法，区块、交易等数据结构在持久化时会经过 RLP 编码后再存储到数据库中。RLP 编码只能处理两类数据：一类是字符串即字节数组，一类是列表。其他类型的数据需要转换成这两类结构才能被正常处理。

从 RLP 编码的名字可以看出其有两个特点：一是递归，被编码的数据是递归结构，编码算法也是递归进行处理的；二是长度前缀，也就是说 RLP 编码都带有一个前缀，该前缀与被编码数据的长度相关。RLP 编码的规则如下。

1. 对字节数组的编码规则

(1) 对于值在[0, 127]之间的单字节，其编码是其本身，如[97]的编码是 97。

(2) 如果字节数组长度 l 小于 56，编码结果是字节数组本身，再以 $128+l$ 作为前缀，如[97, 98, 99]编码为 131 97 98 99。

(3) 如果字节数组的长度大于等于 56，编码结果第一位是 183 + 数组长度的编码长度，然后是数组长度的编码，最后是数组本身。字节数组编码举例如图 5.4 所示。

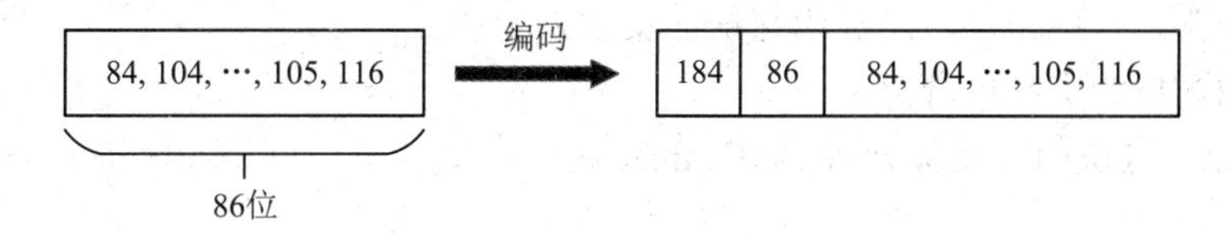

图 5.4　字节数组编码举例

因此，我们可以将字节数组 x 的 RLP 编码 $R_b(x)$定义为如下公式：

$$R_b(x)=\begin{cases} x & \|x\|=1 \wedge x[0]<128 \\ (128+\|x\|)\cdot x & \|x\|<56 \\ (183+\|BE(\|x\|)\|)\cdot BE(\|x\|)\cdot x & \text{其他} \end{cases}$$

其中，BE 是将正整数扩展为大端数组并去掉前导 0 的函数，符号 • 表示字符串的拼接。

2. 对列表的编码规则

(1) 如果列表长度(子列表编码之后的长度和)小于 56，编码结果第一位是 192 加列表长度的编码长度，然后依次连接各子列表的编码。如[97, 98, 99], [100, 101, 102]的编码结果为[200, 131, 97, 98, 99, 131, 100, 101, 102]。

(2) 如果列表长度超过 55，编码结果第一位是 247 加列表长度的编码长度，然后是列表长度编码本身，最后依次连接各子列表的编码。列表编码举例如图 5.5 所示：其中，248 代表 247+1(其中 1 是列表长度 2 的编码长度)，88 代表列表长度 2 的编码(51+1+35+1)，179 和后面的 84 到 32 代表第一个列表的 RLP 编码，163 和后面的 73 到 116 代表第二个列表的 RLP 编码。

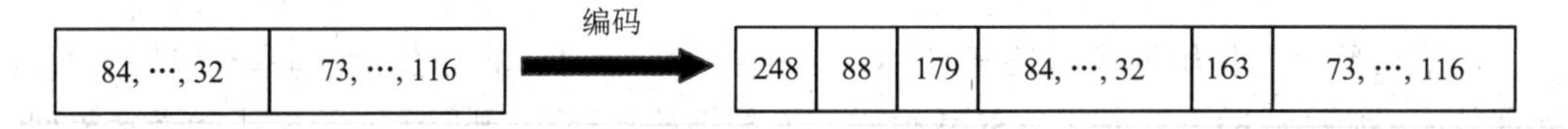

图 5.5　列表编码举例

因此，我们可以将列表 x 的 RLP 编码 $R_l(x)$定义为如下公式：

$$R_b(x)=\begin{cases} (192+\|s(x)\|)\cdot s(x) & \|s(x)\|<56 \\ (247+\|BE(\|s(x)\|)\|)\cdot BE(\|s(x)\|)\cdot s(x) & \text{其他} \end{cases}$$

其中：

$$s(x)\equiv RLP(x_0)\cdot RLP(x_1)\ldots$$

5.2.2　数据结构

本小节介绍数据层中的两种数据结构：区块和账户。

1. 区块

以太坊中，区块由以下三个部分组成，即 $B\equiv(B_H，B_T，B_U)$：

(1) 区块头，一些相关信息片段组成的集合，记作 B_H;

(2) 组成区块的交易集合 B_T;

(3) Ommer 区块的区块头列表 B_U(Ommer 区块指父区块与祖父辈区块)。

1) 区块头

以太坊区块头结构如图 5.6 所示。

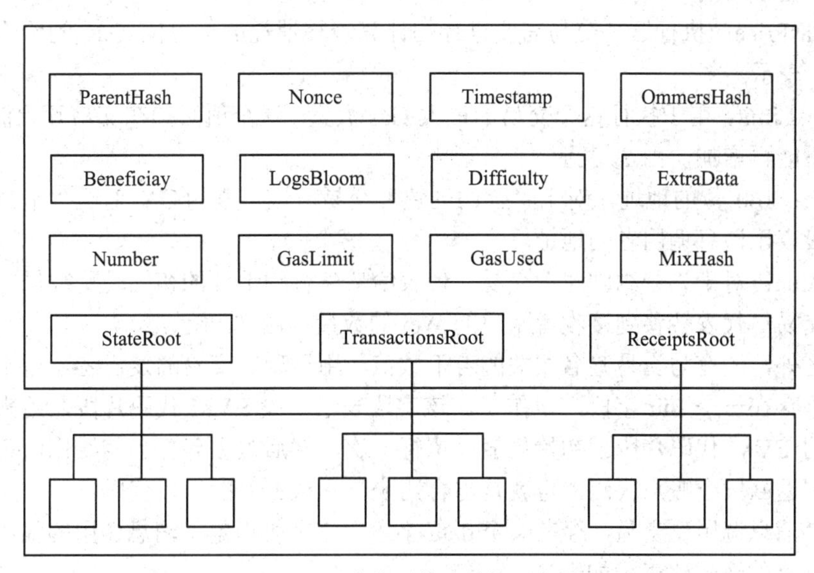

图5.6 以太坊区块头结构示意图

(1) ParentHash：256位哈希值，当前区块的上一个区块的哈希值。

(2) Nonce：64 bit，主要用于PoW共识情况下的挖矿，用于记录矿工成功出块所作哈希运算的次数。

(3) Timestamp：当前区块初始化时的Unix时间戳。

(4) OmmerHash：可理解为UncleHash，当前区块的叔块哈希值[10]。

(5) Beneficiay：160位地址，成功挖到这个区块的地址，该地址将接收该区块中所有交易产生的交易费。

(6) LogsBloom：由当前区块中所有交易的收据数据中可索引信息(产生日志的地址和日志主题)组成的布隆过滤器[11]。

(7) Difficulty：当前区块难度水平，可以根据前一区块的难度和时间戳计算得到。

(8) ExtraData：与当前区块相关的任意字节数据，必须在32 B以内。

(9) Number：当前区块的祖先的数量(即该区块的高度)。

(10) GasLimit：每个区块的当前Gas开支上限。

(11) GasUsed：当前区块中所有打包交易实际消耗的Gas总量。

(12) MixHash：256位哈希值，可以证明该区块已经做了足够多的计算。

(13) StateRoot：256位哈希值，所有交易被执行完且区块确认之后的状态树根节点的哈希值。

(14) TransactionRoot：由当前区块中包含的所有交易组成的树结构根结点的哈希值。

(15) ReceiptRoot：由当前区块中所有交易的收据组成的树结构根结点的哈希值。

2) 交易

交易是区块的重要组成部分，在以太坊中存在两种交易类型：一种是通过代码创建新的账户(称为“合约创建”)，另外一种是消息调用。这两种交易包含一些共同字段：

(1) Nonce：是相对于发送者的地址而言的，代表当前发送者的账户在节点网络中总的交易序号，由 T_n 表示。

(2) GasPrice：执行这个交易需要进行的计算步骤消耗的每单位 Gas 的价格，单位为 Wei，由 T_g 表示。

(3) GasLimit：用于执行这个交易的最大 Gas 数量。这个值必须在交易开始前设置，且设定之后不能再增加，由 T_g 表示。

(4) To：160 位的地址，对于“合约创建”交易，该字段为∅；对于“消息调用”交易，该字段表示消息调用者的地址。

(5) Value：对于“合约创建”交易，代表给新建合约地址的初始转账数量；对于“消息调用”交易，代表转移到接收者账户的 Wei 的数量，由 T_v 表示。

除此之外，还有与交易签名相关的若干数值，用于确定交易的发送者。对于“合约创建”交易，存在一个 Init 字段，记作 T_i。该字段表示一段 EVM 代码片段，用来初始化新合约账户的 EVM 代码片段。初始化值仅执行一次，然后被丢弃。当初始化值第一次执行的时候，它返回一个账户代码，也就是与合约账户永久关联的一段代码。

对于“消息调用”交易，存在一个 data 字段。该字段指定了消息调用的输入数据，由 T_d 表示。交易的形式化表示如下：

$$T \equiv \begin{cases} (T_n, T_p, T_g, T_t, T_v, T_i, T_w, T_r, T_s) & if \quad T_t = \varnothing \\ (T_n, T_p, T_g, T_t, T_v, T_d, T_w, T_r, T_s) & otherwise \end{cases}$$

对每一个交易中某些特定信息编码为交易数据 R，$R \equiv (R_u, R_l, R_b, R_z)$：

(1) R_u 表示包含该交易数据的区块中发生该交易之后累计的 Gas 使用量。

(2) R_l 表示交易过程中创建的日志集合。

(3) R_b 表示由 R_l 所构成的布隆过滤器。

(4) R_z 表示交易的状态代码。

3) Ommer 区块

在区块中，除了区块头和交易，还需要有 Ommer 区块，如图 5.7 所示。由于以太坊的特定构造，其区块产生时间(15 s 左右)比其他区块链(如比特币)快很多，这使得交易的处理速度更快。但是，较短的区块产生时间更容易出现临时分叉和孤块，也使区块在整个网络中难以充分传播。为了平衡各方利益，以太坊团队设计了叔块机制。叔块占全部挖出区块的比例叫做叔块率，目前以太坊网络的叔块率在 11%左右，每个区块最多允许打包两个叔块。

叔块率是一个很有用的指标，如果一个块中包含 k 个叔块，这意味着同一时间以太坊网络中产生了 k+1 个块，此时可以加大挖矿难度以达到稳定的目的。以太坊网络可以利用这个参数动态调节挖矿难度，以使挖矿速度恒定。叔块不宜用高度来表示，因为同一高度已经有了主链区块，但是叔块有高度，其高度等于叔块的父区块的高度加一。

Ommer 的目的是帮助奖励矿工纳入这些孤块，矿工包含的 Ommer 必须是往上数 6 代之内或更小范围内父区块的子区块。如果一个孤块在第 6 个子区块之后，那么这个孤块将不会再被引用。Ommer 区块使矿工得到的奖励少于全区块，但是这种激励使打包了叔块的矿工获得了一定的报酬。

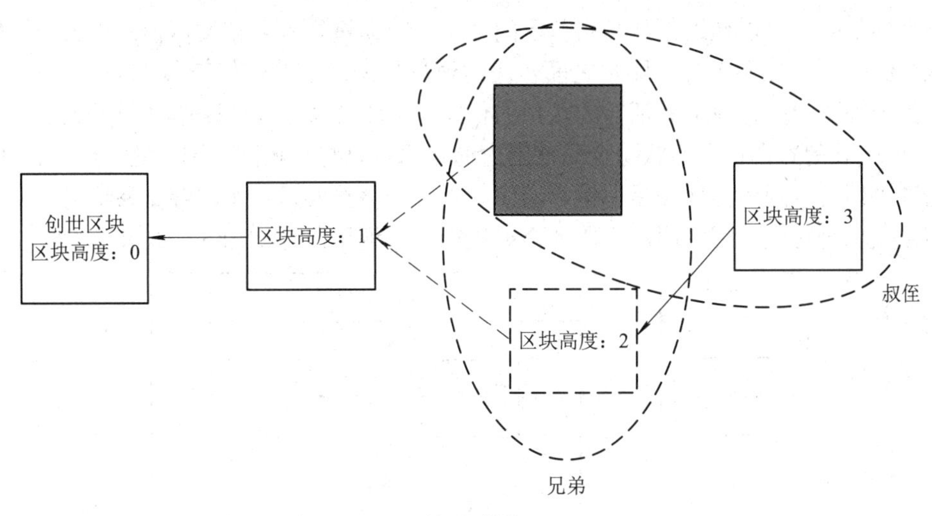

图 5.7　Ommer 区块

区块头中的LogsBloom是基于布隆过滤器实现的,作用是对交易的日志数据进行索引，以便快速查找日志。在具体实现中，LogsBloom 是一个 256 B 的字节数组，共 2048 位。对于一个 log，生成 LogsBloom 的过程如下所示：

(1) 将 log 进行 keccak256 哈希运算，得到一个 32 B 的哈希值。

(2) 取第 0 个和第 1 个字节的值拼接为一个 2 B 无符号的 int 值，将该值和 2047 按位与，得到一个小于 2048 的值 b。

(3) 取第 2、3 个字节和第 4、5 个字节合成另外两个无符号的 int。相当于布隆过滤器的函数个数设置为 3，这样做的目的是降低误判率。

(4) 将上面得到的 3 个数取或，得到 64 B 的 int 值。

每个交易都包含多个 receipt，一个 receipt 包括多个 log，而每个 log 都包括一个地址和多个 topic。对于每一个交易，将对应的日志地址和日志内容写入布隆过滤器中，在需要搜索时，按照布隆过滤器的搜索算法进行搜索。

在创建布隆过滤器时，首先创建 topics 的布隆过滤器，然后创建 logs 的布隆过滤器，接着创建收据的布隆过滤器，最后创建区块的布隆过滤器。与此相对应的，在查找日志时，依次在 block、header、receipt 中查找，最终找到相应的日志。

2. 账户

在以太坊系统中，状态是由被称为“账户”的对象、在两个账户之间转移价值和信息的状态转换构成的。每个账户都有一个与之关联的状态(账户状态)和一个 20 B 的地址(账户地址)。

以太坊中的账户包含两种不同的类型：外部账户和合约账户。

(1) 外部账户：被私钥控制且没有任何代码与之关联，通过自己的私钥来对交易进行签名，并发送消息给另外一个外部账户或合约账户。

(2) 合约账户：被合约代码控制且有代码与之关联，不可以自己发起一个交易。相反，合约账户只有在接收到一个交易之后(从一个外部账户或另一个合约账户处)，为了响应此交易而触发一个交易。

一个外部账户可以通过创建和用自己的私钥对交易进行签名来发送消息给另一个外部账户或合约账户。在两个外部账户之间传递的消息只是简单的价值转移(转账)。但是从外部账户到合约账户的消息会激活合约账户的代码，允许它执行各种操作(如代币转移、运算执行、合约创建等)。在以太坊状态全局范围内的合约可以与在相同范围内的合约进行通信，它们通过“消息”或“内部交易”进行通信。当一个合约发送一个内部交易给另一个合约时，与接收者合约账户相关联的代码就会被执行，其调用流程如图 5.8 所示。

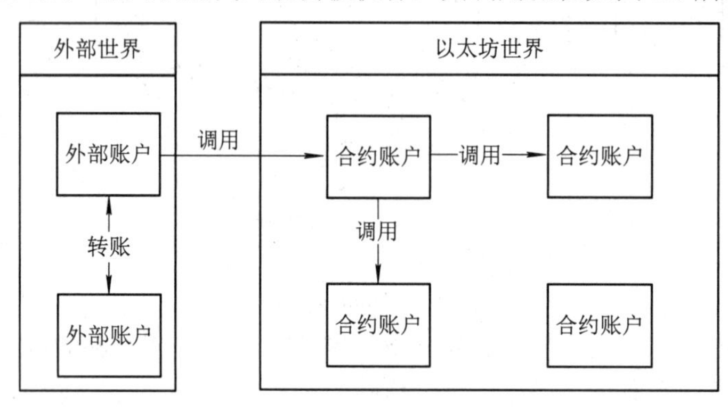

图 5.8　调用合约账户中的代码

需要注意的是，内部交易或不包含 GasLimit 的消息，因为它由原始交易的外部账户创建。外部账户设置的 GasLimit 必须要高于交易完成所需的 gas 值，如果交易或信息链中的一个消息执行造成 Gas 不足，那么这个消息的执行状态会被还原。

以太坊的账户状态包含以下 4 个部分：

(1) Nonce：如果是外部账户，序号代表此账户地址发送的交易序号；如果是合约账户，序号代表此账户创建的合约序号。

(2) Balance：此地址拥有的 Wei 的数量。

(3) StorageRoot：默克尔树的根节点的哈希值。

(4) CodeHash：此账户在 EVM 中代码的哈希值。

每个账户都由一对公私钥定义，账户以地址为索引，地址由公钥衍生得到。每对私钥/地址都编码在一个密钥文件里(Keystore)。私钥是 64 位的十六进制数字，公钥是 128 位的十六进制数字，地址是 40 位的十六进制数字。在以太坊中，私钥由用户自由选择，通过 ECDSA 算法推导出公钥，再通过 Keccak-256 哈希函数推导出地址。

5.3　网　络　层

与比特币类似，以太坊系统一般也采用基于互联网的 P2P 架构[12]，支持多节点的动态加入与离开，为网络连接提供了有效管理。在以太坊网络中，每个节点为对等节点，不仅可以作为服务端响应请求，还可以作为客户端使用其他节点提供的服务。

5.3.1　以太坊节点

在以太坊网络中，所有节点地位相等，每个节点都需要承担网络路由、区块数据传播、验证机制等功能。但是随着时间的推移和以太坊技术的发展，以太坊上的交易量日益增多，从而导致以太坊的数据容量不断增大。根据以太坊的备份要求，所有节点都需保存全部的数据文件。如果用户创建一个以太坊节点来进行开发，但又不想参与节点共识，同步数据将耗费大量硬盘存储资源和时间。

因此，以太坊网络采用了两种节点类型：全节点和轻节点。全节点存储了以太坊网络中所有的完整数据信息和最新状态，并需要实时参与数据验证和记录工作；轻节点只存储以太坊网络中的部分信息。

通常，矿工担任全节点的角色，因为他们在挖矿过程中需要同步所有区块链数据的节点。但是，除非一个节点需要执行所有的交易或轻松访问历史数据，否则该节点没有必要保存整条链，这就是轻节点概念的来源。比起全节点下载并存储整个链以及执行其中所有的交易，轻节点仅下载从创世区块到当前区块的区块头，不执行任何的交易或检索任何相关联的状态。由于轻节点可以访问区块头，而头中包含了 3 个 Merkle 树的根 Hash 值，所以所有轻节点依然可以很容易地生成和接收关于交易、事件、余额等可验证的答案。

在 Merkle 树中，Hash 值是向上传播的，如果一个恶意用户试图用一个假交易来交换 Merkle 树底的交易，那么这个假交易会改变它上一节点的 Hash 值，以此类推，一直到树的根节点。所以，根节点的正确性等价于该根节点对应的所有交易的正确性，如图 5.9 所示。

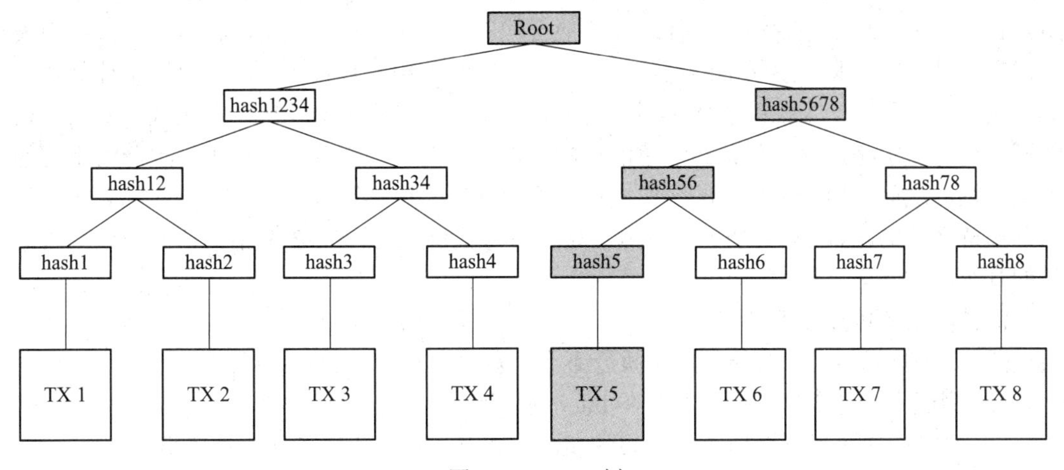

图 5.9　Merkle 树

5.3.2　以太坊网络

以太坊网络作为一个 P2P 网络，所有节点参与其中以维护区块链并有助于达成共识。一条区块链由一个创世区块开始，换言之，一个创世区块可以创造和代表一条区块链。工作在同一条区块链上的全部节点，称为一个网络。根据需求和使用情况，以太坊网络可以分为三种类型：主网络(MainNet)、测试网络(TestNet)和私有网络(Private Network)。

1. 主网络

主网络是绝大多数人正在使用的网络，也是以太坊当前的实时网络，又称为正式网络或生产环境网络。用户在主网络上进行交易，构建智能合约，矿工在其上挖矿。由于使用的人数众多，主网络的鲁棒性很强，能够对抗多种攻击，区块链也不易被篡改。因此主网络是功能性强，可产生实际价值的以太币网络。通常一种区块链只有一个主网络，比如比特币、莱特币、以太坊等。以太坊主网络的当前版本为Byzantium(Metropolis)，其链ID为1。链ID用于标识网络。我们可以在区块链浏览器上获得有关区块和其他相关指标的详细信息，从而进一步探索以太坊。

主网络的优点如下：

(1) 主网络是全球化的，部署在Internet环境上；

(2) 主网络可以清楚地查看区块的调用、智能合约的代码及其执行情况；

(3) 主网络上部署的智能合约可以被全世界任何应用调用。

主网络的缺点如下：

(1) 主网络上任何合约的执行都会消耗真正有价值的以太币，不适合进行开发、测试与调试；

(2) 主网络上所有的节点都是全球化的，因此运行速度较慢；

(3) 主网络对于部分商业应用并不适用，因为它们只需要一部分节点，而不是遍布全球的网络。

2. 测试网络

除主网络之外，以太坊还有若干个测试网络。因为主网络中的以太币是有实际价值的，所以直接在主网络上进行钱包软件或者智能合约的开发将会非常危险，稍有不慎就会损失以太币，甚至影响整个主网络的运行。同时，主网络使用人数较多，矿工更是不计其数。如果用户自己开发一个挖矿软件，用一台笔记本电脑几乎不可能挖出一个区块，从而导致测试不可行。于是，出于测试和学习的目的，以太坊有一小部分节点使用与主网络不同的创世区块，从而开启一条全新的区块链作为测试网络，用于智能合约和DApp部署到主网络区块链之前的测试。以太坊的测试网络是由官方提供的，在5.3.3节中具体介绍以太坊运行的几个测试网络。

测试网络的优点如下：

(1) 在测试网络上，智能合约的执行不会消耗真实有价值的以太币；

(2) 测试网络是全球化的，部署在Internet环境上；

(3) 测试网络可以清楚地查看区块的调用、智能合约的代码及其执行情况；

(4) 测试网络上部署的智能合约可以被全世界任何应用调用。

测试网络的缺点如下：

(1) 测试网络上所有的节点都是全球化的，因此运行速度较慢；

(2) 测试网络无法作为商业应用的实际落地环境。

3. 私有网络

私有网络是用户为生成新的创世区块而创建的专用网络。由于测试网络由以太坊官方提供，因此其对于以太坊技术的底层实现、客户端的各种参数接口和整个以太坊技术的真实性能理解较弱。从开发的角度而言，私有网络可以从技术底层去深入理解以太坊。在私有网络中，一组私有实体启动其区块链并将其用作许可的区块链。开发者可以在自己的主机上搭建一个拥有几个节点的私有网络，甚至是只拥有一个节点的以太坊运行环境。与主网络对应以太坊公有链不同，私有网络对应的是以太坊私有链或联盟链。

私有网络的优点如下：

(1) 私有网络更便于开发者深入理解以太坊的底层技术；

(2) 私有网络上的节点相对较少，因此运行速度较快；

(3) 私有网络可以由用户随时创建、销毁；

(4) 私有网络可以随意地增加或删除节点的数目；

(5) 私有网络既可以在服务器上建立，也可以在用户本地的计算机上建立，一个计算机甚至可以建立多个节点，实现多节点的私有网络。

然而，私有网络不是全球化的，因此只有私有网络内部的节点才能查看智能合约的执行、调用等情况。

5.3.3　以太坊测试网络

在以太坊中，主网络一般支持全球访问，性能和安全性较高，但是交易时需要消耗以太币，不适合开发者频繁进行验证测试；而测试网络部署范围相对较小，消耗的以太币可以从测试网站官方申请，没有实际的应用成本。

1. 以太坊 1.0 测试网络

以太坊 1.0 公开的测试网络原来共有 4 个，到现在仍在运行的有 3 个。每个测试网络都拥有自己的创世区块、名字和运行的共识机制。按照网络开始运行时间的早晚，测试网络依次为 Morden、Ropsten、Kovan 和 Rinkeby。这些测试网络面向广大的以太坊区块链爱好者，在开发智能合约和熟悉以太坊基础知识方面提供了便利的运行环境。

1) Morden

Morden 是以太坊官方最早提供的测试网络，从 2015 年 7 月开始运行，采用的共识机制是 PoW。

在以太坊产生的初期，为了解决 Morden 和主网络之间的重放攻击，Morden 添加了 Nonce 偏移量，即所有 Morden 网络上的账号的使用初始 Nonce 为 2^{20} 而不是 0，从而保证了在一条链上的合法在另一条链上不合法。

到 2016 年 11 月，由于 Morden 难度值较低，难度炸弹已经严重影响出块速度，Morden 不得不分叉退役，重新开启一条新的区块链。

2) Ropsten

Ropsten 也是以太坊官方提供的测试网络，是为了解决 Morden 难度炸弹问题而重新分叉启动的一条公共测试网络区块链。Ropsten 目前仍在运行，采用的共识机制是 PoW。由于测试网络上的以太币没有实际价值，因此 Ropsten 的挖矿难度很低，目前仅在 755 MB 左右，只是主网络的 0.07%。Ropsten 的低难度使得一台普通笔记本电脑的 CPU 也可以挖出区块，获得测试网络上的以太币，从而方便开发人员测试软件，但是不能阻止攻击。

PoW 共识机制要求有足够强大的计算能力，以确保没有人可以随意生成区块，这种共识机制仅在具有实际价值的主网络中有效。测试网络上的以太币没有任何价值，因此没有强大的算力投入来维护测试网络的安全。这使得测试网络的挖矿难度非常低，即使几块普通的显卡也足以进行一次 51%攻击，或者用垃圾交易阻塞区块链，攻击的成本非常低。

除此之外，由于计算量低，Ropsten 很容易遭受 DDoS 攻击、网络分叉及其他干扰。2017 年 2 月 24 日，Ropsten 便遭到了一次利用测试网络的低难度进行的无 Gas 的 DDoS 攻击。攻击者发送了千万级的垃圾交易，并逐渐把区块 Gas 的上限从正常的 4 700 000 提高到了 90 000 000 000，在一段时间内影响了测试网络的运行，测试功能也因此失效。Rospten 测试所需用的以太币可以从 http://faucet.ropsten.be:3001/地址处申请获得，可以在 https://ropsten. etherscan.io/上通过钱包地址查询交易记录。

3) Kovan

为了解决测试网络中 PoW 共识机制的问题，在 Rospten 遭受攻击而瘫痪之后，多家以太坊公司合议发起了一个新的测试网络 Kovan。Kovan 采用了由以太坊钱包 Parity 开发团队首创的 PoA 作为共识机制。

PoW 共识机制利用工作量来获得生成区块的权利，矿工只有在完成一定量的计算后，算出满足某一个条件的值，才能够生成有效的区块。而 PoA 机制由若干个权威节点来生成区块，其他节点无权生成，从而节点不需要进行挖矿。由于测试网络上的以太币并没有实际价值，权威节点仅仅用来防止区块被随意生成，避免造成测试网络拥堵，完全是义务劳动，不存在作恶的动机，因此这种机制在测试网络上是可行的。

Kovan 与主网络使用不同的共识机制，影响的仅仅是谁有权来生成区块以及验证区块是否有效的方式。权威节点可以根据开发人员的申请生成以太币，并不影响开发者测试智能合约和其他功能。此外，Kovan 通过一种由多名成员公司联合控制的“水龙头”服务，仅将以太币提供给合法的开发者，从而阻止了恶意分子获得大量的以太币，解决了垃圾攻击交易问题。Kovan 测试所需用的以太币可以从 https://gitter.im/kovan-testnet/faucet 地址处申请获得，可以在 https://kovan.etherscan.io/上通过钱包地址查询交易记录。

4) Rinkeby

Rinkeby 也是以太坊官方提供的测试网络，不过它使用的是 Clique PoA 共识机制(https://github.com/ethereum/EIPs/issues/225)。与 Kovan 不同，以太坊团队提供了 Rinkeby 使用的 PoA 共识机制说明文档，理论上任何以太坊钱包都可以根据这个说明文档，支持 Rinkeby 测试网络。Rinkeby 上的矿工按照 PoA 共识机制选举产生，并可以按照设置轮流产生区块。Rinkeby 提供了一个 dashboard(https://www.rinkeby.io/#stats)，可以呈现网络的基本状况，如图 5.10 所示。

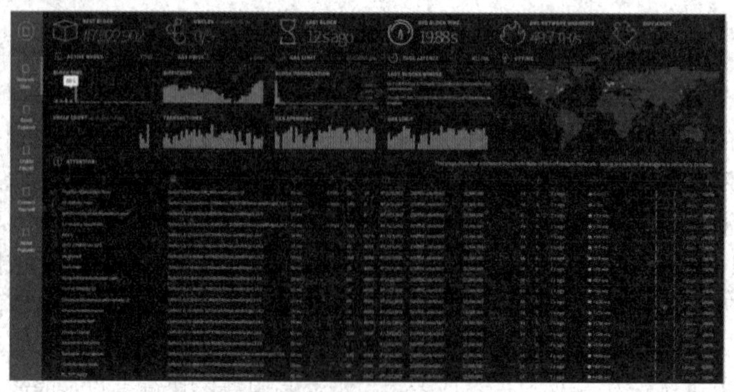

图 5.10　Rinkeby 网络情况

Rinkeby 测试所需用的以太币可以从 https://faucet.rinkeby.io/地址处申请获得，可以在 https://rinkeby.etherscan.io/上通过钱包地址查询交易记录。

Ropsten、Kovan 和 Rinkeby 这三个测试网络都不需要在本地搭建任何服务就可以直接使用，其区别如表 5.1 所示。

表 5.1　测试网络的区别

测试网络名称	支持客户端	共识机制	能否挖矿
Ropsten	Geth 客户端	PoW	是
Kovan	Parity 客户端	PoA	否
Rinkeby	Geth 和 Parity 客户端	PoA	否

如今，Ropsten 已经包含针对特定版本创建的其他较小测试网和专用测试网的所有功能，例如 Kovan 和 Rinkeby 这些为测试拜占庭版本而开发的较小的测试网上实现的更改也已在 Ropsten 上实现。现在，Ropsten 包含 Kovan 和 Rinkeby 的所有属性。但是，对于开发中的测试环境，我们更推荐使用 Kovan 或 Rinkeby 测试网络，因为它们使用的 PoA 共识机制能够确保交易和区块一致，并可以及时创建。虽然 Ropsten 最接近以太坊主网络，但是其使用的 PoW 共识机制更容易遭到攻击，对以太坊开发来说往往存在更多的问题。

表 5.2 介绍了以太坊网络及其网络 ID，这些网络 ID 被以太坊客户端用来标识网络。

表 5.2　以太坊网络及其网络 ID

网络名称	网络 ID/链 ID
以太坊主网络	1
Morden	2
Ropsten	3
Rinkeby	4
Kovan	42
以太经典主网络	61
私有网络	由开发人员分配

2. 以太坊 2.0 测试网络

以太坊 2.0 第一阶段，即阶段 0，是信标链。在信标链中，多个权限的 Eth2.0 客户端将通过全新的网络连接方式和共识达成机制，协同开发一个全新的区块链。在启动信标链主网之前，需要创建一个长期存在的测试网，尽可能地模拟主网运行情况。这种测试网要求稳定、长期、持久地运行，这需要由多个 Eth2.0 客户端(理想情况下由所有 Eth2.0 客户端)支持。目前，以太坊 2.0 支持多客户端的公共测试网络有 4 个，按网络开始运行时间的早晚依次为 Schlesi、Witti、Altona 和 Medalla。

1) Schlesi

Schlesi 是继以太坊 2.0 发布首个具有阶段 0 主网配置的单客户端测试网 Topaz 之后，以太坊社区的第一个多客户端测试网，于 2020 年 4 月 27 日正式启动。Schlesi 的测试目标是以太坊 2.0 的 v0.11.1 和 v0.11.2 规范。Schlesi 首先支持了 Lighthouse 和 Prysm 这两个客户端。在 2020 年 5 月 17 日，由于 Prysm 客户端在惩罚计算上的编程漏洞，Schlesi 测试网出现了分叉。

2) Witti

在 Schlesi 出现分叉之后，以太坊基金会决定启动一个新的多客户端测试网，即 Witti 测试网。Witti 的测试目标是以太坊 2.0 的 v0.11.3 规范，于 2020 年 5 月 27 日正式启动。与 Schlesi 不同的是，Witti 的创世状态有 3 个客户端，分别为 Lighthouse、Prysm 和 Teku。

3) Altona

Altona 是第一个使用以太坊更新的 v0.12 规范的测试网，于 2020 年 6 月 29 日正式启动，共有 Prysm、Lighthouse、Teku 和 Nimbus 4 个客户端参与此次运行测试。开发人员计划以 Altona 为基础，为公众提供第一个长期存在的以太坊 2.0 测试网络。

4) Medalla

以太坊 2.0 的下一个多客户端测试网 Medalla 于 2020 年 8 月 4 日启动，共有 5 个客户端参与 Medalla 的创世，分别为 Prysm、Lighthouse、Teku、Nimbus 和 Lodestar。Medalla 的测试目标是 v0.12.2 规范，旨在成为主网启动之前的最后一个测试网。在此之前，多客户端测试网主要由 Eth2.0 客户端团队和以太坊基金会成员运行。Medalla 的出现意味着以太坊链即将完全掌握在社区手中。

需要注意的是，上文提及的公共测试网络面临的首要问题是解决各客户端开发团队的 Bug 和优化等，又称为“开发网络”，大约每 1～2 周重启一次，并不像 Rinkeby 那样长期存在。

5.3.4　以太坊本地私链

严格地说，本地以太坊私链没有 P2P 网络，只是构建了一个单节点的以太坊运行环境，所有智能合约和网络 API 均与实际的以太坊一致。对于开发者而言，本地以太坊私链更容易部署和测试，而且功能齐备[13]。

搭建私有网络，首先需要创建并配置创世区块文件 genesis.json，代码如下：

```
{
"alloc": {        }
"coinbase": "0x0000000000000000000000000000000000000000",
"difficulty": "0x4000",
"extraData": "private net",
"gasLimit": "0xffffffff",
"nonce": "0x0000000000000042",
"mixhash": "0x0000000000000000000000000000000000000000000000000000000000000000",
"parentHash":
"0x0000000000000000000000000000000000000000000000000000000000000000",
"timestamp": "0x00"
}
```

运行以下命令，创建创世区块：

```
geth --datadir "./" init genesis.json
```

执行一条最简单的 geth 命令，创建自己的私链：

```
geth --datadir "./" --nodiscover console 2>>geth.log
```

在控制台中通过命令 personal.newAccount() 就可以在自己的私有链条上创建新账户，可以使用 eth.accounts 查看账户列表。

执行命令 miner.start() 后，私链就开始进行挖矿。打开另一个终端，找到文件 geth.log 所在的目录，执行命令 tail -f geth.log 即可查看持续的输出以太坊的日志。当日志输出为100%时，这个私有以太坊测试链就会正式启动，并持续产生以太币。

挖矿生成的以太币会默认保存在第一个账户，即 eth.acccounts[0]中。挖矿启动后，可以通过命令 eth.getBalance(eth.accounts[0])查看主账户的以太币数量。如果余额不为 0，则说明挖矿成功，可以进一步进行其他交易操作。

5.4 共识层

5.4.1 Ethash 算法

比特币采用 PoW 共识机制已稳定运行了十几年，但是近几年随着比特币价值的提升，挖矿逐渐趋于专业化、中心化。这不仅违背了中本聪的初衷，而且对整个区块链系统的安全也造成了威胁。因此当以太坊 1.0 要使用 PoW 算法时，就需要解决这些问题。

以太坊 1.0 针对 Dagger-Hashimoto 进行了改进，形成了新的算法：Ethash。该算法不仅可以对抗专业的 ASIC 矿机，避免算力的集中化，使挖矿更贴近普通计算机，而且支持轻客户端进行简单支付验证(Simplified Payment Verification，SPV)。Dagger-Hashimoto 算法的介绍如下：

(1) Hashimoto：由 Thaddeus Dryja 提出，通过在挖矿过程中增加内存读取来抵制 ASIC 矿机。ASIC 矿机可以通过设计专有电路来提升计算速度，但是很难提升“内存读取”的速度。

(2) Dagger：由 Vitalik Buterin 提出的一种算法，使用有向无环图(Directed Acyclic Graph，DAG)来同时实现“Memory-hard 计算”和“Mermory-easy”验证。其核心原则是：每个 Nonce 的生成需要 DAG 数据中的一小部分，而为每个 Nonce 重新计算这些数据会影响挖矿的效率，因此需要存储 DAG，但是对单个的 Nonce 值进行验证却不需要生成 DAG。

(3) Dagger-Hashimoto：以太坊最初起草的共识算法是 Dagger-Hashimoto，此算法由 Hashimoto 和 Dagger 融合而来，使用 Dagger 算法生成数据集，Hashimoto 算法使用 Dagger 生成的数据集、区块头和 Nonce 作为输入，生成每轮难题的解。

1. 算法简介

Ethash 算法设计的基本思路是：轻节点因为硬件设备和节点特性，存在计算能力不足、内存小的特点，而矿工因为挖矿需要计算大量哈希，具有计算能力强、内存大的特点。因此为了对抗 ASIC 矿机就需要在挖矿时增加内存消耗，避免挖矿只需要算力的问题，而验证时为了照顾轻节点只需要很小的内存[14]。以太坊使用一大一小两个数据集来实现这些目标，大的数据集由小的数据集生成，全节点保存大数据集用于生成区块，轻节点保存小的数据集便于验证区块的正确性并且进行 SPV。

Ethash 算法的主要流程如下：

(1) 根据区块链的高度计算一个种子(Seed)。

(2) 由 Seed 计算出一个约 16 MB 的伪随机缓存(Cache)，Cache 随区块的高度线性增长，轻节点存储 Cache 以便于其验证和 SPV。

(3) 由 Cache 计算生成一个约 1 GB 的数据集(Dataset)，其中的每个元素由 Cache 中的一部分元素生成。全节点和矿工存储 Dataset，并且其大小也是随区块的高度线性增长。

(4) 在挖矿时，矿工需要通过区块头、Nonce 值和 Dataset 中的元素计算出一个值，之后判断这个值是否满足目标阈值，若满足，则挖矿成功。轻节点仅根据 Cache 就可以快速计算出 Dataset 中指定位置的数据，从而通过本地存储的区块头和 Nonce 值完成验证。

2. 缓存与数据集

以太坊中每 30 000 个块称为一个纪元(Epoch)，每一个 Epoch 更新一次 Cache 和 Dataset。对于前 2048 个 Epoch，即 61 440 000 个区块，其 Cache 和 Database 的大小是直接写在以太坊代码中的，之后的部分需要节点自己进行计算，如表 5.3 所示。

表 5.3　参数介绍

符　号	值	描　述
H_i	i	区块链第 i 个块的高度
Epoch	$\frac{H_i}{30\,000}$	每 30 000 个区块称为一个纪元
CacheInitSize	2^{24}	以字节为单位的 Cache 的初始值大小：16 MB
CacheGrowth	2^{17}	Cache 增长的单位
DatasetInitSize	2^{30}	以字节为单位的 Dataset 的初始值大小：1 GB
DatasetGrowth	2^{23}	Dataset 的增长单位

以太坊中 Cache 和 Dataset 的大小分别随参数 CacheGrowth 和 DatasetGrowth 线性增长，但是为了减少偶然规律导致的数据集生成或挖矿中出现的循环风险，总是取线性增长阈值以下的最大素数，具体算法如下。例如，Ethereum 源码中初始 Cache 值的大小为 16 776 896 字节，就是使用下面算法迭代三次后算出来的结果。

```
CacheSize := CacheInitSize + CacheGrowth*Epoch -64
while not IsPrime(CacheSize/64):
    CacheSize -= 2*64

DatasetSize := DatasetInitSize + DatasetGrowth*Epoch -128
while not IsPrime(DatasetSize/128):
    DatasetSize -= 2*128
```

Cache 的生成需要先根据区块号计算出一个种子(Seed)的值，Seed 的初始值是一个空的 32 B 的数组，之后每个 Epoch 的 Seed 值是对前一个 Seed 值再次进行哈希得到。计算出 Cache 大小后，以 64 B 为单位将其分割成数组，数组的大小记为 N，之后使用 Seed 的值通过运算后不断填充 Cache，得到 Cache 的初始值。

```
Seed := byte[32]{0}
for i := 0 to Epoch do:
      Seed = Sha3_256(Seed)
N := CacheSize/64
//Cache 的每个元素为 64 B，共有 N 个元素
Cache[0] := Seed
for i := 1 to N-1 do:
      Cache[i] := sha3_512(Cache[i-1])
```

然后使用 RandMemoHash 算法对初始的 Cache 进行三轮迭代，得到最终的 Cache 值。N 同上，R 代表的是我们进行几轮迭代，以太坊中取值为 3。这里对 RandMemoHash 算法进行了简化，方便读者理解，具体算法如下：

```
for r := 1 to R do:
    for b := 0 to N-1 do:
      P := (b-1 + N) mod N
      q := Cache[j] mod N
      Cache[b] := Sha3_512(Cache[j]||(Cache[p]^Cache[q]))
```

Dataset 中的元素都是从 Cache 中随机读取的一些元素，经过一系列计算后得到的。如计算 Dataset 中第一个位置的数据，首先读取 Cache 中 A 位置的数据，对这个位置的数据计算后得到下一个读取位置 B。如此迭代读取 256 次，最终算出一个值作为 Dataset 中的第一个元素，Dataset 中每个元素都是这种方式生成的。

下面介绍此算法中使用的 FNV hash 算法。FNV 是由三位创建者的名字得来的，Hash 算法最重要的目标是要高度分散，避免碰撞，最好是相近的源数据加密后完全不同，哪怕只有一个字母不同，FNV hash 算法就是这样的一种算法。0x01000193 是 FNV hash 算法的一个 hash 质数，哈希算法会基于一个常数来做散列操作，0x01000193 是 FNV 针对 32 bit 数据的散列质数。

```
FNV_PRIME = 0x01000193
def fnv(v1, v2):
    return ((v1 * FNV_PRIME) ^ v2) % 2**32
```

以 Dataset 的第 i 个元素为例，介绍 Dataset 是如何生成的，Dataset_i 代表第 i 个数据，算法如下：

```
N := len(Cache)
//对 Dataset_i 进行初始化处理
var Dataset_i byte[64]
Dataset_i = Cache[i % N]
//前四个字节和 i 取异或，后面的字节和 Cache[i % N]中对应的字节相等
Dataset_i[:4] ^= i
Dataset_i = sha3_512(Dataset_i)
//不断迭代读取 256 轮，最终生成第 i 个元素的值
for j := 0 to 255 do:
 Cache_index = FNV(i ^ j, Dataset_i[j % 64])
 //Dataset_i 和 Cache[Cache_index % N]每四个字节做一次 fnv 操作
 Dataset_i = map(fnv, Dataset_i, Cache[Cache_index % N])
//将循环 256 轮后 Dataset_i 的值取哈希后填充到 Dataset 的第 i 个位置
Dataset_i = Sha3_512(Dataset_i)
```

3. 区块难度与难度炸弹

区块难度是以太坊网络中全网设置的一个值，能够动态调整每个区块的挖矿难度，以维持恒定的出块速率，每个区块难度可以使用下面的公式计算得到。$D(H)$表示第 H 个区块的难度，创世区块的难度是一个固定值 D_1=131072。之后的区块难度由上一个区块的难度 $D(H-1)$加上难度调整 $x*\alpha$ 再加上一个难度炸弹 β 构成。每个区块的难度调整有最低的下限，即不能低于创世区块的难度，这也是式(5-1)中 $\max(D_1, D(H-1)+x*\alpha)$的由来。

$$D(H)=\begin{cases} D_1 & H=1 \\ \max(D_1, D(H-1)+x*\alpha)+\beta & H>1 \end{cases} \tag{5-1}$$

其中，$x=\left\lfloor \dfrac{D(H-1)}{2048} \right\rfloor$，$\alpha=\max(1-\dfrac{T_i-T_{i-1}}{9},-99)$。

T_i表示第 i 个区块的时间戳，x 表示每次难度调整的单位是上一个区块难度的 1/2048；α 通过对这个区块和上个区块的间隔时间差做一些处理，从而达到影响出块时间的动态平衡。此外，为了防止黑天鹅事件，每次难度调整有一个下限−99。如果相邻的两个区块间隔时间比较短，则 α 是一个正值，将会导致下一个区块挖矿难度的上升计算量的增大，因此大概率会延长下一个区块的出块时间。反之，则会导致挖矿难度的降低，减少下一个区块的出块时间。

以太坊的难度炸弹指的是式(5-2)中的 β，这是一个每 10 万个区块呈指数型增长的难度因子，H_i代表伪区块高度，即目前的区块高度减去一些固定的数值。

$$\beta=\left\lfloor 2^{\lfloor H_i \div 100\,000 \rfloor -2} \right\rfloor \tag{5-2}$$

以太坊 1.0 使用的共识机制是基于 PoW 的 Ethash，因此 PoW 内在的缺点是不可避免的，比如：以太坊网络每秒只能处理大约 15 笔交易，解决 PoW 难题的过程中会导致电力

资源的浪费，这都构成了以太坊未来发展的瓶颈。为了解决这些问题，以太坊 2.0(也称为“Serenity”)将会使用 PoS 作为系统的共识机制，PoS 的运用将会降低挖矿的门槛，矿工不需要再去购买价格高昂的硬件矿机，只需要购买一定数量的 ETH，就可以参与打包区块的过程。因此，对矿工来说他们花高价购买的矿机将无用武之地，这势必会引起矿工的不满。为了防止 PoW 转 PoS 的过程中矿工联合起来抵制，从而分叉出两条以太坊区块链，引入了难度炸弹。

难度炸弹每 10 万个区块调整一次，在一开始，难度炸弹增加的难度并不引人注意，但是随着区块高度的增加，呈指数增长的难度炸弹占难度调整的比重显著提高。到了某个节点，难度炸弹会使出块难度突然增加，矿工挖出新区块的时间也会显著增加，这被以太坊称为“冰川时代”(Ice Age)。到那时，由 PoW 转 PoS 引起的硬分叉就不再有太大威胁，毕竟没有人会继续待在那条将要走向寒冬的区块链。

由于 PoS 协议开发难度非常大，应用到现在的以太坊系统中还存在一些问题，因此目前 PoW 仍然是以太坊的主要挖矿机制。但是由于难度炸弹的存在，随着区块号的增加，挖矿难度持续快速的呈指数级增加。为了保证网络通畅，维护系统的稳定，在正式上线 PoS 机制之前，通过不断回退区块高度(即使用现有区块个数减去希望回退的区块个数)减少难度炸弹带来的影响，这也是使用伪区块高度的原因。比如最近的一次难度调整发生在 2019 年 11 月 20 日，那时的出块时间接近 20 s，严重影响了以太坊系统的吞吐量。为了维护系统的稳定，为以太坊 2.0 争取更多的时间，以太坊将难度炸弹推迟了 900 万个区块。图 5.11 是以太坊的区块难度变化图。

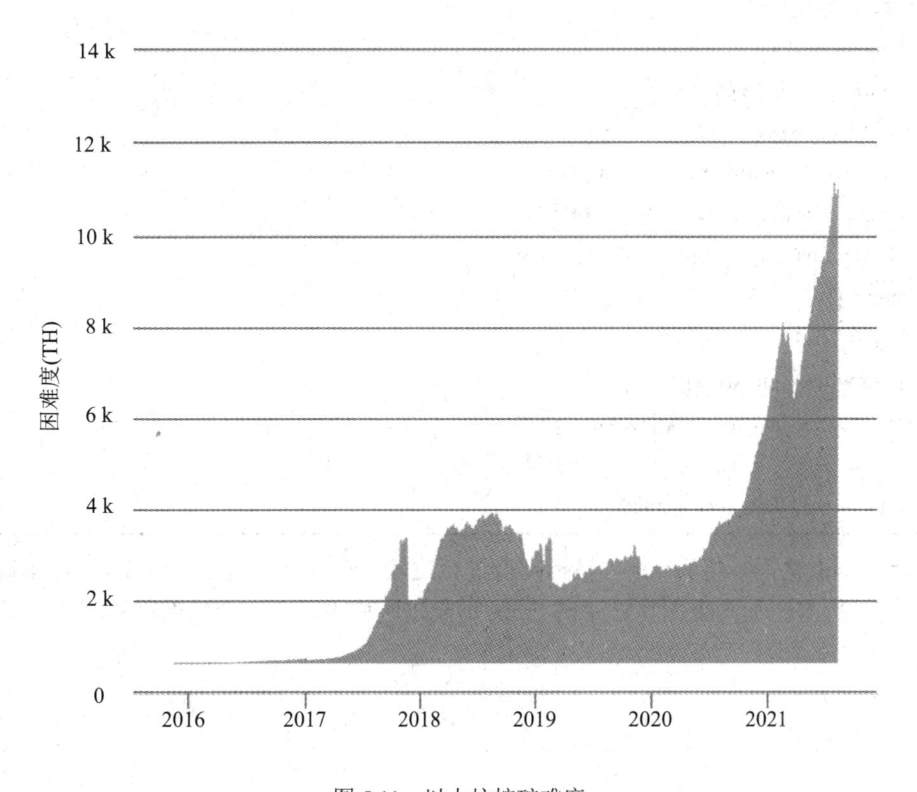

图 5.11 以太坊挖矿难度

4. 挖矿算法

以太坊求解 PoW 难题时用的是区块头、一个随机数(记为 Nonce)和 Dataset。需要注意的是，此时的区块头不包括 Nonce 值和 PoW 难题的解。首先，根据区块头和 Nonce 算出一个初始的哈希值，将哈希值映射到大数据集中的某个位置，然后进行一系列运算得到下一个数据的位置，每次读取的时候还要把相邻的元素读取出来。通过 64 次循环，最终算出一个哈希值，与挖矿难度的目标阈值进行比较。如果小于目标阈值，则挖矿成功，否则将 Nonce 值加 1 后重复上面过程。图 5.12 形象地说明了这个过程。

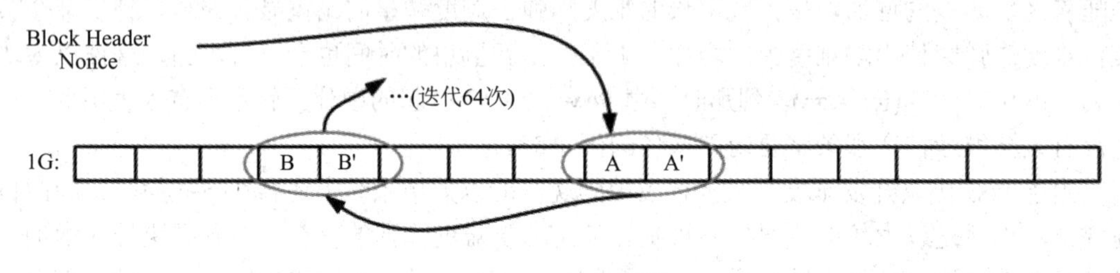

图 5.12　挖矿算法

下面是具体的算法：

```
N := len(Dataset)
HeaderHash := sha3_256(Header)
Seed := sha3_512(HeaderHash || Nonce)
var mix byte[128]
for i := 0 to 127 do:
 mix[i] = Seed[i % 64]
for i := 0 to 63 do:
 p := fnv(i ^ Seed[0], mix[i % 128]) % N
 temp := Dataset[p] || Dataset[(p + 1) % N]
mix[i] = fnv(mix[i],temp)
cmix = []
for j := 0 to 127 do :
 t := fnv(mix[j],mix[j+1])
cmix.append(fnv(fnv(t,mix[j+2]),mix[j+3]))
j += 4
result := sha3_256(Seed || cmix)
```

得到 result 之后，将 result 与目标阈值进行比较，查看是否满足式(5-3)。如果满足，则挖矿成功，将 Nonce 与上面算法中的 cmix 填充进区块中，一个合法的区块就完成了。

$$\text{result} \leqslant \frac{2^{256}}{D(H)} \tag{5-3}$$

5.4.2　Ghost 协议

相比于比特币 10 min 出一个区块，以太坊出块时间约为 15 s。虽然这确实在一定程度上提升了系统交易的吞吐量，但是由于区块在网络中传输的延迟，区块链可能会频繁地分叉。如果依然使用比特币的最长链原则，那么会产生许多孤块(区块链分叉的情况下没有成为主链上的区块)，这些孤块会被丢弃，因此挖到这个块的矿工花费了算力资源但是没有得到区块奖励，这会打击矿工的参与积极性，并且影响区块链网络的安全性。在这种情况下，以太坊引入了 Ghost 作为主链选择协议，解决了这些问题。

首先介绍以太坊 Ghost 协议中引入的叔块概念。在以太坊中认为孤块也是有价值的，所做的工作量证明也应该为主链的安全作出贡献。因此以太坊允许矿工将孤块的区块头打包进区块中，这样孤块就成为以太坊主链的一部分，被称为叔块，图 5.13 描述了这种关系。

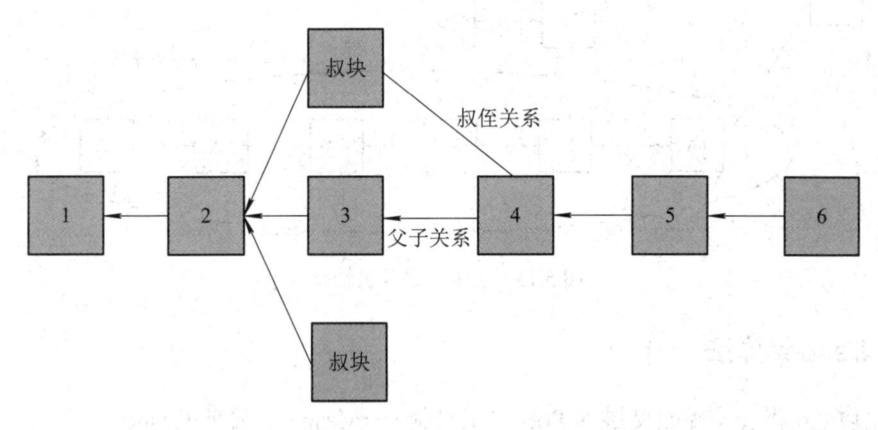

图 5.13　叔块

为了激励矿工将叔块打包进区块中，如果在最长合法区块链上的区块包含一个叔块，就可以额外获得 1/32 的出块奖励(现在出块奖励为 3ETH，因此可以获得 0.093 75ETH)，然而每个区块中最多只能包含 2 个叔块。被包含到区块链上的叔块也可以获得相应奖励，但是为了减少区块链维护的状态，一个区块可以包含的叔块不能超过 6 代。计算公式为

$$叔块奖励 = (叔块高度 + 8 - 包含叔块的区块的高度) \times 出块奖励/8$$

图 5.14 说明了叔块获得奖励的比例，比如第 8 个区块将其父区块 6 对应的叔块包含进来，则可以获得 6/8 的出块奖励。

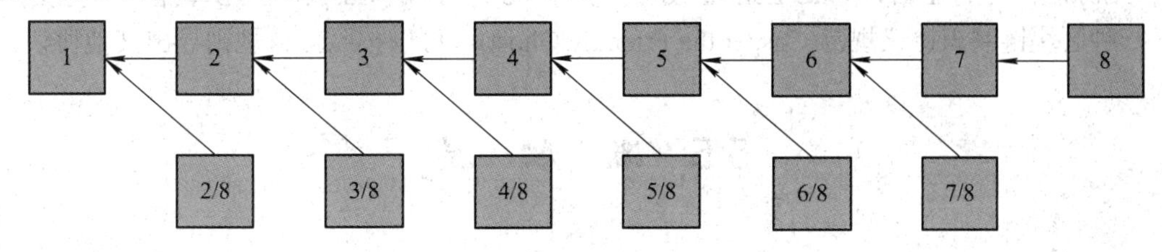

图 5.14　叔块获得的奖励比例

Ghost 协议选择最长合法链的主要思想是将包含区块和叔块最多的链作为最长链，以图 5.15 为例。在比特币中，最终胜出的链是 0<--1A<--2A<--3A<--4A<--5A<--6A，这是由

比特币的最长链规则所决定的，但是在以太坊中，Ghost 协议把区块链中包含的叔块也算了进来，因此最终合法链是 0<--1B<--2C<--3D<--4B。

通过上述介绍，Ghost 协议的主要作用分为两方面：① 选择最长合法链；② 处理区块链的分叉，并且通过激励措施鼓励分叉尽早合并。

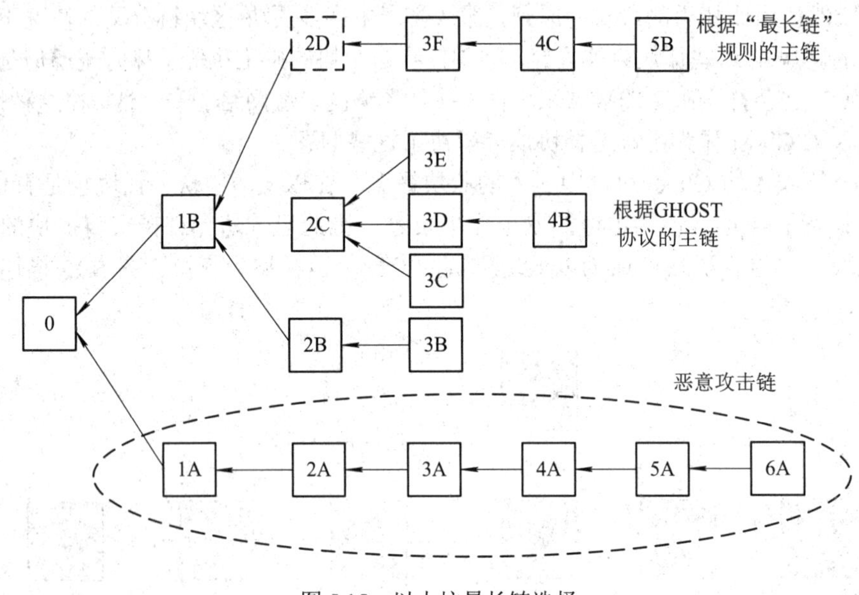

图 5.15　以太坊最长链选择

5.4.3　Casper 算法

以太坊 2.0 将会采用改良过的 PoS 共识机制——Casper。目前 Casper 存在两个不同实现的版本，分别是 Casper the Friendly Finality Gadget(FFG)和 Casper the Friendly GHOST: Correct-by-Construction(CBC)。

2017 年 10 月 5 日，Vitalik 发表论文介绍了 PoW/PoS 混合机制的 Casper FFG，该方案侧重于通过逐步迭代实现，慢慢过渡到 PoS 机制。设计的方式是，一个权益证明协议被叠加在正常的以太坊版工作量证明协议上，虽然区块仍将通过工作量证明来挖出，但是每 50 个区块就会有一个权益证明检查点，验证者(节点上交一笔保证金就可以称为一名验证者)投票决定最长合法链，当 2/3 的验证者通过验证时，则系统达成共识[15]。

2017 年 11 月 1 日，Vlad Zamfir 发布了完全 PoS 机制的 Casper CBC 草案，该方案定义一种区块链共识协议规范(Casper the Friendly Ghost)，可以按照协议规则导出其他协议。

5.5　激　励　层

5.5.1　以太币

为了激励以太坊网络中的计算，需要一种一致同意的转移价值方法。因此，以太坊设计了一种内置的货币——以太币，也就是我们所知的 ETH，ETH 的单位换算如表 5.4 所示。

表 5.4 以太币的单位换算

名 称	换算关系
Wei	最小单位
Kwei (Babbage)	10^3 Wei
Mwei (Lovelace)	10^6 Wei
Gwei (Shannon)	10^9 Wei
MicroEther (Szabo)	10^{12} Wei
MilliEther (Finney)	10^{15} Wei
Ethe	10^{18} Wei

以太坊通过比特币进行众筹(也就是 ICO)来实现发行。2014 年 7 月 24 日起，在为期 42 天的众筹期间，以太坊众筹地址共收到 8947 个交易，来自 8892 个不重复的地址。在预售前两周一个比特币可以买到 2000 个以太币，一个比特币能够买到的以太币数量随着时间递减，最后一周，一个比特币可以买到 1337 个以太币。通过此次众筹，以太坊项目组筹得 31 529BTC，当时价值约 1800 万美元，0.8945BTC 被销毁，1.7898BTC 用于支付比特币交易的矿工手续费。

以太坊发布后，需要支付给众筹参与者共计 60 108 506 以太币。还有 $0.099x$(x= 60 102 216 为发售总量)个以太币被分配给在 BTC 融资之前参与开发的早期贡献者，另外 $0.099x$ 将分配给长期研究项目。所以以太坊正式发行时有 60 102 216 + 601 012 216 × 0.099 × 2 = 72 002 454 个以太币。

在众筹成功一年后的 2015 年 7 月 30 日，以太坊正式发布。创世区块中包含了 8893 个交易。所以太坊中的以太币并不全是矿工挖掘出来的，有约 7200 万以太币是在创世时就已经创造出来了(数据来源：https://etherscan.io/stat/supply)。

5.5.2 Gas 机制

为了避免网络滥用及回避由图灵完整性而带来的一些不可避免的问题，在以太坊中所有程序执行都需要费用。各种操作费用以 Gas 为单位计算，任意程序片段(包括合约创建、消息调用、分配资源以及访问账户 Storage、在虚拟机上执行操作等)都会有一个普遍认同的 Gas 消耗。不同的操作将花费不同数量的 Gas，如 SHA3 操作需要支付 30 Gas。

每一个交易都要指定一个 Gas 上限——GasLimit。每个区块能消耗的 Gas 上限也是可以调整的，由矿工们投票决定，可以在 https://ethstats.net/中查询最新的 GasLimit。

这些 Gas 会从发送者账户的 Balance 中扣除。这种购买是通过在交易中指定的 GasPrice 来完成的。如果这个账户的 Balance 不能支持这样的购买，交易会被视为无效交易，如图 5.16 所示。之所以将其命名为 GasLimit，是因为剩余的 Gas 会在交易完成后被返还(与购买时相同的价格)到发送者账户。

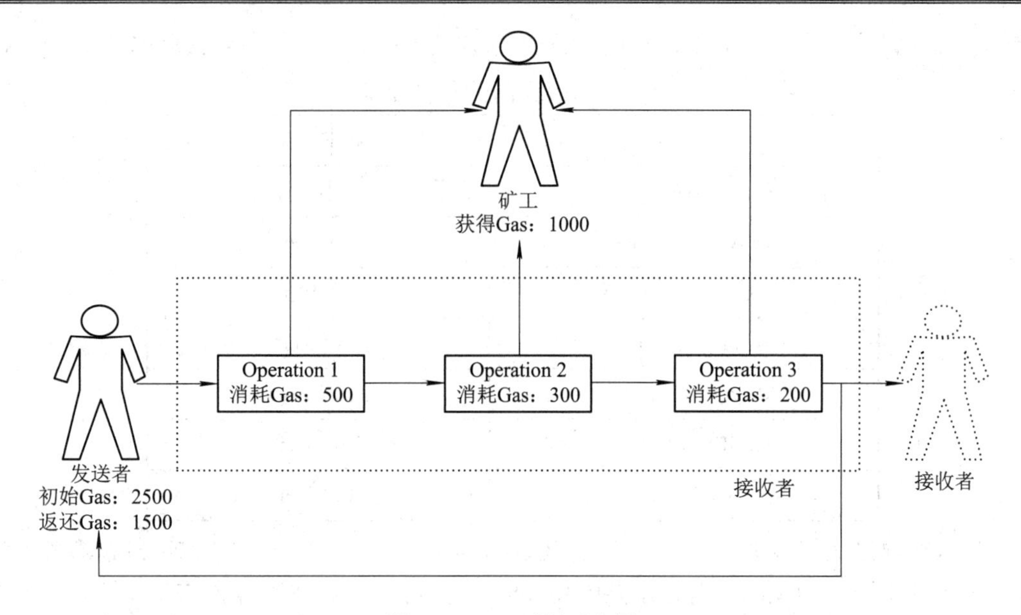

图 5.16　Gas 消耗示意图

如果在执行交易的过程中消耗了所有 Gas，则所有的状态改变恢复到原状态，但是已经支付的交易费用不可收回；如果执行交易结束时还剩余 Gas，那么这些 Gas 将退还给发送者，如图 5.17 所示。

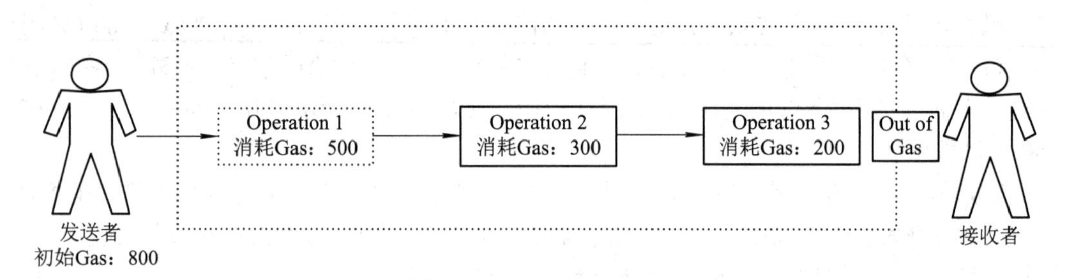

图 5.17　Out of Gas 的情况

一般来说，以太币是用来购买 Gas 的，未返还的部分会移交到 Beneficiary 的地址(即一般由矿工所控制的一个账户地址)。交易者可以随意指定 GasPrice，然而矿工也可以任意忽略某个交易。一个高 Gas 价格的交易将花费发送者更多的以太币，也就将移交给矿工更多的以太币，因此这个交易自然会被更多的矿工选择打包进区块。矿工一般会选择公布他们执行交易的最低 Gas 价格，交易者们也就可以据此来提供一个具体的价格。因此，会有一个(加权的)最低的可接受 Gas 价格分布，交易者们则需要在降低 Gas 价格和使交易能够最快地被矿工打包之间进行权衡[16-17]。

若想执行交易，则交易的 Gas 限制一定要大于等于交易使用的内在 Gas(Intrinsic Gas)，它包括：

(1) 执行交易预订费用，定义为 21 000 Gas。

(2) 随交易发送的数据的 Gas 费用(每字节数据或代码为 0 的费用为 4 个 Gas，每个非零字节的数据或代码费用为 68 个 Gas)。

(3) 如果是合约创建交易，还需要额外的 32 000 Gas。

```
Intrinsic Gas=21 000+4X+68Y+32 000
```

(4) 若想执行交易，发送账户余额必须有足够的以太币来支付“前期”Gas 费用(Upfront cost)。前期 Gas 费用的计算比较简单：首先，交易的 Gas 限制乘以交易的 Gas 价格得到最大的 Gas 费用；然后，这个最大的 Gas 费用加上从发送方传送给接收方的以太坊数量。

```
Upfront Cost=Gas Limit×Gas Price+Value
```

5.5.3 挖矿奖励

以太坊是 15 s 出一个区块，以太坊的奖励机制采用的是：区块奖励+叔块奖励+叔块引用奖励，普通区块奖励包含以下三部分：

(1) 固定奖励(Static Block Reward)：5 ETH(现在已经减少为 3 ETH)，每个普通区块都有。

(2) 区块内包含的所有程序的手续费总和(Txn Fees)。

(3) 包含叔块的奖励(Uncle Inclusion Rewards)：如果普通区块包含了叔块，每包含一个叔块可以得到固定奖励的 1/32，也就是 0.156 25 ETH。

以高度为 4 222 300 的区块为例解释以太坊的奖励机制，如图 5.18 所示。

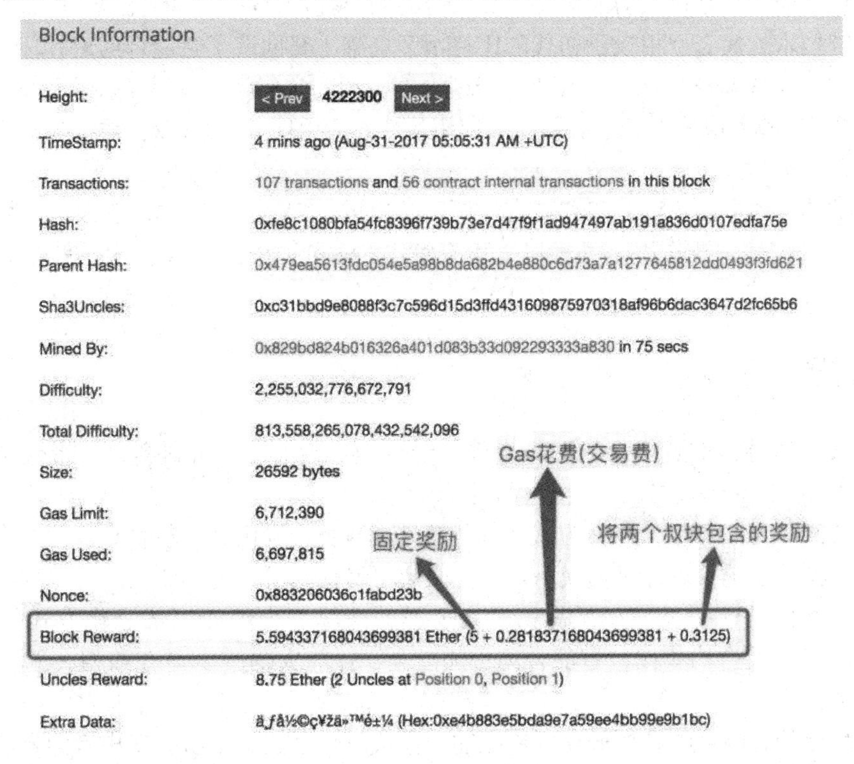

图 5.18　区块奖励

图 5.18 中的奖励包含三部分：

(1) 固定奖励：5 ETH。

(2) Gas 总花费(即交易费)：0.281 837 168 043 699 381 ETH。

(3) 包含两个叔块的奖励：5×(1/32)×2 = 0.3125 ETH。

5.6 合 约 层

合约层上承以太坊网络，下启应用层，封装了区块链系统的各类脚本代码、算法以及由此生成的更为复杂的智能合约。如果说数据、网络和共识三个层次作为区块链底层“虚拟机”分别承担数据表示、数据传播和数据验证功能的话，合约层则是建立在区块链虚拟机之上的商业逻辑和算法，是实现区块链系统灵活编程和操作数据的基础。

在以太坊中，账户是其主要组成部分。以太坊区块链上交易的实质是账户之间进行交互的过程。不同于比特币区块链只有一种类型的账户，以太坊账户分为两类：外部账户和合约账户。外部账户即以太坊上实体用户使用的账户，此类账户可以持有以太币但不能执行任何代码。而合约账户则对应以太坊上的智能合约地址，此类账户被存储在账户中的代码控制，并执行代码完成相应的合约操作。权限上，两种账户都可以实现对以太币的管理，包括持有以太币、查询余额、发送交易等。由于合约账户是由代码控制的，因此在合约账户中可以实现更多个性化的管理。

如果说智能合约是以太坊的核心，那么合约账户就是智能合约的灵魂。以太坊作为第二代区块链技术的代表，相较于初代的比特币区块链，其创造了智能合约运行环境，提供了完整的图灵完备编程语言，能够执行智能合约与程序代码(使用多种编程语言编写)进而控制数字资产，极大地提高了区块链技术的拓展性与适用性。因此，以太坊也被称作是“世界计算机”。

以太坊的合约层由 EVM 和智能合约两部分组成。EVM 是建立在以太坊区块链上的代码运行环境，其主要作用是处理以太坊系统内的智能合约。智能合约一般由高级程序语言构建，经过编译器编译后部署在 EVM 之上运行，从而实现合约层的独立运行。

5.6.1 智能合约

部署在区块链上的智能合约的概念最早于 1994 年由计算机科学家、密码学专家尼克·萨博(Nick Szabo)首次提出。

智能合约[18]是一种以信息化方式传播、验证或执行合同的计算机协议。智能合约允许在没有第三方的情况下进行可信交易，这些交易可追踪且不可逆转。

智能合约的设计初衷是在无需第三方权威的情况下合约能以信息化方式传播、验证或执行。与传统合约相比，智能合约更加安全，并能大幅减少与合约相关的其他交易成本。

以太坊上的智能合约是部署在区块上的一段代码。它定义了所有使用者同意的合约条款和执行内容，用户在满足合约要求之后，智能合约将自动执行代码内预设的操作，并反馈给用户所需的结果。

由于智能合约一旦部署到以太坊网络上就不能改变，并且所有用户运行的都是相同的代码。为了检验代码的正确性，他们同时独立运行，然后交叉检查执行结果是否相同，以此来判断执行结果是否正确。基于这一特性，修改智能合约的唯一方法是部署新的合约实例。

如果说区块链提供的是分布式可信的存储服务，那么智能合约提供的就是分布式可靠计算服务。这也正是智能合约将以太坊同其他区块链网络区分开的主要原因之一。

为了展示智能合约的一些特性，这里以一个简单的智能合约为例。该智能合约定义了两个函数设置变量的值，并将其公开以供其他合同访问。

存储合约(把一个数据保存到链上)：

```
pragma solidity >=0.4.16 <0.8.0;
contract SimpleStorage {
    uint storedData;   //变量声明
    function set(uint x) public {   //定义函数和传入参数
        storedData = x;
    }
    function get() public view returns (uint) {
        return storedData;
    }
}
```

第一行声明了编译器源代码所适用的 Solidity 版本为>=0.4.16 及<0.8.0。这是为了确保合约不会在新的编译器版本中出现异常运行。Solidity 中合约是部署在以太坊区块链上特定地址的代码(其功能)和数据(其状态)的集合。代码行 uint storedData；表示声明一个类型为 uint(默认为 uint256，256 位无符号整数)的状态变量 storedData。这里可以认为它是数据库里的一个数据，可以通过调用管理数据库代码的函数进行变更和查询。在这种情况下，函数 set 和 get 可以用来变更或查询变量的值。

作为示例，该存储合约能够完成的事情很简单：允许任何人在合约中存储一个单独的数字，并且这个数字可以被任何人访问。虽然任何人都可以再次调用合约中的 set 函数，传入不同的数字变更 storedData 的值，但是这个数字不会覆盖原有数值，只会新增到区块链的数据库中。

5.6.2 运行环境

EVM 是以太坊协议的一部分，被用来部署和执行智能合约，是执行交易或者合约代码的引擎。EVM 是一个完全独立的沙盒，合约代码可对外完全隔离并在 EVM 内部运行，其主要作用是处理以太坊系统内的智能合约。

在以太坊中，除了外部账户之间的简单转账交易外，其他所有涉及账本更新的操作都是通过 EVM 计算得到的。EVM 支持循环操作指令，被认为是具备图灵完备的状态机。但为了防止计算资源被滥用，EVM 事实上是经过计算限制的图灵完备状态机。EVM 引入了 Gas 机制，在以太坊中所有的程序执行都需要使用 Gas 作为费用。以太坊中各种操作费用以 Gas 为单位计算，任意程序片段(包括合约创建、消息调用、分配资源以及访问账户 storage、在虚拟机上执行操作等)都会有一个普遍认同的 Gas 消耗。因此所有的操作都会被限制在有限的计算步骤之内。Gas 机制有效地预防了以太坊网络资源滥用和无限循环导致的众多问题。

EVM 是针对以太坊设计的虚拟机，其设计目标总结如下。

1. EVM 设计目标

(1) 简单性：虚拟机操作码尽可能少而且简单；数据类型和结构也要尽可能少。

(2) 确定性：EVM 中没有任何产生语义二义性的可能，结果是完全确定性的。同时 EVM 中的计算步骤应该是精确的，以保证 Gas 消耗的可计算性。

(3) 节省空间：EVM 的汇编应尽可能紧凑。

(4) 专为区块链设计：20 B 的账户地址，32 B 的密码学通用处理，为读取区块和交易数据与章台交互提供便利。

(5) 简单安全保证：Gas 的计价模型应该是简单易行且准确的。

(6) 优化友好：虚拟机可以优化，可以采用即时编译(Just In Time，JIT)和其他加速技术来构建。

为了满足 EVM 的设计目标，以太坊开发组将 EVM 设计成了基于栈的虚拟机。使用堆栈系统的主要优点是 EVM 不需要显式地知道它正在处理的操作数的地址，因为调用堆栈指针(SP)总是会提供下一个操作数，这有助于 EVM 提高效率并降低存储需求。同时，为了便于执行 Keccak-256[19]位哈希和椭圆曲线计算，EVM 将最小的操作单位字(Word)的大小(也就是栈中数据项的大小)设置为 256 bit。栈操作以字为单位进行，最多可以容纳 1024 个字。就像其他基于堆栈的编程语言一样，栈操作的最后一个输入是取出的第一个输出，也正是后进先出(LIFO)的操作逻辑。

2. EVM 指令集

和大多数基于栈的虚拟机一样，EVM 执行的也是字节码。因为操作码被限制在一个字节以内，所以 EVM 指令集最多只能容纳 256 条指令。目前 EVM 已经定义了约 142 条指令，还有 100 多条指令可供以后扩展。这 142 条指令包括算术和位运算、密码学计算、栈操作、内存操作和日志操作等。

由于 EVM 只能理解字节码，无法理解其他任何值，因此诸如 Solidity 的高级编程语言写出的代码最后都需要经过编译器编译成 EVM 字节码才能部署在以太坊区块链上。EVM 的指令序列一直在不断地优化，有些指令会被逐渐废弃，也会引入一些新的指令。下面介绍 EVM 中常见的几类指令集，方便后面对 Solidity 编译后的汇编代码进行分析。

(1) 算术操作如表 5.5 所示。

表 5.5　算术操作码指令

操作码	描　述
STOP	终止操作
ADD	加法运算
MUL	乘法运算
SUB	减法运算
DIV	无符号整数除法运算
SDIV	带符号整数除法运算
MOD	取模运算
SMOD	带符号取模运算
ADDMOD	模加运算
MULMOD	模乘运算
EXP	指数运算
SIGNEXTEND	符号扩展
SHA3	对内存中的一段操作进行 Keccak-256 哈希运算

(2) 栈操作相关指令如表 5.6 所示。

表 5.6　栈、内存和存储管理指令

操作码	描　述
POP	从栈中弹出一个“字”
MLOAD	加载一个“字”到内存中
MSTORE	将一个“字”保存在内存中
MSTORE8	将一个字节保存在内存中
SLOAD	将一个“字”加载到存储中
SSTORE	将一个“字”保存在存储中
PUSHx	将 x 字节的数据 push 进栈，x 的数值可以是 1 到 32
DUPx	复制栈中的第 x 个元素
SWAPx	交换栈中的第 1 个和第 $x+1$ 个元素
MSIZE	获得被活动的内容大小

(3) 处理流程操作如表 5.7 所示。

表 5.7　流程控制指令

操作码	描　述
STOP	停止执行
JUMP	修改程序的计数器
JUMPI	带条件地修改程序的计数器
PC	取得程序计数器的数值
JUMPDST	标记一个有效的跳转地址

(4) 系统操作码如表 5.8 所示。

表 5.8　系统程序执行的操作码

操作码	描　述
LOGx	记录一个 x 个主题的日志
CREATE	创造一个带函数的账户
CALL	调用一个账户中的函数
CALLCODE	一个账户中的代码调用另外一个账户中的代码
RETURN	停止执行并将输出数据返回
DELEGATECALL	一个账户中的代码调用另外一个账户中的代码
CALLBLACKBOX	调用黑盒
STATICCALL	调用一个账户中的函数，但不修改状态
CREATE2	创建一个账户
REVERT	停止执行，将状态回退到上一个状态
INVALID	无效指令
SELFDESTRUCT	停止执行并注册账户以备之后删除

(5) 逻辑操作码如表 5.9 所示。

表 5.9　比较和位运算的操作码

操作码	描　述
LT	小于
GT	大于
SLT	带符号数的小于
SGT	带符号数的大于
EQ	相等
ISZERO	判断是否为 0
AND	按位与运算
OR	按位或运算
XOR	按位异或运算
NOT	按位取反运算
BYTE	从一个“字”中取出一个字节

(6) 环境操作码如表 5.10 所示。

表 5.10　处理执行环境的操作码

操作码	描　述
GAS	取得可用 Gas 数量
ADDRESS	获得执行该函数的账户地址
BALANCE	获得某账户的余额
ORIGIN	交易的发送者
CALLER	获得调用者的地址
CALLVALUE	获得本次调用附带的金额数
CALLDATALOAD	获得本次调用的输入数据
CALLDATASIZE	获得输入数据的大小
CALLDATACOPY	将输入数据拷贝到内存中
CODESIZE	获得在当前运行的代码大小
CODECOPY	将代码拷贝到内存中
GASPRICE	获得当前环境的 Gas 价格
EXTCODESIZE	获得某段代码的大小
EXTCODECOPY	将某段代码拷贝至内存
RETURNDATASIZE	将返回值的大小值 push 进栈中
RETURNDATACOPY	将返回值数据拷贝到内存中

(7) 区块操作码如表 5.11 所示。

表 5.11　访问当前区块信息的操作码

操作码	描　述
BLOCKHASH	获得区块哈希值
COINBASE	获得该块矿工的地址
TIMESTAMP	获得该块的 Timestamp
NUMBER	获得该块的 Number
DIFFICULTY	获得该块的 Difficulty
GASLIMIT	获得该块的 Gas Limit

5.6.3　编程语言

智能合约可以直接通过 EVM 字节码进行开发，但低级的 EVM 字节码对于开发人员来说不易理解和编写。所以，以太坊上大多数智能合约都是由高级程序语言编写，如 Solidity。编写后的智能合约再通过编译器编译为 EVM 字节码即可部署到以太坊区块链中，极大提高了开发人员的开发效率。

以太坊定义了几种智能合约编写的高级语言：Solidity、Vyper、Serpent、LLL、Bamboo 等，其中以 Solidity 语言最为流行，目前已经成为以太坊区块链高级编程语言的事实标准。开发人员使用高级程序语言设计出的智能合约经过编译器编译为 EVM 字节码后部署到以太坊区块链中即可运行。下面以 Solidity 语言为主对以太坊上高级语言进行详细介绍，并对其他语言作简要介绍。

1. Solidity 语言

Solidity 是一门面向合约、为实现智能合约而创建的高级编程语言。这门语言受到了 C++、Python 和 JavaScript 语言的影响，设计目的是能够在 EVM 上运行。

Solidity 是静态类型语言，支持继承、库和复杂的用户定义类型等特性，是由 Ethereum 官方设计并支持专门用于开发在 EVM 上运行的智能合约的程序语言。通过 Solidity，开发人员能够编写出可自主运行其商业逻辑的应用程序，已部署的程序可被视为一份具有权威性且永不可悔改的交易合约。对已具备程序编辑能力的人而言，编写 Solidity 的难易程度就如同编写一般的编程语言一样。

智能合约由 Solidity 编写，但 EVM 无法理解 Solidity 的高级语言，因此需要编译器编译 EVM 字节码才能部署到 EVM 上运行。由代码到运行的流程如图 5.19 所示。

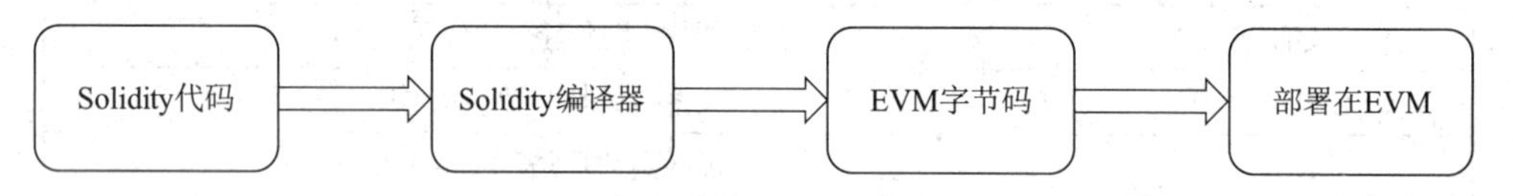

图 5.19　智能合约部署流程图

智能合约类似于面向对象语言中的类，使用关键词 contract 标识。多个智能合约可以分开存储在多个源文件中，也可以存储在同一个源文件中，因此，一个源文件可以包含智能合约编译标识，包括版本指定、注释、合约引用和一个或多个智能合约。

1) Solidity 版本指定

Solidity 文件的扩展名为.sol。为了避免不兼容问题，在所有的 Solidity 文件中，第一句话均类似于这样的语句：

```
pragma solidity ^0.4.0;
```

该语句表示此源程序在大于等于 0.4.0 版本的编译器中可以正常工作，在大于等于 0.5.0 版本的编译器中无法工作。

2) 注释

任何编程语言都会提供注释功能，Solidity 也支持对代码进行注释。Solidity 的注释与 C++等高级语言类似，包括单行和多行注释。单行注释使用双斜杠(//)表示，多行注释使用 /*…*/ 表示。单行或多行注释中的任何内容都会被 Solidity 编译器自动忽略。注释的用法如下：

```
pragma solidity ^0.4.0;   //声明编译器版本计算数字之和的智能合约
contract Add{
/*a 和 b 表示两个操作数，add 函数返回 a 和 b 的和*/
function add(uint a,uint b)returns(uint){
return a + b;
}
}
```

3) 引用其他源文件

Solidity 支持类似于 JavaScript 中使用的导入语句，从“filename”中导入所有全局符号到当前全局作用域，其语句格式如下：

```
import <<filename>>;
```

<<filename>>实际上是一个路径，可以是完全显式或隐式路径。与 Linux 系统中引用文件的方式类似，这里以“/”作为分隔符，“.”表示当前路径，“..”表示父目录。

4) 合约

一个智能合约包含以下内容：

(1) 状态变量：永久存储在智能合约中的值。

(2) 函数：合约内代码的可执行单元。

(3) 事件：能方便地调用以太坊虚拟机日志功能的接口，用于记录 EVM 操作日志。

(4) 结构体：同其他编程语言一样，结构体是可以将几个变量分组的自定义类型。

```
pragma solidity >=0.4.16 <0.8.0;    //编译器版本指定
import "./SimpleTest.sol";          //导入其他源文件，包含 SimpleTest 智能合约
contract SimpleStorage {
    uint8 storedData;               //状态变量
    struct Status {                 //结构体定义
    uint id;
    address addr;
    bool value;
}
    event Info(address indexed _from, uint value);          //事件定义
    function set(uint8 x) public {                          //函数定义
        storedData = x;
        Info(msg.sender, x);                                //触发事件
    }
    function get() public view returns (uint8) {            //函数定义
        return storedData;
    }
}
```

5) Solidity 数据类型

由于 Solidity 静态类型的编程语言的特性，所有合约变量在定义的时候需要指定好数据类型，Solidity 中的数据类型如下：

(1) 布尔类型：可能的取值为 true 或 false 的常量。布尔类型支持的运算符包括逻辑非(!)、逻辑与(&&)、逻辑或(||)、等于(= =)和不等于(!=)。

(2) 整数类型：包括无符号整数和带符号整数，变量以步长 8 递增，即 uint8 到 uint256，

以及 int8 到 int256。uint 默认代表 uint256，int 默认代表 int256。整数类型支持的运算包括比较、位操作和算术操作。

(3) 地址类型：以太坊的地址是 40 位十六进制的数字(即 20 B)，所以地址可以用一个 uint160 编码，地址是所有合约的基础。

(4) 固定长度字节数组：使用 byte1、byte2、byte3、…、byte32 进行声明，支持的操作包括比较、位操作、下标访问等。

(5) 动态长度字节数组：包括 bytes 和 string，用以表示字符串变量。

(6) 枚举类型：枚举是在 Solidity 中创建用户定义类型的一种方法。它们可以显式地与所有整数类型进行转换，但不允许隐式转换。枚举需要至少一个成员，默认值是第一个成员。

(7) 函数类型：即方法类型，类似于函数指针。方法可以赋值给函数类型的变量，函数类型的方法参数可用于传递方法或是返回方法。函数类型有两种形式，即内部方法和外部方法。内部方法只能用于当前合约中，因为他们不可在当前合约的上下文之外执行。调用一个内部方法就跳转到这个方法的入口处，就像调用一个当前合约的内部方法一样。外部方法由一个地址和一个函数签名组成，可以通过一个外部方法传值或是返回。

(8) 映射：映射类型在声明时的形式为 mapping(_KeyType => _ValueType)。其中 _KeyType 可以是任何内置类型，如 bytes 和 string 等。

2. Vyper 语言

Vyper 是一种全新的以太坊开发语言。它是一种面向合约的编程语言，旨在提供更好的可审计性。Vyper 是被废弃的 Serpent 语言的升级版，在逻辑上类似于 Solidity，在语言上类似于 Python，所以 Vyper 是一个对开发者友好的编程语言。与 Solidity 一样，Vyper 语言不能直接被 EVM 执行，需要经过编译器编译成 EVM 字节码之后部署到以太坊虚拟机上运行。

Vyper 相较于其他语言最显著的两大特点是安全和简单。以太坊是一个价值网络，构建于以太坊上的应用大多需要进行价值的转移，因此安全性尤其重要。Vyper 正是基于安全性的原则，摒弃了很多 Solidity 语法中的特性，把所有不必要的元素去掉，并且对开发进行了一系列限制，提高了智能合约的安全性，同时大大简化了审计工作。

(1) 简单：Vyper 不包含大多数程序员熟悉的构造，如类继承、函数重载、运算符重载和递归。首先，对于图灵完备语言而言，这些都不是技术上必需的；其次，复杂性也代表了一定的安全隐患；最后，由于这种复杂性，这些结构使智能合约由非专业人员进行审计时难以理解，如 Solidity。

(2) 安全：引用 Vyper 开发者的话“为了提高安全性的目标，Vyper 会故意禁止一些事情或者让事情变得更难”，因此，Vyper 无法成为 Solidity 的替代品，而是以安全为特性为开发者多提供一种选择。

Vyper 是一个功能强大的面向合约的编程语言，相较于语法类似 JavaScript 的 Solidity，Vyper 对开发者来说或许失去了很多灵活性，会让开发者觉得受到束缚，但是对于审计人员等阅读者来说，却是大大降低了难度。这体现了安全性至上、读者的简单性比作者的简单性更重要的设计原则，所以 Vyper 是一门更加安全、简单的以太坊语言，更适合于处理电子病历、金融交易等安全性要求极高的业务。

5.6.4　开发环境

由于 EVM 只能理解字节码，而无法理解其他任何值，因此编译器的存在是非常重要的，借助编译器，开发人员的表达才能够被 EVM 理解。

1. 编译器

Solidity 语言的编译器被称为 Solc，编写好的 Solidity 代码经过 Solc 编译为字节码后即可部署在以太坊虚拟机上运行。针对不同的操作系统，Solc 可直接在安装到本地环境后对 Solidity 源文件进行编译生成 EVM 字节码。Solc 与其他主流编译器的不同之处在于：

(1) 功能简单：Solc 支持的基本数据类型只有有限的几种，不支持浮点运算。编译指令也较其他编译器少很多，功能单一。在完成编译时需要借助一些其他辅助的工具。换言之，以太坊也不需要 Solc 提供类似于 C++等编译器强大的编译能力。

(2) 安全性弱：虽然 Solc 也支持各种处理数据私有的方法，但是由于区块链的先天性问题，部署到链上后，可以通过各种手段来访问和查看私有数据。而且目前以太坊尚未对数据提供混淆和加密的机制。

(3) 对主流的异常处理机制支持较弱：当前主流的编译器基本对各种操控异常都已经处理得非常全面，各种理论和技术也不断涌现，但是以太坊的编译器对异常的处理机制支持比较简单，流于表面化。

(4) 不考虑平台相关：这也是一个非常重要的事项，一个主流的编译器应该是支持市场上主流的操作系统，但是在以太坊上没有这个要求，因为它只服务于以太坊，甚至可以说对于升级版本的考虑都很简单。

2. 集成开发环境

现实开发环境下，Solidity 语言可以使用任何文本编辑器编写代码，之后使用 Solc 即可完成对 Solidity 智能合约的开发。但是，普通的文本编辑器功能单一，效率偏低。为了更加快捷高效地进行程序开发，可以使用一些专门用于程序开发的编辑器，如 Remix、Visual Studio Extension 和 Atom Solidity Linter 等，它们提供了语法高亮和宏等高级功能，这些功能极大地提高了开发人员对 Solidity 程序开发的效率。

Remix 是一个基于浏览器的 Solidity 编译器和集成开发环境，提供了交互式界面以及编译、调用测试、发布等一系列功能，使用起来十分方便。针对不同的应用场景，Remix 支持两种使用方式：第一种是开发者同步代码到本地，搭建起自己的基于浏览器的 Solidity IDE；第二种是使用 Remix 的在线网站(http://remix.ethereum.org/)，开发者甚至不需要自己安装，直接在浏览器里访问网站，就可以进行开发、编译、调试、测试等工作。图 5.20 是 Remix 的初始界面，界面左侧为设置区域；界面中间是设置区域的二级菜单区，默认为文件管理区域；右侧上方为代码区域，右侧下方为日志区域。进入 Remix 首页后，Environments 菜单可以选择两种语言开发环境(Solidity 或 Vyper)，Featured Plugins 菜单可以选择配置 Remix 的插件，File 中可以新建、打开文件，Resources 中可以查看文档以及 Remix 在 Github 上的项目情况等资源。

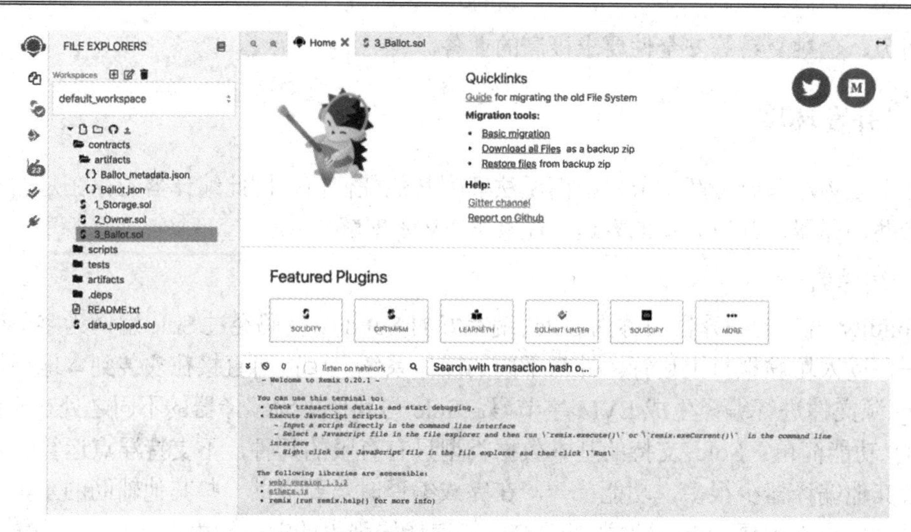

图 5.20　Remix 图形界面

1) 设置区域

最右侧的是设置区域，包含文件管理、编译器、合约部署和运行、插件管理等功能选项。在编译器菜单下可选择合约对于编译器版本进行编译；合约部署和运行菜单下选择智能合约的运行环境和账户等属性进行合约的测试；插件管理选项内可选择安装所需的代码插件。

2) 文件管理区域

文件列表中显示所有在 Remix 中打开的文件，列表上方的按钮从左至右依次为添加新文件、将 Remix 中打开的文件发布到 github、添加本地文件到 Remix。

3) 代码区域

在最新版本的 Remix 中，同时支持 Solidity 或 Vyper 的开发。编译器上方将所有打开的智能合约文件以标签的形式展示。编译器左侧的边框上会在对应的行号旁边提示编译警告和错误。Remix 的编译器还会自动保存当前状态的文件。点击右上角标签按钮可以快速在不同的文件之间进行切换。

4) 日志区域

Remix 的命令行工具集成了 JavaScript 的解释器。而且在 injected Web3 和 Web3 provider 两种环境下(DEPLOY & RUN TRANSACTIONS -> Environment 里进行选择环境)，还提供直接可用的“web3”对象。用户可以在命令行工具里编写简单的 JavaScript 脚本。在执行智能合约时，会显示用户用来部署或调用智能合约交易 transaction 的相关信息。在输出日志中还可以查看 Details 和 Debug 等信息。除了 Remix 以外，现有的一些 IDE 也对 Solidity 语言进行了适配和支持。这其中包括 Visual Studio Code Extension 和 Sublime Text 插件等一些编辑器对 Solidity 语言的拓展支持。当然，还有很多其他的智能合约编译器，不过都是大同小异。基础的 IDE 提供代码高亮以及基本的提示。高级的 IDE 会支持更丰富的提示，还可以直接在 IDE 编译和发布智能合约。

3. 合约交互

智能合约部署在以太坊区块链上以后，应用程序二进制接口(Application Binary

Interface，ABI)提供一种网络与智能合约交互的标准方法。它允许外部应用程序和合约到合约的交互。从外部施加给以太坊的行为称之为向以太坊网络提交了一个交易，调用合约函数其实是向合约地址(外部账户)提交了一个交易，这个交易有一个附加数据，附加的数据就是 ABI 的编码数据。开发人员在其应用程序或分布式应用程序(Decentralized Application，DApp)中使用 ABI 来访问智能合约中的方法和功能。EVM 会在解析合约的字节码时，根据 ABI 的定义去识别各个字段位于字节码的位置。

以太坊智能合约 ABI 用一个数组(Array)表示，其中包含数个用 JSON 格式表示的方法(Function)或事件(Event)。根据最新的 Solidity 源文件定义：Function 有 7 个参数，Event 有 4 个参数。具体参数及定义如表 5.12、表 5.13 所示。

表 5.12　Function 参数

name	a string，方法名称
type	a string，方法类型“function”，“constructor”, or“fallback”
input	an array，方法输入的参数
outputs	an array，方法的返回值，和 inputs 使用相同表示方式。如果没有返回值可忽略
payable	true，方法是否可收 Ether，预设为 false
constant	true，方法是否会改写区块链状态，反之为 false
stateMutability	a string，其值可能为以下其中之一： “pure”(不会读写区块链状态)；“view”(只读不写区块链状态) “payable”and“nonpayable”(会改区块链状态，且如可收 Ether 为“payable”，反之为“nonpayable”)

表 5.13　Event 参数

name	a string，event 的名称
type	a string，always“event”
input	an array，输入参数
anonymous	true，如果 event 被定义为 anonymous

当一个智能合约被成功编译之后，其 ABI 定义就可以确定了。现以如下智能合约为例。

```
pragma solidity >=0.4.16 <0.8.0;
contract SimpleStorage {
    uint8 storedData;
    event Info(address indexed _from, uint value);
    function set(uint8 x) public {
        storedData = x;
        Info(msg.sender, x);
    }
    function get() public view returns (uint8) {
        return storedData;
    }
}
```

本例中的智能合约定义了两个方法和一个事件。生成的 ABI 如下，这里以其中的 set 函数为例。

```
{
    "constant": false,                //方法修饰符，false 表示函数内可以修改状态变量
    "inputs": [                       //方法参数，函数的输入参数
        {
            "name": "x",              //参数名称
            "type": "uint8"           //参数类型
        }
    ],
    "name": "set",                    //函数名称
    "outputs": [],                    //函数返回值
    "payable": false,                 //函数是否可收 Ether，预设为 false
    "stateMutability": "nonpayable",  //不可收 Ether
    "type": "function"                //方法类型，这里为函数
}
```

5.7　应　用　层

以太坊与区块链相比，最大的不同在于智能合约[20]。智能合约[21]是 20 世纪 90 年代提出的，几乎与互联网同龄。但是由于缺少可信的执行环境，智能合约并没有被应用到实际产业中。Buterin 在 2013 年发布了白皮书《以太坊：下一代智能合约和去中心化应用平台》，致力于将以太坊打造成最佳智能合约平台。以太坊的重大创新是将 EVM 整合进区块链，有了 EVM，以太坊就可以运行各种软件来处理链上的数字资产(如货币、代币等)，这就是“可编程货币”的由来。

以太坊应用层主要是基于以太坊公有链衍生出的各种应用。例如 DApp 应用、Geth 控制台、Web3.js 接口、Remix 合约编写软件和 Mist 钱包软件等。应用层的 DApp 通过 Web3.js 或其他版本的以太坊接口访问代码，与智能合约层进行信息交换，所有的智能合约都运行在 EVM 上，然后从以太坊“RPC”接口获取对应的数据。该接口由与智能合约相关和与区块相关的两部分组成。应用层是最接近用户的一层，企业可以根据自己的业务逻辑，实现自身特有的智能合约，以帮助企业高效地执行业务。以太坊应用层的结构如图 5.21 所示。

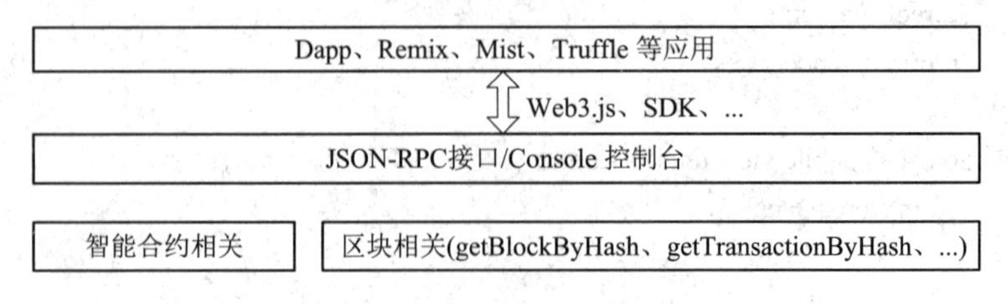

图 5.21　以太坊应用层架构

5.7.1　DApp 概述

在传统的互联网应用中，都会存在一个中心化的服务器，然后多个客户端连接到这个服务器。当应用端(前端)在展现内容时，会发送一个请求到服务器，然后服务器返回相应的内容给客户端。整个应用程序实际上是由中心化的服务器控制的，一旦服务器挂掉，就意味着整个网络应用将无法运行。

1. 传统的分布式应用

在区块链之前，DApp 就已经存在了，我们把这种 DApp 称为传统的分布式应用。DApp 也可以称作 P2P 应用，它是为了解决网络应用过分依赖于中心化服务器这一问题而提出的，在这类应用中并不存在对网络完全控制的中心节点，因而即使其中部分节点挂掉，也并不会影响整个 P2P 网络的运行。在 P2P 网络中，任何节点都可以为自己服务，而自己拥有的节点也可以为其他节点服务，真正实现了“我为人人，人人为我”的目的，如迅雷下载客户端就属于这类应用。

然而，在传统的分布式应用中，往往是多个服务器节点与同一个数据源进行交互，即多个服务器进行数据的读写操作。即使数据源也做了分布式集群，它也依然不是去中心化的，因为系统管理员还是可以访问数据源。

2. 区块链的分布式应用

与传统的分布式应用相比，区块链的分布式应用最大的不同在于，其是完全去中心化的，特别是在数据存储方面。每个节点由不同的组织进行管理，并有自己对应的数据存储区域。在区块链的 DApp 中，每个节点都有自己的数据存储源，而且节点之间彼此相互通信却又不依赖其他节点(因为互不信任)。在这种互不信任的体系中，由于没有中心服务器来协调节点、做出决策(决定什么是对，什么是错)，因此各个节点需要采用一致性协议(Concensus Protocol)来解决这个问题，不同的 DApp 通常使用不同的共识协议(一致性协议)。比特币是一种去中心化的货币，也是目前最热门的 DApp，它使用 PoW 来达成共识。

本节主要介绍如何基于以太坊环境来编写去中心化应用。以太坊采用的是智能合约语言，它是一个图灵完备的区块链系统，其虚拟机可运行智能合约，理论上可以解决所有可计算的问题，从而可以最大限度地满足各种现实应用场景的开发。开发者编好的智能合约被部署到链上之后是可以被访问的。为了提升用户体验，开发者可以使用计算机语言(如 Java、Go 等)来编写所发布的智能合约访问接口，实现用户和网站或者软件之间的更好的交互。用户可以通过访问接口来访问链上的合约，得到输出的数据。一个 DApp 包含多个角色，每个角色都有其各自的功能，具体说明如下：

(1) 智能合约应用：部署在链上，负责链上数据的处理。

(2) 中继服务器：部署在开发者的物理服务器上，负责接收用户的请求，并访问链上的合约应用，最终将结果数据返回给用户。

(3) 以太坊公链：是智能合约运行的基础环境，同时也是实现去中心化应用功能的核心支撑。

目前以太坊 DApp 的常见交互模型如图 5.22 所示。

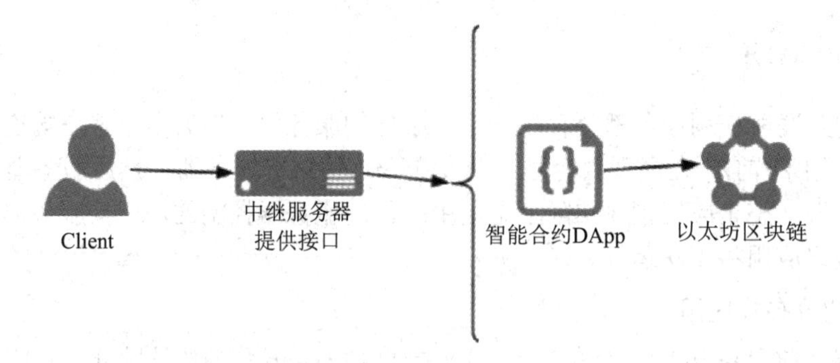

图 5.22　以太坊 DApp 交互模型

5.7.2　以太坊开发环境搭建

本节讲述的以太坊环境配置和私有链搭建都是在 Ubuntu18.04 环境下进行的。以太坊的底层架构依然是分布式网络，且其本身也是一种网络应用产品。因此，要进入以太坊，需要通过客户端的形式与以太坊相连。这里的客户端能够实现以太坊网络的信息传送、验证等功能，并且每个客户端之间是平等的，并没有“中心化”的超级节点存在。目前以太坊社区提供了多种语言实现的客户端和开发库，支持标准的 JSON-RPC 协议。

(1) go-ethereum：Go 语言实现；

(2) cpp-ethereum：C++语言实现；

(3) Parity：Rust 语言实现；

(4) Ethereum(J)：Java 语言实现；

(5) pyethapp：Python 语言实现。

除上述实现外，还有其他语言编写的以太坊客户端和一种图形化的客户端开发 Remix。其中比较常用的有 Geth(Go-ethereum)，它是当下最为成熟的以太坊客户端，在以太坊开发中的应用非常广泛。用户可以通过安装 Geth 来接入以太坊网络并成为一个完整结点。

以太坊网络由多个节点组成，Geth 就是官方的以太坊节点。通过这些节点我们可以使用命令行方式直接访问以太坊网络，与其进行同步和交互，如广播交易、发布智能合约、发送或接收以太币等。但大多数用户都并非程序员，如果不进行以太坊的深度开发，那么让他们通过命令行的方式来操作以太坊网络是非常烦琐的。因此就需要实现用户能够通过图形化的操作界面来操作以太坊的功能，而 Geth 这样的节点是无法满足这一要求的。因此，就出现了像 Web3.js、Web3.py 这样的程序库，配合 JavaScript、Python 语言来实现可视化的以太坊客户端。但是 Web3 这样的库是无法直接连接进以太坊网络的，首先它需要连接像 Geth 一样的以太坊节点，然后通过以太坊节点来访问以太坊网络。因此，Geth 同时起到了客户端和服务器的作用，它既是以太坊网络的客户端，也是 Web3 的服务器，对外提供 JSON-RPC(Remote Procedure Call)接口，供用户和以太坊网络交互。

1. 安装 Geth

Geth 的安装非常简单，这里以 Ubuntu 18.04 操作系统为例，分别介绍从 PPA(Personal Package Archives)仓库安装和通过官方安装程序来安装的方式。需要注意的是，在 Linux 环境下部分命令需要 root 权限执行，如 apt 等命令，本节的命令代码中以“＃”开头表示需要 root 权限执行，以“$”开头表示仅需在普通用户权限下执行。

(1) 从 PPA 库进行安装。

首先安装必要的工具包：

```
# apt-get install software-properties-common
```

使用以下命令添加以太坊的源：

```
# add-apt-repository -y ppa:ethereum/ethereum
# add-apt-repository -y ppa:ethereum/ethereum-dev
# apt-get update
```

安装 go-ethereum：

```
sudo apt-get install Ethereum
```

安装完成之后，就可以使用命令行客户端 Geth 了。可使用 geth–help 查看各选项和参数说明，使用 version 命令查看 Geth 的版本信息。图 5.23 所示内容为该命令输出信息，表明 Geth 已成功安装。

```
root@jpgong:/home/jpgong# geth version
Geth
Version: 1.9.16-stable
Git Commit: ea3b00ad75aebaf1790fe0f8afc9fb7852c87716
Architecture: amd64
Protocol Versions: [65 64 63]
Go Version: go1.14.2
Operating System: linux
GOPATH=
GOROOT=/build/ethereum-jRCVZo/.go
```

图 5.23　输出 Geth 版本信息

(2) 从官方程序进行安装。

安装 Geth 也可以直接到官方(https://geth.ethereum.org/downloads/)下载其对应版本的 Geth 安装程序。访问该 URL 会显示图 5.24 所示的下载页面。最后一个按钮是通过源码方式进行编译安装，需要安装 Go 语言环境，这种方式适合于专业人员，因此先不展开介绍。

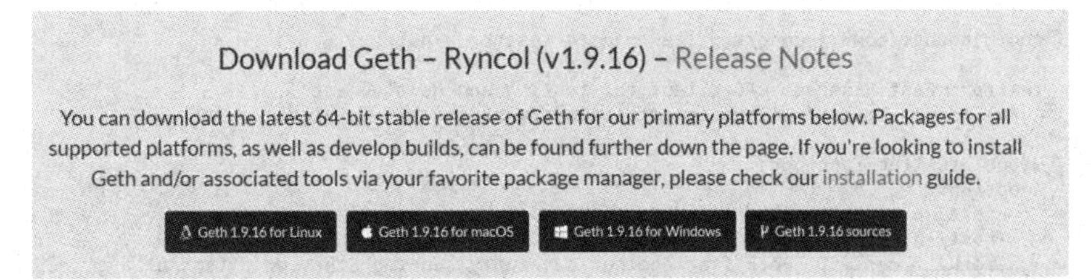

图 5.24　Geth 下载页面

Linux 版的 Geth 安装包是一个压缩文件(geth-linux-amd64-1.9.16-ea3b00ad.tar.gz)，将该压缩文件复制到 Linux 的某个目录下，然后执行以下命令对该文件进行解压，并进入解压后的目录：

```
$ tar -zxvf geth-linux-amd64-1.9.16-ea3b00ad.tar.gz
$ cd geth-linux-amd64-1.9.16-ea3b00ad/
```

解压后，只有一个 Geth 可执行文件，该可执行文件是静态编译的，直接运行该文件就可以启动 Geth 工具。

```
# ./geth
```

图 5.25 所示的内容显示了运行 Geth 命令的输出信息。

```
root@jpgong:/home/jpgong/Downloads/qq-files/3513075378/file_recv/geth-linux-amd6
4-1.9.16-ea3b00ad# ./geth
INFO [07-17|20:54:07.312] Starting Geth on Ethereum mainnet...
INFO [07-17|20:54:07.312] Bumping default cache on mainnet        provided=1024
 updated=4096
WARN [07-17|20:54:07.312] Sanitizing cache to Go's GC limits      provided=4096
 updated=2600
INFO [07-17|20:54:07.313] Maximum peer count                      ETH=50 LES=0
total=50
INFO [07-17|20:54:07.313] Smartcard socket not found, disabling   err="stat /ru
n/pcscd/pcscd.comm: no such file or directory"
INFO [07-17|20:54:07.314] Set global gas cap                      cap=25000000
INFO [07-17|20:54:07.314] Starting peer-to-peer node              instance=Geth
/v1.9.16-stable-ea3b00ad/linux-amd64/go1.14.4
INFO [07-17|20:54:07.314] Allocated trie memory caches            clean=390.00M
iB dirty=650.00MiB
INFO [07-17|20:54:07.314] Allocated cache and file handles        database=/roo
t/.ethereum/geth/chaindata cache=1.27GiB handles=524288
```

图 5.25　运行 Geth 输出信息

2. 安装 Testrpc

Testrpc 和 Geth 不同，Geth 是真正的以太坊环境，而 Testrpc 只是在本地模拟的一个以太坊环境，主要用于测试和开发调试。一般在智能合约使用 Testrpc 调试通过后，才将其部署到真正的以太坊环境中。

安装 Testrpc 需要 Node.js 环境，安装 Node 工具在后面的章节会有介绍，安装好 Node.js 后，使用以下命令安装 Testrpc：

```
# npm install-g ethereumjs-testrpc
```

安装好 Testrpc 后，就可以使用 Testrpc 命令来运行 Testrpc 环境。Testrpc 相当于用于测试的以太坊节点，用于像 Web3.js、Web3.py 一样的程序库进行连接，其默认端口是 8545。Testrpc 服务的命令参数选项如图 5.26 所示。

```
root@jpgong:/home/jpgong/truffleProject# testrpc --help

testrpc: Fast Ethereum RPC client for testing and development
  Full docs: https://github.com/ethereumjs/testrpc

Usage: testrpc [options]
  options:
  --port/-p <port to bind to, default 8545>
  --host/-h <host to bind to, default 0.0.0.0>
  --fork/-f <url>   (Fork from another currently running Ethereum client at a gi
ven block)

  --db <db path>   (directory to save chain db)
  --seed <seed value for PRNG, default random>
  --deterministic/-d     (uses fixed seed)
  --mnemonic/-m <mnemonic>
```

图 5.26　Testrpc 服务参数

5.7.3　Geth 使用

本节主要介绍 Geth 工具的一些常用命令使用方式。

1. 创建以太坊账户

第一次使用 Geth 时，Geth 客户端中是没有任何账户的，所以首先需要使用 Geth 命令来创建以太坊账户。在创建账户之前，可以使用以下命令查看当前以太坊的账户：

```
# npm install-g ethereumjs-testrpc
```

geth account list

执行上面的命令，如图 5.27 所示，没有任何账户信息。

```
INFO [07-17|21:17:27.067] Maximum peer count                       ETH=50 LES=0
total=50
INFO [07-17|21:17:27.067] Smartcard socket not found, disabling    err="stat /ru
n/pcscd/pcscd.comm: no such file or directory"
INFO [07-17|21:17:27.069] Set global gas cap                       cap=25000000
```

图 5.27　没有任何账户

使用 geth account new 命令创建以太坊账户时，需要用户输入账户密码。以太坊的账户地址会用 40 位的十六进制表示，如果最后输出一个以太坊地址，就说明账户创建成功。如图 5.28 所示，0x67023C421BCeeAA165aa85d7375026168F8AC6c7 就是以太坊的账户地址。

```
Your new key was generated

Public address of the key:   0x67023C421BCeeAA165aa85d7375026168F8AC6c7
Path of the secret key file: /root/.ethereum/keystore/UTC--2020-07-17T13-22-35.9
03110919Z--67023c421bceeaa165aa85d7375026168f8ac6c7

- You can share your public address with anyone. Others need it to interact with
 you.
- You must NEVER share the secret key with anyone! The key controls access to yo
ur funds!
- You must BACKUP your key file! Without the key, it's impossible to access acco
unt funds!
- You must REMEMBER your password! Without the password, it's impossible to decr
ypt the key!
```

图 5.28　成功创建以太坊账户

使用同样的方法创建多个以太坊账户，然后使用 geth account list 命令查看以太坊的当前账户，图 5.29 所示内容为查询结果，根据查询结果可以得知当前以太坊有 3 个账户。

```
root@jpgong:/home/jpgong# geth account list
INFO [07-17|21:30:57.486] Maximum peer count                       ETH=50 LES=0
total=50
INFO [07-17|21:30:57.486] Smartcard socket not found, disabling    err="stat /ru
n/pcscd/pcscd.comm: no such file or directory"
INFO [07-17|21:30:57.487] Set global gas cap                       cap=25000000
Account #0: {67023c421bceeaa165aa85d7375026168f8ac6c7} keystore:///root/.ethereu
m/keystore/UTC--2020-07-17T13-22-35.903110919Z--67023c421bceeaa165aa85d737502616
8f8ac6c7
Account #1: {57fd3cd6b54ded0dfa5e858c1c86df9e3ff04fc5} keystore:///root/.ethereu
m/keystore/UTC--2020-07-17T13-28-16.308919434Z--57fd3cd6b54ded0dfa5e858c1c86df9e
3ff04fc5
Account #2: {c8967c618423cae1dd877335300f7f2bb9c41938} keystore:///root/.ethereu
m/keystore/UTC--2020-07-17T13-28-26.324631055Z--c8967c618423cae1dd877335300f7f2b
b9c41938
```

图 5.29　查询以太坊当前账户

2. 删除以太坊账户

Geth 并没有提供直接删除以太坊账户的命令，但是我们可以通过删除账户本地文件的方式删除以太坊账户(因为一个以太坊账户对应一个文件)。根据图 5-8 所示的以太坊账户信息可知，账户文件的存储路径为/root/.ethereum/keystore/。

进入该目录，就可以看到存在的 3 个文件，分别对应以上创建的 3 个以太坊账户。如果想要删除某个账户，只需要删除其对应的文件即可。然后再次执行 geth account list 命令，就会发现对应的以太坊账户消失了。

```
# ls /root/.ethereum/keystore/
# rm /root/.ethereum/keystore/UTC--2020-07-17T13-22-35.903110919Z—67023
c421bceeaa165aa85d7375026168f8ac6c7
# geth account list
```

执行以上命令，删除某一个文件，再使用 geth account list 命令查看，就会发现与之对应的以太坊账户也消失了，如图 5.30 所示。

```
root@jpgong:/home/jpgong# geth account list
INFO [07-18|10:14:45.676] Maximum peer count                       ETH=50 LES=0
total=50
INFO [07-18|10:14:45.676] Smartcard socket not found, disabling    err="stat /ru
n/pcscd/pcscd.comm: no such file or directory"
INFO [07-18|10:14:45.678] Set global gas cap                       cap=25000000
Account #0: {57fd3cd6b54ded0dfa5e858c1c86df9e3ff04fc5} keystore:///root/.ethereu
m/keystore/UTC--2020-07-17T13-28-16.308919434Z--57fd3cd6b54ded0dfa5e858c1c86df9e
3ff04fc5
Account #1: {c8967c618423cae1dd877335300f7f2bb9c41938} keystore:///root/.ethereu
m/keystore/UTC--2020-07-17T13-28-26.324631055Z--c8967c618423cae1dd877335300f7f2b
b9c41938
```

图 5.30　删除某一个账户后查看以太坊当前账户

3. Geth JavaScript 控制台

Geth 能够以命令行的方式通过 JavaScript 控制台和 JavaScript 代码来访问以太坊网络。如果直接执行 geth console 命令，则开始于以太坊主链进行历史区块的同步，这会产生大量的日志信息，并与 JavaScript 代码接替出现。为了不让日志信息在控制台输出，可以使用以下命令启动，其中 2 表示日志管道，将日志信息直接输入到 geth.log 文件中。

```
# geth console 2>>geth.log
```

执行以上命令后，控制台中除了输入的 JavaScript 代码和结果之外，不会输出其他日志信息，如图 5.31 所示。

```
root@jpgong:/home/jpgong# geth console 2>>geth.log
Welcome to the Geth JavaScript console!

instance: Geth/v1.9.16-stable-ea3b00ad/linux-amd64/go1.14.2
coinbase: 0x57fd3cd6b54ded0dfa5e858c1c86df9e3ff04fc5
at block: 0 (Thu Jan 01 1970 08:00:00 GMT+0800 (CST))
 datadir: /root/.ethereum
 modules: admin:1.0 debug:1.0 eth:1.0 ethash:1.0 miner:1.0 net:1.0 personal:1.0
rpc:1.0 txpool:1.0 web3:1.0

> 4+3
7
> 
```

图 5.31　将日志重定向到文件的控制台信息

Geth 内嵌的 JavaScript 控制台不仅可以执行 js 代码，还可以调用所有官方的 Web3 函数和 Geth 自身的应用程序接口来访问以太坊网络。而 Web3.js 是常用的一套 API 接口，支持 Web 和 Node.js。这些技术在后面的章节中会有详细介绍，这里我们只需要知道，在 JavaScript 控制台中，不需要单独安装 Web3.js 就可以使用 Web3.js 的 API，可以在控制台中直接执行以下 JavaScript 代码：

```
str=web3.fromAscii('ethereum')      #将'ethereum'按 ASCII 转换为十六进制
web3.toDecimal('0xa')               #将十六进制数转换为十进制
#判断以太坊地址是否有效
web3.isAddress('57fd3cd6b54ded0dfa5e858c1c86df9e3ff04fc5')
web3.isAddress('57fd3cd6b54ded0dfa5e858c1c86df9e3ff04fc1')
web3.isAddress('57fd3cd6b54ded0dfa5e858c1c86df9e3ff04fc123')
```

以上代码的执行效果如图 5.32 所示。

```
> str=web3.fromAscii('ethereum')
"0x657468657265756d"
> web3.toDecimal('0xa')
10
> web3.isAddress('57fd3cd6b54ded0dfa5e858c1c86df9e3ff04fc5')
true
> web3.isAddress('57fd3cd6b54ded0dfa5e858c1c86df9e3ff04fc1')
true
> web3.isAddress('57fd3cd6b54ded0dfa5e858c1c86df9e3ff04fc123')
false
```

图 5.32　在控制台使用 Web3.js API 方法

Web3.js API 中还有许多与以太坊网络进行交互的方法，会在后面的章节中进行介绍。除了在 JavaScript 控制台中使用 Web3 外，还可以在浏览器和 Node.js 使用 Web3 的 API。

4. Geth 的测试网络

在创建真实合约之前，人们会倾向于在开发、编程、测试过程中不产生真实的资金消耗，以此来降低开发的成本。如果我们直接使用 Geth Console 的方式在以太坊主网进行工作，那么 Gas 机制会产生大量的 Gas 消耗，所以开发人员更倾向于在测试网络中进行开发。在测试网络中，合约只使用虚拟的以太币，并不产生实际资金消耗。等完成开发之后，合约才会部署到以太坊主网络中。在 Geth 中，既有基于 PoW 共识机制的 Ropsten 测试网络，也有基于授权证明(Proof-of-Authority, PoA)的 Rinkeby 测试网络，如图 5.33 所示。

```
root@jpgong:/home/jpgong# geth --help  | grep test |grep network
  --goerli                      Görli network: pre-configured proof-of-authority test network
  --rinkeby                     Rinkeby network: pre-configured proof-of-authority test network
  --yolov1                      YOLOv1 network: pre-configured proof-of-authority shortlived test network.
  --ropsten                     Ropsten network: pre-configured proof-of-work test network
```

图 5.33　Geth 中的测试网络

5.7.4　搭建以太坊私有链

安装好以太坊客户端之后，我们就可以通过创建或导入以太坊账户连接到以太坊主网络了。不过以太坊公链上测试智能合约需要消耗以太币，所以开发者可以利用 Geth 在本地自己搭建一条私有链或联盟链。测试链不同于以太坊公链，需要一些非默认的手动配置，由于设备有限，下面以一台 Ubuntu 主机和一台 Ubuntu 虚拟机为例，详细介绍用 Geth 来搭建以太坊私有链的过程。

1. 编写创世块文件

区块链是由若干个区块组成的。在私有链启动后，需要为该区块链创建第一个区块(创世块)，但是以太坊并不知道如何创建这个创世块，因此我们需要创建一个创世块的描述文件 genesis.json，它是区块链中最重要的标识之一，每一个区块链都有一个唯一标识的创世区块文件。如果两台机器启动 Geth 时所选用的创世区块文件不同，就无法识别为同一条区块链的成员。因此同一个私有链中的所有节点必须使用同一份创世区块文件进行初始化配置。创世区块文件内容如下：

```
{
    "config": {
        "chainId": 34,
        "homesteadBlock": 0,
        "eip155Block":0,
        "eip158Block":0,
        "eip150Block": 0
    },
"nonce"          : "0x0000000000000042",
"timestamp"    : "0x00",
"extraData"    : "",
"gasLimit"      : "0x2fefd8",
"difficulty" : "0x02000",
"mixhash": "0x000000000000000000000000000000000000000000000000000
0000000000000",
"parentHash": "0x000000000000000000000000000000000000000000000000
0000000000000000",
"coinbase"     : "0x0000000000000000000000000000000000000000",
"alloc"          : {
        "57fd3cd6b54ded0dfa5e858c1c86df9e3ff04fc5":{
                "balance":"1000000000000000000"
        },
        "c8967c618423cae1dd877335300f7f2bb9c41938":{
                "balance":"2000000000000000000"}
   }
}
```

一个完整的区块描述文件非常复杂，此处只是对区块进行了一些基本的配置，这些设置项描述如下：

(1) ChainId：指定了独立的区块链网络 ID。网络 ID 在连接到其他节点时会被用到，以太坊公网的网络 ID 是 1。为了不与主网络冲突，配置私有链时要指定自己的网络 ID。不同 ID 网络的节点无法相互连接。

(2) HomesteadBlock：以太坊 homested 版本硬分叉高度。意味着从此高度开始，新区块受 homested 版本共识规则约束，属于区块链硬分叉。建议使用 homesteadBlock，值为 0 表示有效。

(3) Eip155Block、eip158Block：EIP150 提案生效高度。该提案是为解决拒绝服务攻击，而通过提高 IO 操作相关的 Gas 来预防攻击。

(4) Nonce：随机数，对应创世区块 Nonce 字段。

(5) Timestamp：UTC 时间戳。

(6) ExtraData：额外数据。

(7) GasLimit：挖每个区块需消耗资源的上限。之所以将 Gas 与 Ether 分开，是为了防止 Ether 的波动对挖每个区块消耗资源的影响。

(8) Difficulty：挖矿的难易程度，该值越小，挖矿越容易。也就是说，该值越小，挖矿需要的计算能力越小。在测试时，建议设置一个比较小的值，否则挖矿会需要很长时间。

(9) Mixhash：一个哈希值，对应创世区块的 MixDigest 字段。和 Nonce 值一起证明在区块上已经进行了足够的计算。

(10) ParentHash：整个父块头的 Keccak 256 位哈希(包括其 Nonce 和 Mixhash)。指向父块的指针，从而有效地构建块链。注意：当且仅当在 Genesis 块的情况下，parentHash 的值为 0。

(11) Coinbase：一个地址，对应创世区块的 Coinbase 字段。成功挖矿所得奖励的受益人地址。

(12) Alloc：为了测试挖矿而临时分配的账户，其中 Balance 表示账户的余额，单位是 Wei。

2. 初始化私有链

使用以下命令初始化私有链，生成创世区块和初始状态：

```
$ geth --datadir ./datadir/ init genesis.json
```

其中，datadir 指定区块链数据的存储位置，可自行选择。运行结果如图 5.34 所示。

```
root@jpgong:/home/jpgong/privatechains# geth --datadir ./datadir/ init genesis.json
INFO [07-18|17:27:04.944] Maximum peer count                       ETH=50 LES=0 total=50
INFO [07-18|17:27:04.944] Smartcard socket not found, disabling    err="stat /run/pcscd/
pcscd.comm: no such file or directory"
INFO [07-18|17:27:04.945] Set global gas cap                       cap=25000000
INFO [07-18|17:27:04.945] Allocated cache and file handles         database=/home/jpgong
/privatechains/datadir/geth/chaindata cache=16.00MiB handles=16
INFO [07-18|17:27:04.954] Writing custom genesis block
INFO [07-18|17:27:04.955] Persisted trie from memory database      nodes=3 size=407.00B
time="154.265µs" gcnodes=0 gcsize=0.00B gctime=0s livenodes=1 livesize=0.00B
INFO [07-18|17:27:04.956] Successfully wrote genesis state         database=chaindata ha
sh="8c61a5…eac884"
INFO [07-18|17:27:04.956] Allocated cache and file handles         database=/home/jpgong
/privatechains/datadir/geth/lightchaindata cache=16.00MiB handles=16
INFO [07-18|17:27:04.961] Writing custom genesis block
INFO [07-18|17:27:04.961] Persisted trie from memory database      nodes=3 size=407.00B
time="106.099µs" gcnodes=0 gcsize=0.00B gctime=0s livenodes=1 livesize=0.00B
INFO [07-18|17:27:04.962] Successfully wrote genesis state         database=lightchainda
ta hash="8c61a5…eac884"
```

图 5.34　Ubuntu 中创建私有链的运行结果(部分)

然后将 genesis.json 文件传输到 Ubuntu 虚拟机中，使用上述命令来进行私有链的初始化。在 datadir 目录下有两个子目录：Geth 和 Keystore。其中，Geth 目录中保存了同步区块链以及相关数据；Keystore 目录中保存了账户文件。由于该私有链刚刚创建，还没有创建账户，因此 Keystore 目录目前为空。

3. 启动私有链

在每台机器上完成私有链节点初始化配置之后，接下来就需要将各个节点连接起来。首先要保证各个节点主机之间的网络是连通的，Geth 使用的端口正常开放。然后使用以下命令启动节点，连接到该私有链网络中：

```
$ geth --datadir ./datadir/ --networkid 34 --port 30303 --rpc --rpcport 8545 --nodiscover console
```

各参数说明：

(1) --datadir：指定区块链数据的存储位置。

(2) --networkid：区块链网络的标识符(整数)，在这里将该测试网络的 ID 命令为 34，最好和配置文件中的 ID 一样，当然也可以命令为其他名称。以太坊公网的网络 ID 是 1，为了不与公有链网络冲突，运行私有链节点的时候要指定自己的网络 ID。

(3) --port：指定和其他节点连接所用的端口号(默认为 30303)。

(4) --rpc：表示开启 THHP-RPC 服务。

(5) --rpcport：指定 THHP-RPC 服务监听端口号(默认为 8545)。

(6) --nodiscover：关闭节点发现机制，防止陌生节点加入。

当然，为了方便启动，可以将以上命令写入脚本文件 private_chain.sh 中，以后每次启动 Geth 节点时，只需要在终端中执行以下命令即可：

```
$ sh private_chains.sh
```

运行结果如图 5.35。

```
INFO [07-19|10:13:09.855] Started P2P networking                    self="enode://200d6cdf6a2fd
369106ae58eb8f9356f04c1799817c094d11c7f3f99e0439376dcacba37aa30ca7c47ae61b31217f27916f5aa83277
f282aee393c86c715031f@127.0.0.1:30303?discport=0"
INFO [07-19|10:13:09.855] IPC endpoint opened                       url=/home/jpgong/privatecha
ins/datadir/geth.ipc
INFO [07-19|10:13:09.855] HTTP endpoint opened                      url=http://127.0.0.1:8545/
cors= vhosts=localhost
WARN [07-19|10:13:09.892] Served eth_coinbase                       reqid=3 t="13.062µs" err="e
therbase must be explicitly specified"
Welcome to the Geth JavaScript console!

instance: Geth/v1.9.16-stable-ea3b00ad/linux-amd64/go1.14.2
at block: 0 (Thu Jan 01 1970 08:00:00 GMT+0800 (CST))
 datadir: /home/jpgong/privatechains/datadir
 modules: admin:1.0 debug:1.0 eth:1.0 ethash:1.0 miner:1.0 net:1.0 personal:1.0 rpc:1.0 txpool
:1.0 web3:1.0

> 
```

图 5.35　连接到私有链的运行结果(部分)

4. 测试私有链

1) 创建账户

在交互式的 JavaScript 环境中内置了一些用来操作以太坊的 JavaScript 对象，可以直接使用这些对象。这些对象主要包括：

(1) Eth：包含一些跟操作区块链相关的方法；

(2) Net：包含以下查看 P2P 网络状态的方法；

(3) Admin：包含一些与管理节点相关的方法；

(4) Miner：包含启动&停止挖矿的一些方法；

(5) Personal：包含一些管理账户的方法；

(6) Txpool：包含一些查看交易内存池的方法；

(7) Web3：包含了以上对象，还包含一些单位换算的方法。

前面的过程只是搭建好私有链，链中并没有账户。通过在 JavaScript 控制台中输入 eth.accounts 命令查看当前账户，发现账户列表为空。本节以“>”开头的命令表示在 JavaScript 控制台中执行。

输入以下命令来创建一个账户：

```
> personal.newAccount('12345678')
```

该命令表示创建了一个密码为 12345678 的新账户。可以以相同的方式创建多个账户。此时使用命令 eth.accounts 查看当前账户列表，可以看到已经有 3 个账户存在。运行结果如图 5.36 所示。

```
> eth.accounts
["0x66688cc0a0847b1a3cd7b94a7106e30c92262ad4", "0x3549835310efcf3577322a073de1864b17e099b8", "0xc304
7f12018ed6199c246c1ad219fb78c541a2d0"]
```

图 5.36　查看私有链中的账户列表

2) 查看账户余额

Eth 对象中提供了查看账户余额的方法，输出以下命令查看账户余额：

```
> eth.getBalance(eth.accounts[0])
```

运行之后系统显示账户余额为 0。

3) 启动&停止挖矿

区块链中负责挖矿的账户称为矿工，挖矿所得的奖励会进入矿工的账户，这个账户叫做 Coinbase，默认情况下 Coinbase 是本地账户的第一个账户：

```
> eth.coinbase
"0x451e7aa8d12df8750741dc6cfe6a4c09c1eb58bf"
```

也可以使用以下命令将矿工和任意账户进行绑定：

```
> miner.setEtherbase(eth.accounts[1])
```

此时再次查看挖矿的收益账户时，会发现 Coinbase 已经改变了。运行结果如图 5.37 所示。

```
> eth.coinbase
INFO [07-19|16:39:36.591] Etherbase automatically configured       address=0x66688cC0A0847b1A3cD7B94
A7106e30c92262ad4
"0x66688cc0a0847b1a3cd7b94a7106e30c92262ad4"
> miner.setEtherbase(eth.accounts[1])
true
> eth.coinbase
"0x3549835310efcf3577322a073de1864b17e099b8"
```

图 5.37　查看 Coinbase 账户

由于此时 3 个账户都没有余额，接下来可以在私有链上挖矿，为账户进行充值。输入以下命令进行挖矿：

```
> miner.start(20);admin.sleepBlocks(1);miner.stop()
```

其中，start 的参数表示挖矿使用的线程数。sleepBlock(1)表示当挖到一个区块时即停止挖矿，挖到一个区块会奖励 5 个以太币，将挖矿所得的奖励存入矿工的账户，即 Coinbase。此时查看账户 0 中就有了余额。getBalance()返回的单位是 Wei，Wei 是以太币的最小单位。要查看有多少个以太币，可以使用 web3.fromWei()将返回值换算为以太币。运行结果如图 5.38 所示。

```
> eth.getBalance(eth.accounts[0])
0
> eth.getBalance(eth.accounts[1])
0
> miner.start();admin.sleepBlocks(1);miner.stop()
INFO [07-19|16:41:05.775] Updated mining threads                   threads=6
INFO [07-19|16:41:05.775] Transaction pool price threshold updated price=1000000000
null
INFO [07-19|16:41:05.776] Commit new mining work                   number=1 sealhash="dbd35c…992bc0"
 uncles=0 txs=0 gas=0 fees=0 elapsed="297.902µs"
> miner.start();admin.sleepBlocks(1);miner.stop()
INFO [07-19|16:41:50.959] Updated mining threads                   threads=6
INFO [07-19|16:41:50.959] Transaction pool price threshold updated price=1000000000
INFO [07-19|16:41:50.959] Commit new mining work                   number=1 sealhash="230b1e…9c8926"
 uncles=0 txs=0 gas=0 fees=0 elapsed="277.824µs"
null
> INFO [07-19|16:41:51.020] Successfully sealed new block            number=1 sealhash="230b1e…9c892
6" hash="4b8f39…24f216" elapsed=60.420ms
INFO [07-19|16:41:51.020] 🔨 mined potential block                 number=1 hash="4b8f39…24f216"
> eth.getBalance(eth.accounts[0])
0
> eth.getBalance(eth.accounts[1])
5000000000000000000
> 
```

图 5.38　启动&停止挖矿

4) 发送交易

此时账户 0 的余额还是 0，可以通过发送一笔交易，从账户 1 转 1 个以太币到账户 0 中。在发送交易之前，需要先解锁账户，输入以下命令进行解锁：

```
> personal.unlockAccount(eth.accounts[1], '12345678', 3000)
```

输入该命令之后发现报错“account unlock with HTTP access is forbidden”，后来发现这是新版 Geth 出于安全考虑，默认禁止了 HTTP 通道解锁账户。只需要在启动命令中添加参数--allow-insecure-unlock 即可。

重新启动 Geth，输入解锁命令进行账户解锁。上面解锁命令的参数含义是：对账户 0 在 50 min(60 s/min*50 min=3000 s)内不需要输入密码即可解锁。运行之后账户显示 True，表示解锁成功。

此时可以通过以下两条命令来发送交易：

```
> amount=web3.toWei(1,'ether')
> eth.sendTransaction({from:eth.accounts[1],to:eth.accounts[0],value:amount})
```

发送交易的执行结果如图 5.39 所示。

```
> personal.unlockAccount(eth.accounts[1], '12345678', 3000)
true
> amount=web3.toWei(1,'ether')
"1000000000000000000"
> eth.sendTransaction({from:eth.accounts[1],to:eth.accounts[0],value:amount})
INFO [07-23|15:05:36.330] Setting new local account              address=0xD64
76E3F6FBc5ED86F006f454E00d4b6C6AccF96
INFO [07-23|15:05:36.331] Submitted transaction                  fullhash=0x08
ef20eec597a3af2bca23533090770a33bd760f915a6bdae247f44d904f1c63 recipient=0x5402d
94E1CecD49B92496dAE9B069c9280A117C8
"0x08ef20eec597a3af2bca23533090770a33bd760f915a6bdae247f44d904f1c63"
```

图 5.39　发送交易

此时使用命令 eth.getBalance(eth.accounts[0])查看账户 0 中的余额，发现余额为 0，因为此时交易只是被提交到区块链中，还没有被处理，可以通过 txpool.status 命令来验证。其中有一条 Pending 的交易，Pending 表示已提交但还未被处理的交易。查看交易结果如图 5.40 所示。

```
> eth.getBalance(eth.accounts[0])
0
> txpool.status
{
  pending: 1,
  queued: 0
}
>
```

图 5.40　查看交易状态

要使交易被处理，必须要挖矿，并在挖到一个区块之后就停止挖矿：

```
> miner.start();admin.sleepBlocks(1);miner.stop();
```

成功挖到一个区块后，上面的发送交易就会被处理。此时 Txpool 中 Pending 的交易数量应该变为 0，且账户 0 中的余额为 1 个以太币。结果如图 5.41 所示。

```
> txpool.status
{
  pending: 0,
  queued: 0
}
> web3.fromWei(eth.getBalance(eth.accounts[0]), 'ether')
1
>
```

图 5.41　查看账户余额

5) 查看交易和区块

交易完成之后，就可以通过交易的哈希值来查询交易详情。Eth 中封装了查看交易和区块信息的方法。

通过以下命令查看当前区块总数：

```
> eth.blockNumber
20
```

通过以下命令查看交易的详细信息：

```
> eth.getTransaction
("0x08ef20eec597a3af2bca23533090770a33bd760f915a6bdae247f44d904f1c63")
```

交易详细信息如图 5.42 所示，该交易包含在区块 19 中。

```
{
  blockHash: "0xcfbd7076f3eaeb5b5246642456f24cc420070b2346abc736380e3c84617c747a
",
  blockNumber: 19,
  from: "0xd6476e3f6fbc5ed86f006f454e00d4b6c6accf96",
  gas: 21000,
  gasPrice: 1000000000,
  hash: "0x08ef20eec597a3af2bca23533090770a33bd760f915a6bdae247f44d904f1c63",
  input: "0x",
  nonce: 0,
  r: "0xba1641830976a95ddcb407c740c201b33db82feed302e1efd52191d2dcfed02a",
  s: "0x3914b205ee6d817d256ebfaf315882f30d8626b9e9d1ee8a2d02c12fbaee2c21",
  to: "0x5402d94e1cecd49b92496dae9b069c9280a117c8",
  transactionIndex: 0,
  v: "0x68",
  value: 1000000000000000000
}
```

图 5.42　交易详细信息

还可以通过命令 eth.getBlock(19)查看区块的详细信息。

6) 连接到其他节点

可以通过 admin.nodeInfo.enode 命令查看当前节点的信息，它包含节点的公钥地址和 Geth 端口号。

```
> admin.nodeInfo.enode
"enode://5bd3fab85009b7ec3e5a10ad00507888785202ba8b2f2ff519ec548c381c02b0eb94fa3120069a3
57d7871f1ebf5bb19b578c7fad03db1671767e68355c8d1fe@127.0.0.1:30303?discport=0"
```

可以通过 admin.addPeer()方法连接到其他节点。若想要连通两个节点，则必须首先保证网络是相通的，并且要指定相同的 networkid。需要注意的是，要将节点信息中的本地地址替换为该机器的公网 IP 地址。连接成功后，节点二就会同步节点一的区块，同步完成之后，任意节点开始挖矿，另外一个节点都会自动同步区块。向任意一个节点发送交易，另外一个节点也会收到这笔交易。最终可以通过 admin.peers 查看连接到的其他节点信息，通过 net.peerCount 查看已连接到的节点数量。运行结果如图 5.43 所示。

```
> admin.addPeer("enode://b719b75bc0c1f3ca0ec1cca4cebc1d14e2ead093ee1c2ee00c46cb3837666d517959ab012c3
fc4523924bcd3a40e04f51d7d3f341dcb85be20a2d2c2e6b53dab@10.170.18.198:30303?discport=0")
true
> INFO [07-19|18:09:54.985] Looking for peers                        peercount=0 tried=0 static=1
> admin.peers
[{
    caps: ["eth/63", "eth/64", "eth/65"],
    enode: "enode://b719b75bc0c1f3ca0ec1cca4cebc1d14e2ead093ee1c2ee00c46cb3837666d517959ab012c3fc452
3924bcd3a40e04f51d7d3f341dcb85be20a2d2c2e6b53dab@10.170.18.198:30303?discport=0",
    id: "66e61f34a414ebe2bc6d3860668b81c8a5d38b5eae6f028b9b6ba7e6bc7410b1",
    name: "Geth/v1.9.16-stable-ea3b00ad/linux-amd64/go1.14.2",
    network: {
      inbound: false,
      localAddress: "10.170.11.63:35292",
      remoteAddress: "10.170.18.198:30303",
      static: true,
      trusted: false
    },
    protocols: {
      eth: {
        difficulty: 8192,
        head: "0x8c61a58d7c2e85c44016bc4ba524c00160f8569f93e1f676735c7d0af1eac884",
        version: 65
      }
```

图 5.43　添加其他节点

5.7.5 以太坊编程接口

以太坊区块链平台作为一个底层平台，与外界交互时必须为外界提供接口，目前 RPC 接口是以太坊原生支持的接口，不限语言且可跨平台；而 JavaScript API(Web3.js)是以太坊团队使用 JavaScript 语言对 RPC 的封装，虽然使用较为简单，但仅限于 JavaScript 语言使用。不过后来以太坊社区又对 RPC 接口实现了多个语言版本的实现，本节主要介绍 Web3.js 程序库。

1. RPC 接口

无论是 C/S 还是 B/S 架构，服务器和客户端之间的交互都是通过请求、响应的方式进行的。其中最为开发者熟悉的客户端请求接口就是"RESTful API"，这类 API 中客户端可以通过"Get"或"Post"方式进行请求。目前，服务器端接口除了"RESTful API"之外，还有一种就是"RPC"接口类型。

"RPC"和"RESTful API"两种接口最大的共同点就是能够被客户端用于和服务器端的交互。"RESTful API"接口在应用层基于 HTTP 或 HTTPS 协议，在经过应用层到达传输层时会使用 TCP 或 UDP 协议。"RESTful API"为开发者提供了多种请求方式，比如上面提到的 Get 和 Post，除此之外还有 Put、Delete、Head 和 Option。由于 HTTP/HTTPS 协议已经很完善了，所以该接口为开发人员减少了大量的工作。而"RPC"接口在基于通信协议方面的实现有多种，一种是基于应用层的 HTTP/HTTPS 协议的实现，另一种是基于传输层的 TCP 协议的实现。

从数据传输类型上进行分类，常见的"RPC"框架有 4 种：JSON-RPC、XML-RPC、Protobuf-RPC 和 SOAP-RPC。

以太坊使用 JSON-RPC 2.0 规范来和节点进行通信，只需要在节点中使用 RPC 命令启动 RPC 服务即可。虽然使用 JSON-RPC 请求可以完成和区块链节点的通信，但是 RPC 请求比较烦琐，因为需要和远程的底层数据进行交互，且参数较多，返回的结果数据也需要自己解析，比较容易出错。RPC 请求如图 5.44 所示。所以以太坊团队采用 JavaScript 语言开发了一整套以太坊节点"PRC"接口的开源库，即"Web3.js"库，它对外提供了简洁的接口。在 Geth 客户端节点中输入 Web3 命令，就可以查看 Web3 支持的所有调用方法。其官方开源地址是 https://github.com/ethereum/web3.js/。

```
curl -X POST --data '{"jsonrpc":"2.0","method":"eth_getBalance","params":
["0x407d73d8a49eeb85d32cf465507dd71d507100c1", "latest"],"id":1}' -H
"Content-Type: application/json" localhost:8545
// 返回
{
  "id":1,
  "jsonrpc": "2.0",
  "result": "0x0234c8a3397aab58" // 以 wei 为单位
}
```

图 5.44　RPC 请求

2. Web3.js 介绍

Web3.js 是一套使用 JavaScript 编写的程序库，其中包含了大量的 API，主要用于与以太坊节点(如 Testrpc、Geth 等)进行通信，并通过以太坊节点操作以太坊网络。Web3.js 对所有 JSON-RPC 进行了封装，也就是说任何基于 JSON-RPC 的以太坊节点都可以通过 Web3.js 进行连接。Web3.js 主要包含以下几个库：

(1) Web3：包含所有以太坊相关模块的封装器，如版本号、区块查询等；

(2) Web3.eth：用于与以太坊区块链和合约之间的交互；

(3) Web3.shh：用来控制 whisper 协议与 P2P 通信以及广播等交互；

(4) Web3.net：用于获取网络相关信息；

(5) Web3.bzz：用于与 swarm 协议的交互；

(6) Web3.utils：包含了一些 DApp 开发应用的功能。

Web3 和 Geth 之间通信使用的是 JSON-RPC，整个通信模型可抽象为图 5.45 所示的模型。

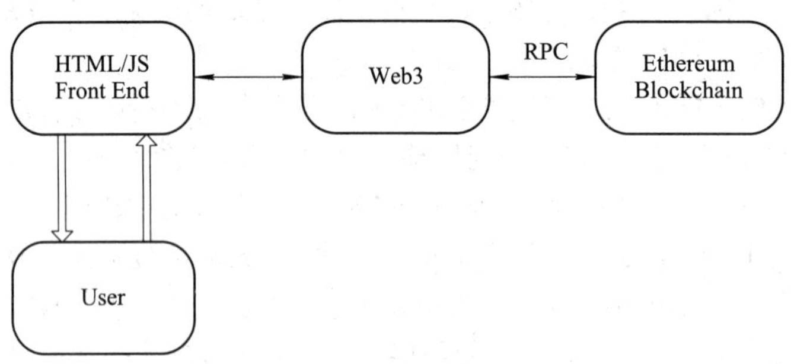

图 5.45　RPC 通信模型

Web3.js 是作为 Node 的一个模块被提供的，所以在使用 Web3.js 之前，应该先安装 Node。在 Ubuntu 中可以使用 apt 方式安装 Node，输入以下命令安装：

```
$ sudo apt install nodejs
```

也可以在 Node 的官方网站(https://nodejs.org/zh-cn/)下载最新的安装包进行安装，建议下载 LTS 版本，因为它是会长期进行维护的版本。Node 安装包的下载页面如图 5.46 所示。

图 5.46　Node 所有版本的下载页面

输入以下命令将二进制安装包解压到/usr/local/lib/nodejs 目录中：

```
$ sudo mkdir /usr/local/lib/nodejs
$ sudo tar -xvf node-v12.18.3-linux-x64.tar.xz -C /usr/local/lib/nodejs/
$ sudo mv /usr/local/lib/nodejs/node-v12.18.3-linux-x64/ /usr/local/lib/nodejs/
node-v12.18.3
```

然后在~/.profile 文件中设置 Node 的环境变量，添加如下内容：

```
#Node.js
VERSION=12.18.3
DISTRO=linux-x64
export PATH=/usr/local/lib/nodejs/node-v12.18.3/bin:$PATH
```

刷新配置文件，就可以测试 Node 是否安装成功：

```
$ . ~/.profile
```

如果安装成功，就可以正常显示对应的安装版本。结果信息如图 5.47 所示。

```
jpgong@jpgong:~/Downloads$ node -v
v12.18.3
jpgong@jpgong:~/Downloads$ npm -v
6.14.6
```

图 5.47　测试 Node 是否安装成功

如果重新打开一个新的终端就会提示没有安装 Node，此时需要使用以下命令来创建 Node 链接：

```
$ sudo ln -s /usr/local/lib/nodejs/node-v12.18.3/bin/node /usr/bin/node
$ sudo ln -s /usr/local/lib/nodejs/node-v12.18.3/bin/npm /usr/bin/npm
```

以上应用安装好之后，就可以使用以下命令来安装 Web3.js 的最新版本：

```
$ npm install web3
```

也可以使用@来安装模块的某一个特定版本，命令如下：

```
$ npm install web3@0.20.6
```

由于 npm 安装 Node 模块比较慢，因此可以将 npm 更换为国内源，这样安装 Web3 或其他模块都会非常快。使用以下命令配置国内源：

```
npm config set registry https://registry.npm.taobao.org
npm config get registry
```

如果返回 https://registry.npm.taobao.org，说明镜像配置成功。安装完 Web3.js 后，执行

Node 命令进入 Node 的交互环境，输入命令 require('Web3')可以看到如图 5.48 所示的信息，表明 Web3.js 已经安装成功。有时在 Ubuntu 中会提示找不到 Web3 模块，此时使用以下命令就可以成功安装：

```
# npm install --save Web3@0.20.6
```

```
jpgong@jpgong:~$ node
> require('web3')
{ [Function: Web3]
  providers:
   { HttpProvider: [Function: HttpProvider],
     IpcProvider: [Function: IpcProvider] } }
> ▌
```

图 5.48　成功安装 Web3.js

本节只介绍以太坊开发中的一些重要的 web3.js API 函数方法。值得注意的是，web3.js 有两个不兼容的版本：0.20.x 和 1.0beta。1.0 版本对 0.20 版本做了重构，引入了 Promise 来简化异步编程，避免了层层嵌套。详细的 API 介绍请参考 Web3.js 的官方文档：

(1) 0.20.x 版本 https://learnblockchain.cn/docs/web3js-0.2x/。

(2) 1.0 版本 https://web3js.readthedocs.io/en/v1.2.11/。

Web3 API 对象包含在 Web3 模块中，主要包括设置 Provider、获取当前的 Provider、判断程序是否处于连接状态以及一些进制、格式的转换函数。Web3 对象主要用于创建连接到以太坊节点的对象，用来和以太坊网络进行交互。

使用 Web3.js 的第一步需要连接以太坊节点，使用下面的代码形式来连接 Geth 节点，然后操作该私有区块链。连接 Geth 节点的代码如下：

```
var Web3 =require("web3");
//创建 Web3 类的实例，但还没有连接以太坊节点
var web3 =new Web3();
//为 Web3 对象设置 HTTPProvider 对象，连接到以太坊 Geth 节点
web3.setProvider(new Web3.providers.HttpProvider('http://localhost:8545'));
//获取当前设置的 HTTPProvider 对象的信息
console.log(web3.currentProvider);
//获取 Web3 对象连接以太坊节点的状态
console.log('是否连接:' + web3.isConnected());
```

在运行程序之前，先启动 Geth 节点的 RPC 服务。然后执行 node provider.js 命令，输出信息如图 5.49 所示。

```
jpgong@jpgong:~/program$ node provider.js
HttpProvider {
  host: 'http://localhost:8545',
  timeout: 0,
  user: undefined,
  password: undefined,
  headers: undefined }
是否连接:true
```

图 5.49　设置并获取 HTTPProvider 对象

由图 5.49 可以看出，只是在程序中设置了 host，所以输出信息中包含了 host 的信息，但是未指定 user、password 和 headers，所以输出的信息是 undefined。

Web3.eth 模块中包含了大量和以太坊区块链以及以太坊智能合约交互的函数和变量，如获取和设置默认账户、得到某个节点注册的账户、发送交易、调用合约函数等。

(1) 获取和设置默认账户。通过 web3.eth.defaultAccount 变量来设置。默认账户地址可用于发送交易函数 sendTransaction()和调用智能合约中的函数 call()。

(2) 获取和设置默认区块。通过 web3.eth.defaultBlock 变量来设置。默认区块可用于以下函数：获取账户余额函数 getBalance()、获取指定地址的代码函数 getCode()、获取账户的交易数函数 getTransactionCount()等。web3.eth.defaultBlock 变量的值可以是一个整数，表示区块号；也可以是一个字符串，表示一些特殊的区块。"earliest"表示最早的区块，也就是创世区块。"latest"表示最新的区块，也就是区块链的头区块。"pending"表示当前正在等待挖矿的区块，默认值是"latest"。

(3) 获取区块的同步状态。通过 web3.eth.syncing 变量(同步方式，只读不能修改)或 web3.eth.getSyncing 函数(异步方式)来获得区块的同步状态。如果正在同步，返回一个同步对象，否则返回 false。

(4) 获取矿工地址。可以通过 web3.eth.coinbase 变量以同步方式获取，也可以通过 web3.eth.getCoinbase 函数以异步方式获取。

(5) 检测连接节点是否在挖矿。通过 web3.eth.mining 变量以同步方式检测当前节点是否在挖矿。如果正在挖矿，返回 true，否则返回 false。也可以通过 web3.eth.getMining 函数以异步方式检测。

(6) 获取以太坊节点中的账号地址。通过 web3.eth.accounts 变量或 web3.eth.getAccounts 函数以同步或异步的方式获取当前连接的以太坊节点中的所有账号地址。账号地址会通过数组形式返回。

(7) 获取区块编号。通过 web3.eth.blockNumber 变量或 web3.eth.getBlockNumber 函数以同步或异步的方式获取当前的区块编号。区块编号以整数的形式返回。

(8) 获取账户余额。通过 web3.eth.getBalance 函数可以获取给定区块中某个地址的余额(单位是 Wei)。

(9) 获取区块信息。通过 web3.eth.getBlock 函数获取指定区块的信息。

(10) 获取区块中包含的交易数。通过 web3.eth.getBlockTransaction 函数获取指定区块中的交易数。

(11) 获取交易数据。通过 web3.eth.getTransaction 函数根据交易哈希值获取交易的数据。

(12) 获取交易凭证。通过 web3.eth.getTransactionReceipt 函数根据交易哈希值获取交易的收据，这些交易必须是已经成功被处理的交易，正在等待处理的交易(pending 状态的交易)无法通过该函数获取交易凭证。

(13) 获取账户发送的交易数。通过 web3.eth.getTransactionCount 函数根据账号地址获取指定账户地址发布的交易总数。

(14) 发送交易。通过使用 web3.eth.sendTransaction 函数可以向以太坊网络发送交易。

(15) 发送签名交易。web3.eth.sendRawTransaction 函数可用于发送已经签名的交易。在发送之前需要对账户进行签名。

(16) 使用账户对数据进行签名。web3.eth.sign 函数可以使用账户对数据进行签名，并输出签名后的结果。

(17) 执行智能合约中的代码。web3.eth.call 函数可以执行 EVM 中的代码，但矿工不会为其挖矿。也就是说，该函数只能执行 EVM 中不需要向以太坊网络进行写数据的代码，如读取合约中的数据代码。转账的 API 方法不能使用 call 函数调用，因为转账需要更新合约的状态，矿工需要挖矿从而产生区块来存储交易数据。

(18) 预估交易消耗的 Gas 值。在发布交易时涉及一个重要的属性：GasLimit 或 Gas。以太坊网络中每一个操作都会消耗一定的 Gas 值，如果合约的代码比较复杂。不过使用 web3.eth.estimateGas 函数可以预估交易需要消耗的 Gas。

在以太坊中，Gas 和 GasLimit 其实是一样的，都是预估值，只是在不同的函数中叫法不同而已。通常会将 GasPrice 的价格设为 1 G Wei，换算成十六进制是 0x3B9ACA00，单位是 Wei。在以太坊交易中，GasPrice 和 GasLimit 设置得过低都会导致交易失败。GasPrice 设置得过低，会导致矿工不会为交易挖矿而造成交易失败，让交易一开始就死掉。而 GasLimit 值低于完成交易所需的 Gas 值，会让交易在半路死掉。

Web3.eth API 中一些代码示例如下：

```
var Web3 =require("web3");  //创建 Web3 类的实例，但还没有连接以太坊节点
var web3 =new Web3();        //为 Web3 对象设置 HTTPProvider 对象，连接到以太坊 Geth 节点
web3.setProvider(new Web3.providers.HttpProvider('http://localhost:8545'));   //获取默认账户地址
var defaultAccount = web3.eth.defaultAccount;
console.log('defaultAccount:' + defaultAccount);       //获取默认区块
var defaultBlock = web3.eth.defaultBlock;
console.log('defaultBlock:' + defaultBlock);           //同步方式获取区块的同步状态
var sync = web3.eth.syncing;
console.log('同步方式时 sync:' + sync);                //异步方式获取区块的同步状态
web3.eth.getSyncing(function(error,result){
 console.log('异步方式时 sync:' + result);
});                                                    //获取矿工地址
web3.eth.getCoinbase(function(error,result){
 console.log('矿工地址 coinbase:' + result);
});                                                    //检测当前节点是否在挖矿
web3.eth.getMining(function(error,result){
 console.log('是否正在挖矿:' + result);
});                                                    //获取当前节点的所有账号地址
web3.eth.getAccounts(function(error,result){
 console.log('所有账号地址:' + result);
});                                                    //获取制定账号的余额
var balance = web3.eth.getBalance(web3.eth.accounts[0]);
console.log('账户余额(ether):' + web3.fromWei(balance, 'ether') + 'ether');   //获取区块信息
var info = web3.eth.getBlock(2,true);                  //第二个参数为 False，只返回区块的基本信息
console.log('区块信息:');
console.log(info);
```

运行以上代码的输出结果如图 5.50 所示。

```
jpgong@jpgong:~/program$ node eth.js
defaultAccount:undefined
defaultBlock:latest
同步方式时sync:false
账户余额(ether):1ether
区块信息:
{ difficulty: BigNumber { s: 1, e: 5, c: [ 131648 ] },
  extraData: '0xd883010911846765746888676f312e31342e32856c696e7578',
  gasLimit: 3172388,
  gasUsed: 0,
  hash: '0x7191dafc5aca74dab158e27730834b74305508108eef9df21e22d9bac311d005',
  logsBloom: '0x0000000000000000000000000000000000000000000000000000000000000000000000000000000000000000000000000000000000000000
00000000000000000000000000000000000000000000000000000000000000000000000000000000000000000000000000000000000000000000000000000000
00000000000000000000000000000000000000000000000000000000000000000000000000000000000000000000000000000000000000000000000000000000
00000000000000000000000000000000000000000000000000000000000000000000000000000000000000000000000000000000000000000000000000000000
0000000000000000',
  miner: '0xe22b640628288dbdcf26b0ad91cbc11890a2e6b0',
  mixHash: '0x4fe911ee8e7542284297161a37160cebfba961d75220bd46f873060457217634',
  nonce: '0x2861bc27bab3fa88',
  number: 10,
  parentHash: '0xd04aea936fd972be0caed021c99fbe66dd0e10f87ad3d6a26bab23be3ac62c51',
  receiptsRoot: '0x56e81f171bcc55a6ff8345e692c0f86e5b48e01b996cadc001622fb5e363b421',
  sha3Uncles: '0x1dcc4de8dec75d7aab85b567b6ccd41ad312451b948a7413f0a142fd40d49347',
  size: 536,
  stateRoot: '0xc31caf68f4fd09e136a312e4c610cfc0957ad2e7a68027682ab5fe052efb1b80',
  timestamp: 1595487781,
  totalDifficulty: BigNumber { s: 1, e: 6, c: [ 1321792 ] },
  transactions: [],
  transactionsRoot: '0x56e81f171bcc55a6ff8345e692c0f86e5b48e01b996cadc001622fb5e363b421',
  uncles: [] }
异步方式时sync:false
矿工地址coinbase:0x5402d94e1cecd49b92496dae9b069c9280a117c8
是否正在挖矿:false
所有帐号地址:0x5402d94e1cecd49b92496dae9b069c9280a117c8,0xd6476e3f6fbc5ed86f006f454e00d4b6c6accf96,0xe22b640628288dbdcf26b0ad91c
bc11890a2e6b0
```

图 5.50　Eth API 函数运行结果

5.7.6　DApp 开发工具及框架

1. 以太坊集成开发环境

一般的软件项目开发都依赖于集成开发环境(Intergreated Development Environment, IDE)，以太坊 DApp 开发也有专用的开发环境。在开发过程中，需要将写好的智能合约部署到以太坊网络中，然后通过以太坊客户端进行调用。在智能合约编写过程中，以太坊官方提供了许多智能合约的编写和测试工具。

1) Remix

以太坊官方社区开发了 Solidity 智能合约的 IDE：Mix 和 Remix。不过 Mix 项目已经停止继续开发和维护，这里不做过多介绍。Remix(也叫 Browser-Solidity)是以太坊开发的基于浏览器的 Solidity 编译器，它提供了交互式界面，并且有编译、调用测试、合约部署等一系列功能，使用非常方便。地址为 https://remix.ethereum.org/。Remix 页面的整体布局如图 5.51 所示。

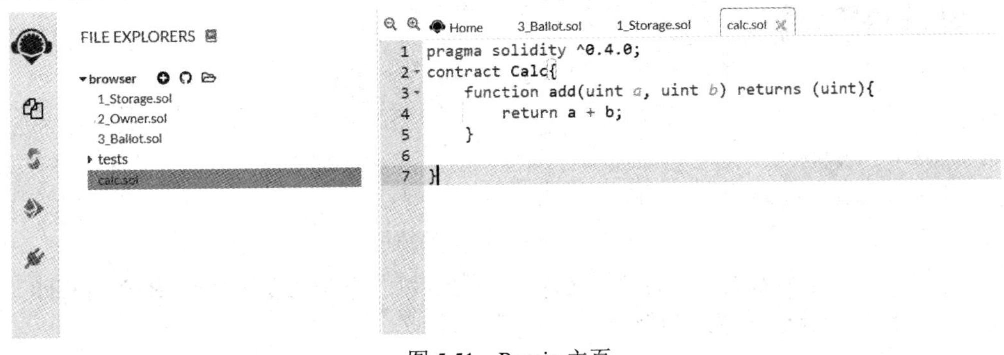

图 5.51　Remix 主页

通过一个示例程序来学习 Remix 模式。写一个计算两个数和的智能合约，代码如下：

```
pragma solidity ^0.4.0;
contract Calc{
    function add(uint a, uint b) returns (uint){
        return a + b;
    }
}
```

操作步骤如下：

(1) 在 Remix 模式下，左侧智能合约列表区域有一个“+”，点击后弹出文件命名窗口，如将文件命名为 calc.sol(文件扩展名必须为.sol)，确认后，即可在代码窗口输入以上代码。

(2) 输入代码后，点击左侧的 SOLIDITY COMPILER 标签按钮，进入 Compile 页面，编译智能合约。在该页面，首先选择需要编译的 Solidity 版本，其下还有一个 Auto Compile 选项，选择好后就可以对编写的智能合约进行自动编译。编译界面如图 5.52 所示。编译之后，就可以看到左下方已经生成了合约的字节码文件和应用 ABI 文件。Bytecode 是合约的字节码文件，是真正被 EVM 执行的文件。ABI 文件是合约的应用二进制接口，对外提供访问的接口。合约中的每个方法(除 internal 修饰的方法外)都会在 ABI 中被描述：Constant 字段表示该方法是否使用了 Constant 修饰的方法，Constant 方法不会改变合约的状态；Inputs 表示合约方法的输入参数和类型；Name 是方法名；Outputs 是方法的输出参数和类型，即返回值；Type 表示方法类型：Function 是普通方法，Constructor 是构造方法。

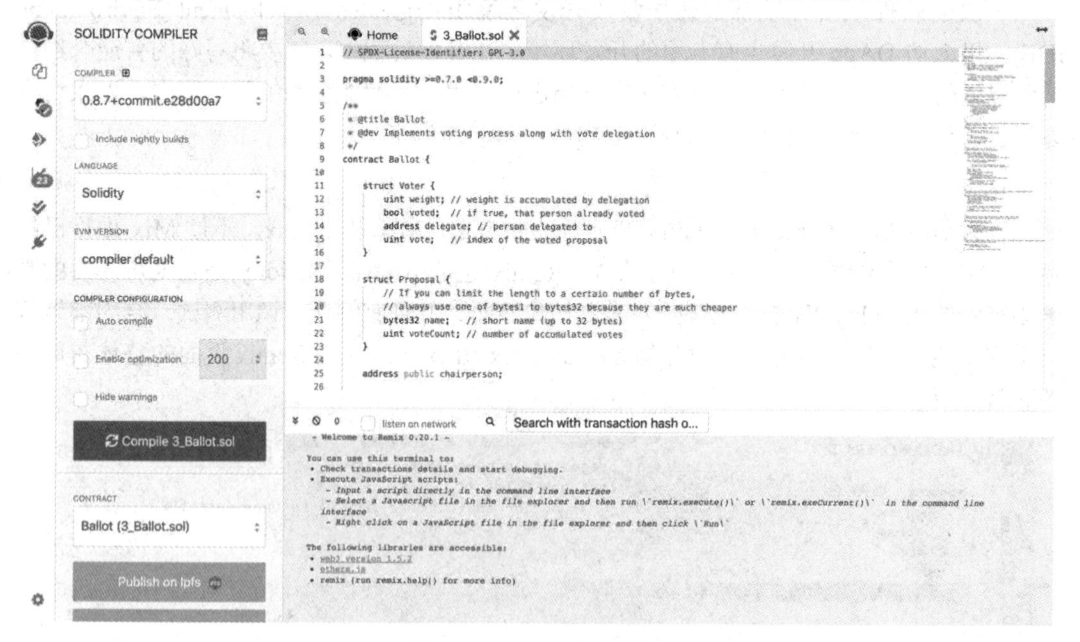

图 5.52　Remix 编译界面

(3) 编译成功之后，就可以运行该智能合约，选择左侧的 DEPLOY&RUN TRANSACTIONS 标签按钮，此时的界面如图 5.53 所示。

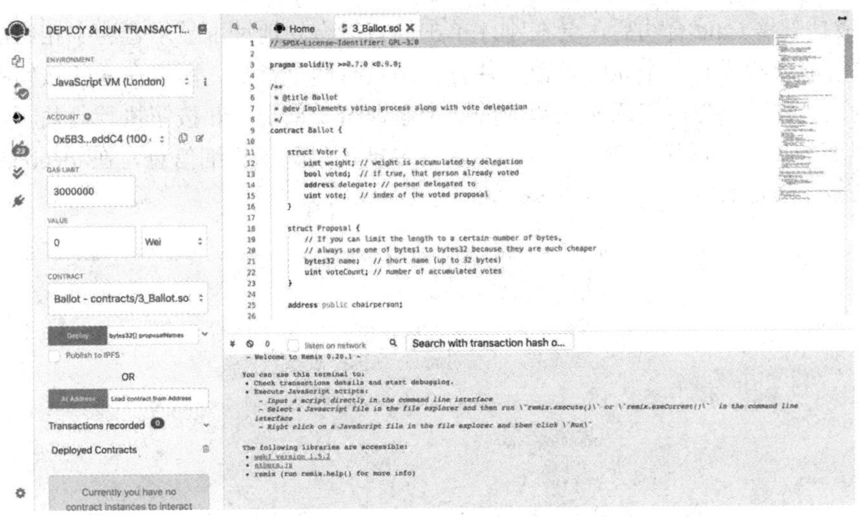

图 5.53　Remix 运行界面

(4) 在图 5.54 的 Environment 选项中包含 3 个子选项：JavaScript VM、Injected Web3 和 Web3 Provider，分别代表不同的运行环境。在 JavaScript VM 环境下，所有的数据都保存在本地内存中，并不连接以太坊主网络或其他测试网络、私有链等，只是运行在内存中的区块链，可以简单、快速地进行测试和挖矿。在 Injected Web3 环境下，主要用于与浏览器插件(如 MetaMask 钱包等)进行信息交流，由 MetaMask 确定 Remix 和哪一个网络相连，其节点运行模式通常也不在本地，但与 MetaMask 合用时可以采用本地模式。在 Web3 Provider 环境下，通过 URL 将 Rmix 与以太坊主链相连。在这里只是测试智能合约，所以选择 JavaScript VM 环境即可。

(5) 在图 5.54 的 Account 选项中，默认建立了多个以太坊用户，且给每一个用户分配了 100 ETH 作为“启动资金”，可以选择任意账户来部署该合约。

(6) 点击 Deploy(部署)按钮，可以将该智能合约部署到区块链中，这一动作会消耗 Gas。可以看到刚才选择的账户中的以太币总量已经减少到 99.999……。同时，在左下方也生成了该智能合约的合约名称和地址。单击合约地址就会出现详细列表信息，如图 5.54 所示。

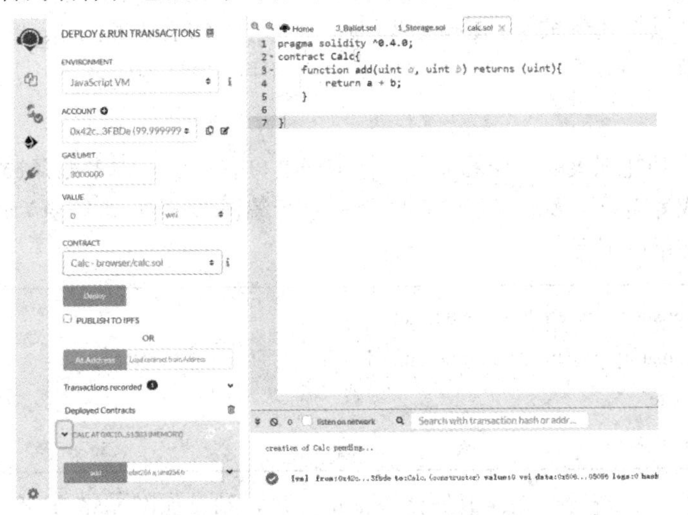

图 5.54　Remix 合约部署后的界面

(7) 成功部署 Calc 合约后，会在刚才单击的智能合约地址下显示合约中相应的函数按钮，如该智能合约只有一个 add 函数，并且该函数有两个参数。所以在 add 按钮旁边的文本框中输入“10，45”，表示 add 函数的两个参数值。单击 add 按钮执行函数，然后会在 Remix 界面的日志区域显示交易结果，单击交易就可以显示详细信息，在 decoded output 中会显示 add 函数的返回值，如图 5.55 所示。

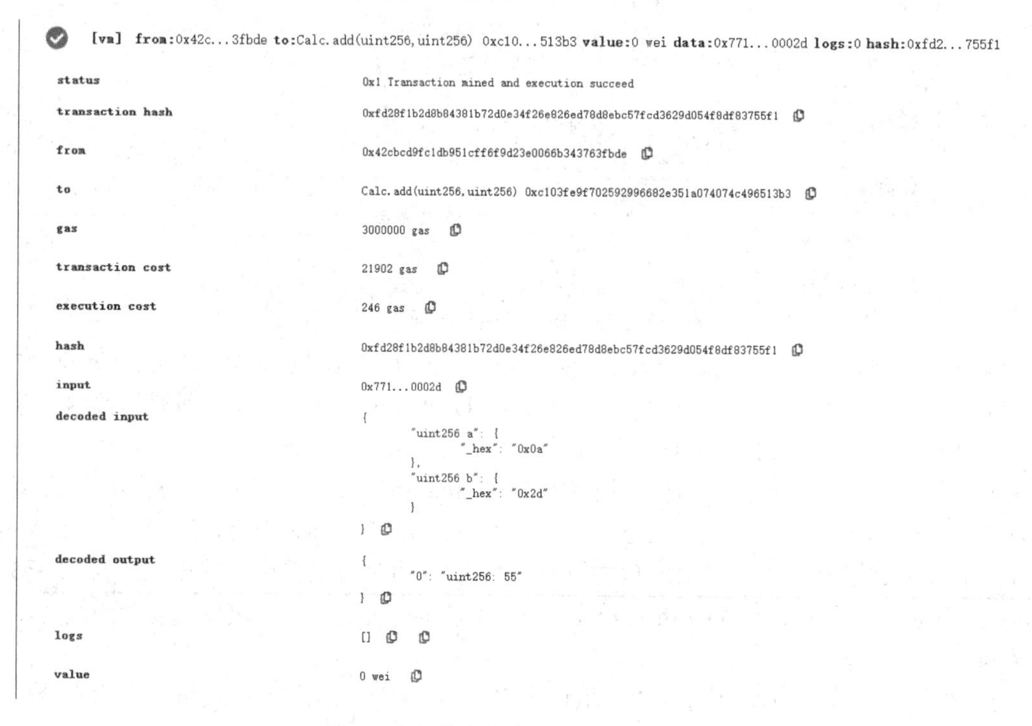

图 5.55　智能合约中 add 函数的执行结果

在本例中没有将智能合约部署到以太坊网络中，而是在本地运行。在实际应用中，需要将智能合约部署到以太坊网络中才能完整地对其进行测试。

在使用在线 Remix 环境时，由于某些原因(没有网络或者网络速度很慢)想要离线使用 Remix，此时可以在本地安装 Remix 环境。可以从 GitHub(https://github.com/ethereum/remix-ide)上下载 Remix 的代码库进行安装，这里不做详细介绍。

2) Solc

Solc 是一个功能强大的 Solidity 命令行编译器，它提供了许多编译选项。当需要编写比较大的合约或者需要更多的编译选项时，命令行编译器 Solc 可能更为适用。在 Ubuntu 中安装 Solc，使用以下命令：

```
# add-apt-repository ppa:ethereum/ethereum
# add-apt-repository ppa:ethereum/ethereum-dev
# apt-get update
# apt-get install solc
```

运行 Solc 命令，查看该编译器的命令选项，显示结果如图 5.56 所示。

```
root@jpgong:/home/jpgong# solc --help
solc, the Solidity commandline compiler.

This program comes with ABSOLUTELY NO WARRANTY. This is free software, and you
are welcome to redistribute it under certain conditions. See 'solc --license'
for details.

Usage: solc [options] [input_file...]
Compiles the given Solidity input files (or the standard input if none given or
"-" is used as a file name) and outputs the components specified in the options
at standard output or in files in the output directory, if specified.
Imports are automatically read from the filesystem, but it is also possible to
remap paths using the context:prefix=path syntax.
Example:
solc --bin -o /tmp/solcoutput dapp-bin=/usr/local/lib/dapp-bin contract.sol

General Information:
  --help                Show help message and exit.
  --version             Show version and exit.
  --license             Show licensing information and exit.
```

图 5.56　Solc 命令行编译器界面

3) Visual Studio Code 扩展

Visual Studio Code 是微软公司开发的跨平台源代码编辑工具。在 Ubuntu 环境中，可以使用 Ubuntu Make 来安装 Visual Studio Code。首先使用以下命令，通过官方 PPA 来安装 Ubuntu Make：

```
# add-apt-repository ppa:ubuntu-desktop/ubuntu-make
# apt-get update
# apt-get install ubuntu-make
```

安装 Ubuntu Make 后，使用以下命令安装 Visual Studio Code：

```
# umake web visual-studio-code
```

卸载 Visual Studio Code，同样使用 Ubuntu Make 命令：

```
# umake web visual-studio-code --remove
```

除了通过 Ubuntu Make 来安装 Visual Studio Code 外，也可以直接进入 VSCode 的下载网址 https://code.visualstudio.com/#alt-downloads 下载对应的安装包。

Visual Studio Code 支持插件扩展。运行 VSCode，按“Ctrl+P”快捷键。在 VSCode 上方弹出的搜索框中输入 ext Install(Install 后面有一个空格)，然后按“Enter”键，会显示 VSCode 的插件扩展。输入 Solidity，就可以搜索到所有包含 Solidity 字样的扩展，安装第一个插件，如图 5.57 所示。

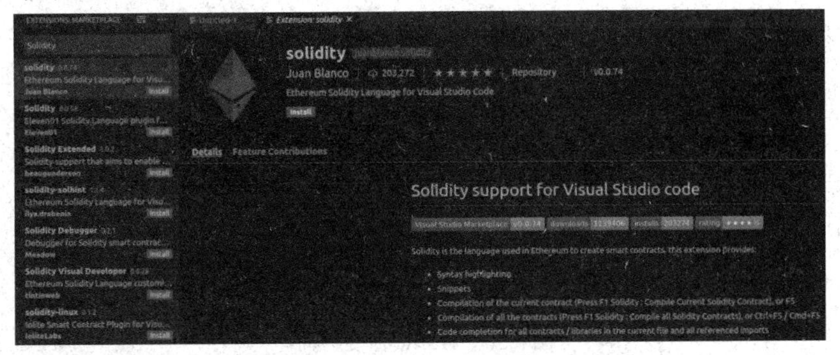

图 5.57　Solidity 插件

单击“Install”按钮即可安装 Solidity 插件，安装完成之后，就可以使用 VSCode 来编写智能合约代码(.sol 文件)。

2. DApp 开发框架

基于现有的开发框架来开发实际的项目可以大大加快项目的开发进度，在以太坊去中心化应用的开发中，也有许多常用的开发工具和开发框架。本节将对这些框架进行简单介绍。

1) Truffle

Truffle 是目前比较流行的 Solidity 智能合约开发框架。在 Truffle 中可以方便地使用 JavaScript 进行应用开发，并使用 JavaScript 中几乎所有的机制，如 Promise、异步调用等。Truffle 使用包装了 Web3.js 的 Promise 框架 Pudding，在 Truffle 中不需要手动下载 Web3.js 库，可以有效地提升开发效率。同时 Truffle 内置了智能合约编译器，功能十分强大，可以帮助开发者迅速搭建一个 DApp。Truffle 的官方文档 https://www.trufflesuite.com/docs/truffle/overview 中详细介绍了 Truffle 的用法。

Truffle 的具体特性有：① 内建智能合约编译、链接、部署和二进制包管理功能；② 支持对智能合约的自动测试；③ 支持自动化部署、移植；④ 支持公有链和私有链，可以轻松部署到不同的以太坊网络中；⑤ 支持访问外部第三方包；⑥ 可以使用 Truffle 命令行工具执行外部脚本。

(1) Truffle 安装。

首先升级 Node 到最新版本，使用以下命令：

```
# npm cache clean -f
# npm install -g n
# n stable
```

在终端执行以下命令安装 Truffle，-g 参数表示全局安装：

```
# npm install -g truffle
```

安装好之后在终端输入“truffle -v”，会出现 Truffle 的版本号和其基本命令，此时表示 Truffle 已经安装成功，如图 5.58 所示。

```
root@jpgong:/home/jpgong# truffle -v
Truffle v5.1.37 - a development framework for Ethereum

Usage: truffle <command> [options]

Commands:
  build     Execute build pipeline (if configuration present)
  compile   Compile contract source files
  config    Set user-level configuration options
  console   Run a console with contract abstractions and commands available
  create    Helper to create new contracts, migrations and tests
  debug     Interactively debug any transaction on the blockchain
  deploy    (alias for migrate)
  develop   Open a console with a local development blockchain
  exec      Execute a JS module within this Truffle environment
  help      List all commands or provide information about a specific command
  init      Initialize new and empty Ethereum project
  install   Install a package from the Ethereum Package Registry
  migrate   Run migrations to deploy contracts
```

图 5.58　Truffle 命令界面

(2) Truffle 项目创建。

在 Truffle 中，可以使用一些模板为新创建的 Truffle 工程添加一些初始文件和目录。首先创建一个文件夹作为项目的工作空间，然后在该目录中使用 truffle init 命令创建 Truffle 工程项目。

```
# mkdir truffleProject
# cd truffleProject/
# truffle init
```

创建完成后，会生成以下几个子目录：

① Contracts/目录：用于存放智能合约文件的目录；

② Migrations/目录：用于存放部署智能合约的 JavaScript 配置文件；

③ Tests/目录：用于存放智能合约的测试代码，实现对合约的单元测试；

④ Truffle-config.js：Truffle 的默认配置文件，包括 host、端口号的配置。

使用 truffle init 创建的项目中会默认包含一些智能合约的例子，在 Contracts 目录下有一个 Migrations.sol，还包含一些部署和测试的 JavaScript 脚本。通过这些实例可以快速地学习和使用 Truffle。

除此之外，Truffle 还提供了一些比较复杂的模板和实例，既有官方发布的，也有社区贡献的。这些模板被称为 Truffle Boxes(https://www.trufflesuite.com/boxes)。使用以下命令可以获得指定的 Truffle Box：

```
# truffle unbox <box 名称>
```

这些 Box 不仅有智能合约模板，还集成了一些 JavaScript 前端框架(如 React、Angular 等)，提供了强大的 DApp 可交互界面，基于这些 Box，开发者可以构建出更复杂、功能更强大的 DApp。

(3) 创建智能合约。

在 contracts 目录下创建一个名为 Greet.sol 的智能合约文件，在该合约中定义一个 Set 方法和 Get 方法来设置(获取)变量 Greeting 的值。合约代码如下：

```
pragma solidity >=0.4.24;
contract Greeter{
    string greeting;
    // 获取 geeting 变量的值
    function getGeeting() public view returns (string memory) {
        return greeting;
    }// 设置 geeting 变量的值
    function setGeeting(string memory _newGeeting) public {
        greeting = _newGeeting;
    }
}
```

(4) 编译智能合约。

Truffle 可以自动化实现合约的编译部署。在编译合约之前，需要先修改/migrations/2_deploy_contract.js 文件中的内容：

```
var Greeter = artifacts.require("./Greet.sol");
module.exports = function (deployer) {
  deployer.deploy(Greeter);
  };
```

然后在 Truffle 工程根目录下执行以下命令来编译智能合约：

```
truffle compile
```

成功编译 Greet 合约后，会在项目根目录下生成目录 build/contracts，且该目录下多了两个文件：Greeter.json 和 Migrations.json。运行结果如图 5.59 所示。

```
root@jpgong:/home/jpgong/truffleProject/migrations# truffle compile

Compiling your contracts...
===========================
> Compiling ./contracts/Greet.sol
> Compiling ./contracts/Migrations.sol
> Artifacts written to /home/jpgong/truffleProject/build/contracts
> Compiled successfully using:
   - solc: 0.5.16+commit.9c3226ce.Emscripten.clang
```

图 5.59　Truffle 编译界面

(5) 部署智能合约。

Truffle 项目中的部署文件是用 JavaScript 脚本编写的，支持智能合约之间的依赖关系。在部署 Greeter 合约之前，需要做以下两件事：① 启动 Geth 节点，因为需要通过 Geth 节点来发布 Greeter 合约。② 配置 truffle-config.js 文件，输入以下代码，指定 Truffle 要连接的以太坊节点的 IP、端口号和网络 ID，“*”表示匹配任何网络 ID。如果连接到以太坊主网，则网络 ID 是 1；如果连接到 Ropsten 测试网络，则网络 ID 是 3。

```
module.exports = {
  networks:{
    privateNet:{
      host:"127.0.0.1",
      port:8545,
      network_id:"34",     //搭建的私有链的网络 ID
   gas:460000
    }
  }
};
```

配置文件修改好之后，在另一个终端启动以太坊私链，并启动 miner.start()进行挖矿。此时需要先解锁挖矿账户，因为需要修改账户来部署智能合约，输入以下命令进行解锁：

```
> personal.unlockAccount(eth.accounts[0], '12345678', 3000)
```

然后执行以下命令部署 Greeter 合约，--network 参数是指定使用的网络名称：

```
truffle migrate --network privateNet
```

部署 Greeter 合约后，若出现图 5.60 所示的输出结果，说明合约部署成功。

```
2_deploy_contracts.js
=====================

   Deploying 'Greeter'
   -------------------
   > transaction hash:    0xd762e747ab7e9dd613f864ff71156c59ee7b4188627abebd2f6a
a2f625278397
   > Blocks: 0            Seconds: 0
   > contract address:    0x531cBA99A37A2F19383C1BAf1d8Ed27d10A02C40
   > block number:        116
   > block timestamp:     1596374404
   > account:             0x5402d94E1CecD49B92496dAE9B069c9280A117C8
   > balance:             481
   > gas used:            262086 (0x3ffc6)
   > gas price:           20 gwei
   > value sent:          0 ETH
   > total cost:          0.00524172 ETH


   > Saving migration to chain.
   > Saving artifacts
   -------------------------------------
   > Total cost:          0.00524172 ETH
```

图 5.60　成功部署 Greeter 合约

(6) 测试智能合约。

使用 Truffle 的优点之一是可以直接在 Truffle Console 中测试已经部署到以太坊上的合约。使用以下命令进入 Truffle 控制台：

```
# truffle console --network privateNet
```

进入控制台之后，可以直接使用 Greeter.deployed()表示已经发布的合约实例。此时，测试 Greeter 合约中的 setGreeting 函数和 getGreeting 函数。在控制台中输入以下代码：

```
> Greeter.deployed().then(function(instance){return instance.setGreeting("Hello World!");})
```

这段代码调用了合约中的 setGreeting 函数，设置了 greeting 状态变量。此时需要在私有链中有矿工进行挖矿才能执行该函数。

然后输入以下代码调用 getGreeting 函数来获取 greeting 变量的值。

```
> Greeter.deployed().then(function(instance){return instance.getGreeting();})
```

如果执行了前面两行代码后，在控制台出现了图 5.61 所示的信息，则说明 Greeter 合约的 setGreeting 函数和 getGreeting 函数运行正常。

```
truffle(privateNet)> Greeter.deployed().then(function(instance){return instance.
setGreeting("Hello World!");})
{
  tx: '0xb0b913762b466e2f53e568fa7a02770c19fecdff355a198ce0e1a402b8f1a70a',
  receipt: {
    blockHash: '0x51f8eb355cae1c3f177c04bbe0d8c73f09c9dce0533fae635fa79ccdac225e
7a',
    blockNumber: 200,
    contractAddress: null,
    cumulativeGasUsed: 460000,
    from: '0x5402d94e1cecd49b92496dae9b069c9280a117c8',
    gasUsed: 460000,
    logs: [],
    logsBloom: '0x00000000000000000000000000000000000000000000000000000000000000

truffle(develop)> Greeter.deployed().then(function(instance){return instance.get
Greeting();})
'Hello World!'
```

图 5.61　测试 Greeter 合约

(7) Truffle 内置以太坊环境。

在使用 Truffle 部署和测试合约之前都需要启动一个以太坊客户端(以太坊节点)：Testrpc 和 Geth。但是在 Truffle 框架中，有一个内置的测试区块链，也可以在该环境中测试合约。使用以下命令进入 Truffle 开发控制台：

```
# truffle develop
```

在 Truffle 控制台中，可以直接使用 migrate 命令来部署智能合约。Truffle 内置的以太坊客户端默认端口是 9545。部署合约效果如图 5.62 所示。

```
truffle(develop)> migrate

Compiling your contracts...
===========================
> Everything is up to date, there is nothing to compile.


Starting migrations...
======================
> Network name:    'develop'
> Network id:      5777
> Block gas limit: 6721975 (0x6691b7)


1_initial_migration.js
======================

   Deploying 'Migrations'
   ----------------------
   > transaction hash:    0x1d5f9dc0b895bb57c0436e4c616fd137e9de6755219e93ac7f87
edbf6546cea0
```

图 5.62　Truffle develop 中发布 Greeter 合约

2) Granache

为了提升智能合约的测试效率，目前 Truffle 官方推出了 Ganache 作为测试的以太坊客户端。Ganache 的前身是 TestRPC，在 TestRPC 集成进 Truffle 中，TestRPC 就改名为 Ganache。Ganache 是一个在本地内存执行的轻量级客户端，它创建了一个虚拟的以太坊区块链，并产生了一些在开发过程中会用到的虚拟账户。Ganache 和 TestRPC 的功能类似，区别在于

Ganache 提供了一个良好的可视化交互界面。

登录网址 https://github.com/trufflesuite/ganache/releases 下载对应的 Ganache 程序。演示中下载适用于 Ubuntu18.04 的 ganache-2.4.0-linux-x86_64.AppImage 安装程序。下载完成后，使用以下命令运行程序：

```
$ sudo chmod a+x ganache-2.4.0-linux-x86_64.AppImage
$ ./ganache-2.4.0-linux-x86_64.AppImage
```

执行以上命令后，就会启动 Ganache，Ganache 的主界面如图 5.63 所示。

图 5.63　Ganache 主界面

5.7.7　Truffle 开发案例：宠物商店

本节将详细介绍如何使用 Truffle 框架编写一个完整的 DApp。本节案例是应用于一个宠物商店。人们可以在这个宠物商店领养宠物，并用区块链来记录宠物的领养数据。该应用实现了数据的永久保存、不可删除等功能。该应用涉及了多种技术，包括 Truffle 框架、Solidity 语言、智能合约、Web3.js、Ganache、MetaMask 等。

1. 创建 Truffle 项目

首先创建 Truffle 项目并进入工程目录。进入项目目录后，可以使用 truffle init 命令对项目进行初始化。同时 Truffle 也提供了许多套开发模板 Box，它可以帮助我们安装对应的依赖、快速的启动应用开发。如果项目中需要使用 jQuery、Bootstrap 等库，那么 Pet-shop 是一个不错的 Box 选择，官方还提供了 React、Vue 等模板，可到 Box 模板库(https://www.trufflesuite.com/boxes)进行查询。使用以下命令来创建 Truffle 项目，并使用开发模板初始化工程项目：

```
$ mkdir pet-shop-adoption
$ cd pet-shop-adoption /
$ truffle unbox pet-shop
```

使用 Pet-shop 模板初始化之后，效果如图 5.64 所示。

```
jpgong@jpgong:~/truffle_works/pet-shop-adoption$ truffle unbox pet-shop

Starting unbox...
=================

✓ Preparing to download box
✓ Downloading
npm WARN pet-shop@1.0.0 No description
npm WARN pet-shop@1.0.0 No repository field.
npm WARN optional SKIPPING OPTIONAL DEPENDENCY: fsevents@1.2.4 (node_modules/fse
vents):
npm WARN notsup SKIPPING OPTIONAL DEPENDENCY: Unsupported platform for fsevents@
1.2.4: wanted {"os":"darwin","arch":"any"} (current: {"os":"linux","arch":"x64"}
)

✓ Cleaning up temporary files
✓ Setting up box
```

图 5.64　Truffle Unbox 效果图

注：有时使用 Unbox 下载开发模板时会 Download 失败。此时在/etc/hosts 文件中添加 52.74.223.119 github.com。保存退出之后使用以下命令更新 DNS 缓存：sudo/etc/init.d/networking restart。此时就可以正常下载了。其中，52.74.223.119 是利用站长工具获取的 github.com 最小 TTL 的 Ipv4 地址。

2. 宠物商店智能合约

1) 编写和编译宠物商店合约

智能合约承担着分布式应用的后台逻辑和存储。使用 solidity 来编写智能合约。在宠物商店中，将宠物的领养数据保存在区块链中，需要编写一个合约，通过合约的函数来保存、搜索领养数据。

在智能合约中，数据的存储位置有 Memory 和 Storage。要实现将数据永久存储在区块链上的功能，就要使用 Storage 类型，一旦使用这个类型，数据将被永远存储在区块链上。在智能合约中，函数参数和返回值、基础类型(如 Int、Fixed 等)函数局部变量默认是 Memory，复杂类型(如 String、Array、Struct 等)默认是 Storage。

宠物商店智能合约的基本思想是将领养者的信息保存到合约的地址数组中。由于合约的成员变量默认情况下是以 storage 形式存储，因此保存的数据会永久存储在区块链上。

在 Contracts 目录下，添加合约文件 Adoption.sol。在该合约中通过 Adopt 函数添加领养记录，通过 getAdopters 函数获取宠物领养记录。合约代码如下：

```
pragma solidity >=0.4.21 <=0.7.0;
contract Adoption {
  address[16] public adopters;                    //保存领养者的地址
    //领养宠物
  function adopt(uint petId) public returns (uint) {
    require(petId >= 0 && petId <= 15);           //确保 id 在数组长度内
    adopters[petId] = msg.sender;                 //保存调用这地址
    return petId;
  }
  //返回领养者
  function getAdopters() public view returns (address[16] memory) {
    return adopters;
  }}
```

编写完 Adoption 合约后，对合约进行编译。Truffle 可以自动化实现合约的编译部署。然后在 Truffle 工程根目录下执行以下命令来编译智能合约：

```
truffle compile
```

2) 模拟部署宠物商店合约

编译之后，就可以将其部署到区块链上。在 migrations 文件夹下已经有一个 1_initial_migration.js 部署脚本，用来部署 Migrations.sol 合约。Migrations.sol 用来确保不会部署相同的合约。创建属于自己的部署脚本/migrations/2_deploy_contracts.js 文件，并添加以下内容：

```
var Adoption = artifacts.require("Adoption");
module.exports = function(deployer) {
  deployer.deploy(Adoption);
};
```

在部署和测试合约之前都需要先启动一个以太坊客户端(以太坊节点)：Testrpc 和 Geth。或者通过 Ganache 在本地启动一个私链来进行开发测试。同时在 Truffle 框架中，也有一个内置的测试区块链，也可以在该环境中测试合约。最后还需要配置 truffle-config.js 文件，输入代码指定 Truffle 要连接的以太坊节点的 IP、端口号和网络 ID，“*”表示匹配任何网络 ID。

执行以下命令来部署智能合约：

```
# truffle migrate
```

执行之后，如果输出结果如图 5.65 所示，则说明模拟部署成功。

```
2_deploy_contracts.js
=====================

   Replacing 'Adoption'
   --------------------
   > transaction hash:    0x83018bd74ec8299446ed40e8fa4c01b95a9d73bb9aba379f213e0ab5
08707d59
   > Blocks: 0            Seconds: 0
   > contract address:    0x904b6D6EC350E3ae2235AeB21130cfD01136A86e
   > block number:        25
   > block timestamp:     1597041350
   > account:             0xCCC3810Dc8dA4E17Be59492ab7B8550EC592Fe24
   > balance:             99.74999474
   > gas used:            203827 (0x31c33)
   > gas price:           20 gwei
   > value sent:          0 ETH
   > total cost:          0.00407654 ETH


   > Saving migration to chain.
   > Saving artifacts
   -------------------------------------
   > Total cost:          0.00407654 ETH
```

图 5.65 Adoption 合约部署结果

3) 测试智能合约

测试智能合约是非常重要的一步。这是因为智能合约中的设计错误和缺陷将与用户的代币(资产)直接相关，可导致用户利益的严重损害。

智能合约测试主要分为手工测试和自动测试。手工测试使用 Ganache 等本地开发环境工具，检查应用的运行情况。在 Truffle 中，可使用 JavaScript 或 Solidity 描述智能合约的自动测试。在本例中，采用 Solidity 来编写测试脚本。

在 test 目录下，创建一个名为“TestAdoption.sol”的文件，其内容如下：

```
pragma solidity >=0.4.21 <=0.7.0;
import "truffle/Assert.sol";                    //引入的断言
import "truffle/DeployedAddresses.sol";         //用来获取被测试合约的地址
import "../contracts/Adoption.sol";             //被测试合约
contract TestAdoption {
  Adoption adoption = Adoption(DeployedAddresses.Adoption());    //测试领养用例
  function testUserCanAdoptPet() public {
    uint returnedId = adoption.adopt(8);
    uint expected = 8;
  //如果 adopt()函数功能正常，它将返回与参数具有同一数值的 petId(即返回值)。
    Assert.equal(returnedId, expected, "Adoption of pet ID 8 should be recorded.");
  }
  //宠物所有者测试用例
  function testGetAdopterAddressByPetId() public {
    //期望领养者的地址就是本合约地址，因为交易是由测试合约发起交易
    address expected = address(this);
    address adopter = adoption.adopters(8);
    //需要测试的是 petId 是否关联了正确的所有者地址。测试宠物 ID 是 8 的所有者的地址是否
正确。变量 this 表示的是当前合约的地址。
    Assert.equal(adopter, expected, "Owner of pet ID 8 should be recorded.");
  }//测试所有领养者
  function testGetAdopterAddressByPetIdInArray() public {
  //领养者的地址就是本合约地址
    address expected = address(this);
    //检查具有所有地址的数组 adopters 是否被正确返回
    address[16] memory adopters = adoption.getAdopters();
    Assert.equal(adopters[8], expected, "Owner of pet ID 8 should be recorded.");
  }
}
```

在终端执行 Truffle Test 命令，如果测试通过，输出结果如图 5.66 所示。

```
jpgong@jpgong:~/truffle_works/pet-shop-adoption$ truffle test
Using network 'development'.


Compiling your contracts...
===========================
> Compiling ./test/TestAdoption.sol
> Artifacts written to /tmp/test--26194-IrdayAKU9afS
> Compiled successfully using:
   - solc: 0.5.16+commit.9c3226ce.Emscripten.clang



  TestAdoption
    ✓ testUserCanAdoptPet (96ms)
    ✓ testGetAdopterAddressByPetId (73ms)
    ✓ testGetAdopterAddressByPetIdInArray (87ms)


  3 passing (5s)
```

图 5.66　Adoption 合约测试结果

当启动 Ganache 时，需要在 truffle-config.js 文件添加 IP、端口等信息才能正确部署智能合约。

3. 创建和智能合约交互的用户界面

目前已经完成了智能合约的创建，模拟部署在本地环境的测试区块链中，并测试其是否正常工作。但为了让用户更好地使用 DApp 应用，需要为合约编写 UI，让合约真正使用起来，让用户可以直接在浏览器中查看宠物商店。

通过 Truffle 框架汇总，应用的前端部分位于 src 目录中。/src/js/app.js 文件用于管理整个应用程序的 APP 对象，初始化函数用于加载宠物信息，例如初始化 Web3，通常使用 Web3 来和智能合约进行交互。

1) *初始化* Web3

修改 app.js 中的 initWeb3()函数：

```
initWeb3: async function() {
    //现代去中心化浏览器...
    if (window.ethereum) {
      App.web3Provider = window.ethereum;
      try {
        //请求账户访问
        await window.ethereum.enable();
      } catch (error) {
        //用户拒绝账户访问...
        console.error("User denied account access")
      }
    }
    //传统去中心化浏览器...
    else if (window.web3) {
      App.web3Provider = window.web3.currentProvider;
    }
    //如果没有检测到注入的 Web3 实例，回退到 Ganache
    else {
      App.web3Provider = new Web3.providers.HttpProvider('http://localhost: 7545');
    }
    web3 = new Web3(App.web3Provider);
    return App.initContract();
  }
```

新的 DApp 浏览器或 MetaMask 的新版本，注入了一个 ethereum 对象到 window 对象里，应该优先使用 ethereum 来构造 Web3，同时使用 ethereum.enable()来请求用户授权访问链接账号。如果不存在 Ethereum 对象，则使用 HttpProvider 连接本地创建的虚拟以太坊节点 Ganache。

2) 实例化智能合约

使用 Truffle-contract 可以保存合约部署的信息，不需要手动修改合约地址。由于现在是通过 Web3 与“以太坊网络”建立连接，因此需要实例化所创建的“智能合约”。为实现合约的实例化，需要将合约的具体位置以及工作方式告知 Web3。修改 app.js 中的 initContract()：

```
initContract: function() {
  //加载 Adoption.json，保存了 Adoption 的 ABI(接口说明)信息及部署后的网络(地址)信息，它在编译合约的时候生成 ABI，在部署的时候追加网络信息
    $.getJSON('Adoption.json', function(data) {
      //用 Adoption.json 数据创建一个可交互的 TruffleContract 合约实例。
      var AdoptionArtifact = data;
      App.contracts.Adoption = TruffleContract(AdoptionArtifact);      //为合约设置 provider
      App.contracts.Adoption.setProvider(App.web3Provider);
      //用我们的合同来检索和标记收养的宠物
      return App.markAdopted();
    });
    return App.bindEvents();
}
```

Truffle 提供了一个有用的软件库，称为“Truffle-contract”。该软件库作用于 Web3 上，简化了与“智能合约”的联系。Artifact 文件提供了部署地址和 ABI 信息。在 TruffleContract() 函数中插入 Artifact，并实例化合约。然后设置由 Web3 实例化所创建的 App.web3Provider 到合约中。

同时，如果先前已经选定了宠物，那么这时需要调用 markAdopted()函数。每次智能合约数据发生改变时，都有必要对 UI 进行更新。

3) UI 更新

下面的代码确保宠物状态保持更改，并且 UI 得到了更新。

```
markAdopted: function(adopters, account) {
    var adoptionInstance;
    App.contracts.Adoption.deployed().then(function(instance) {
      adoptionInstance = instance;   //调用合约的 getAdopters(), 用 call 读取信息不用消耗 gas
      return adoptionInstance.getAdopters.call();
    }).then(function(adopters) {
      for (i = 0; i < adopters.length; i++) {
        if (adopters[i] !== '0x0000000000000000000000000000000000000000') {
          $('.panel-pet').eq(i).find('button').text('Success').attr('disabled', true);
        }
      }
    }).catch(function(err) {
      console.log(err.message);
    });
  }
```

首先代码会在部署的 Adoption 合约实例上调用 getAdopters()函数，获取所有的领养者地址信息。然后检查每一个 petId 是否绑定了一个地址。如果地址存在，则将按钮状态改为“Success”，这样其他用户就不能再次点击按钮领养该宠物。

4) 操作 adopt 函数

确认 Web3 使用账号无误后，就实际进行交易处理。交易执行通过 adopt()函数完成，输入参数为一个包含 petId 和账号地址的对象。之后，使用 markAdopted()函数，将交易结果在 UI 上以新数据形式显示。

```
handleAdopt: function(event) {
      event.preventDefault();
      var petId = parseInt($(event.target).data('id'));
      var adoptionInstance;                    //获取用户账号
      web3.eth.getAccounts(function(error, accounts) {
        if (error) {
          console.log(error);
        }
        var account = accounts[0];
        App.contracts.Adoption.deployed().then(function(instance) {
          adoptionInstance = instance;    //发送交易领养宠物
          return adoptionInstance.adopt(petId, {from: account});
        }).then(function(result) {
          return App.markAdopted();
        }).catch(function(err) {
          console.log(err.message);
        });
      });
}
```

4. 在浏览器中运行

1) 安装 MetaMask

MetaMask 是一款插件形式的以太坊轻客户端，与 DApp 具有较高的兼容性，可以通过此链接(https://metamask.io/)安装，安装完成后，浏览器工具条会显示一个小狐狸图标，界面如图 5.67 所示。

图 5.67　MetaMask 登录界面

进入 MetaMask 后，可以重新创建自己新的钱包，也可以通过种子密语来导入已有的钱包。这里通过还原 Ganache 已创建好的钱包为例，作为开发测试钱包。Ganache 中的助记词为：

fat survey youth merit fury curious tray tennis oppose fit shove ramp

然后输入密码，就可以导入 Ganache 中的钱包账户，如图 5.68 所示。

图 5.68　MetaMask 中导入测试钱包

2) 连接到区块链测试网络

默认连接的是以太坊主网络(右上角显示)，选择自定义 RPC。添加 Ganache 创建的本地测试区块链网络：http://127.0.0.1:7545。点击返回后，将显示从“以太坊主网络”更改为“Private Network Ganache”。结果显示如图 5.69 所示。

图 5.69　MetaMask 中测试钱包账户

该钱包账户是 Ganache 中默认的第一个账号，已经连接到 Ganache 创建的测试区块链网络中。此时，MetaMask 的安装、配置已经完成。

3) 安装和配置 Lite-server

智能合约交互界面编写完成后，需要本地的 web 服务器提供服务的访问。Truffle Box

pet-shop 提供了一个可以直接使用的 Lite-server 软件库。

bs-config.json \\指示了 Lite-server 的工作目录

```
{
    "server": {
        "baseDir": ["./src", "./build/contracts"]
    }
}
./src 是网站文件目录
./build/contracts 是合约输出目录
```

同时，在 package.json 文件的 scripts 中添加了 dev 命令：

```
"scripts": {
    "dev": "lite-server",
    "test": "echo \"Error: no test specified\"&& exit 1"
}
```

当运行 npm run dev 的时候，就会启动 lite-server。

4) 启动服务

```
> npm run dev
```

运行以上命令会直接自动打开浏览器，显示开发的宠物商店用户界面，或者也可以输入网址 http://localhost:3000/进行访问。此时在浏览器中可以显示去中心化应用，效果如图 5.70 所示。

Pete's Pet Shop

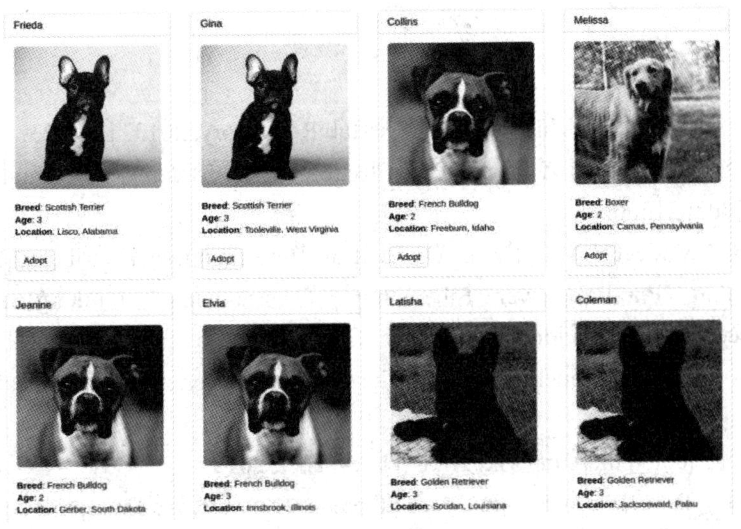

图 5.70 去中心化应用界面

此时点击心仪宠物的“adopt”按钮，交易就通过 MetaMask 发出，并使用 ETH 购买宠物如图 5.71 所示。

图 5.71　宠物领养交易确认

点击确认后，就可以看到这个宠物被成功领养，同时在 MetaMask 中也可以看到这次交易的清单。通过本节对宠物商店 DApp 应用的开发介绍，可以了解去中心化应用开发的一些基本思路和流程。在 DApp 开发过程中，以太坊的节点充当了传统应用中的后台服务器的角色。整个交易请求是由整个网络负责处理的，去中心化应用连接的节点无法干预交易的执行，这也是去中心化应用提供可信服务的基础。

参 考 文 献

[1] BUTERIN V. Ethereum White Paper[J]. GitHub Repository, 2013, 1: 22-23.

[2] NAKAMOTO S. Bitcoin: A Peer-to-Peer Electronic Cash System[J]. Decentralized Business Review, 2008: 21260.

[3] JACYNYCZ V, CALVO A, HASSAN S, et al. Betfunding: A Distributed Bounty-Based Crowdfunding Platform over Ethereum[C]. Distributed Computing and Artificial Intelligence, 13th International Conference. Cham：Springer , 2016: 403-411.

[4] BUTERIN V. A Next-Generation Smart Contract and Decentralized Application Platform. 2014.
https://github. com/ethereum/wiki/wiki/White-Paper, 2019.

[5] Zhu J L. New Trend in Blockchain: From Ethereum Ecosystem to Enterprise Applications[C]. The 4th Global Knowledge Econory Conference, 2017.

[6] WOODG. Ethereum Yellow Paper，2014.
https://github.com/ethereum/yellowpaper.

[7] DWORK C, NAOR M. Pricing Via Rocessing or Combatting Junk Mail[C]. Annual International Cryptology Conference. Berlin: Springer, 1992: 139-147.

[8] LARIMER D. Transactions as Proof-of-Stake[J]. DPOS white Pater, 2013.

[9] VITALIK B. ETH 2.0: The Road to Scaling Ethereum, 2018.

[10] RITZ F, ZUGENMAIER A. The Impact of Uncle Rewards on Selfish Mining in Ethereum [C]. IEEE European Symposium on Security and Privacy Workshops (EuroS&PW). IEEE, 2018: 50-57.

[11] BLOOM B H. Space/Time Trade-offs in Hash Coding with Allowable Errors[J]. Communications of the ACM, 1970, 13(7): 422-426.

[12] ABERER K, DESPOTOVIC Z. Managing Trust in a Peer-2-Peer Information System[C]. Proceedings of the Tenth International Conference on Information and Knowledge Management. 2001: 310-317.

[13] ROUHANI S, DETERS R. Performance Analysis of Ethereum Transactions in Private Blockchain[C]. 2017 8th IEEE International Conference on Software Engineering and Service Science (ICSESS). IEEE, 2017: 70-74.

[14] WOOD G. Ethereum: A Secure Decentralised Generalised Transaction ledger[J]. Ethereum Project Yellow Paper, 2014, 151(2014): 1-32.

[15] BUTERIN V, GRIFFITH V. Casper the Friendly Finality Gadget[J]. arXiv Preprint, arXiv: 1710.09437, 2017.

[16] GRECH N, KONG M, JURISEVIC A, et al. Madmax: Surviving Out-of-Gas Conditions in Ethereum Smart Contracts[J]. Proceedings of the ACM on Programming Languages, 2018, 2(OOPSLA): 1-27.

[17] MARESCOTTI M, BLICHA M, HYVÄRINEN A E J, et al. Computing Exact Worst-Case Gas Consumption for Smart Contracts[C]. International Symposium on Leveraging Applications of Formal Methods. Cham: Springer, 2018: 450-465.

[18] SZABO N. Formalizing and Securing Relationships on Public Networks[J]. First Monday, 1997.

[19] BERTONI G, DAEMEN J, PEETERS M, et al. Keccak Sponge Function Family Main Document[J]. Submission to NIST (Round 2), 2009, 3(30): 320-337.

[20] 邵奇峰, 金澈清, 张召, 等. 区块链技术: 架构及进展[J]. 计算机学报, 2018, 41(5): 969-988.

[21] 贺海武, 延安, 陈泽华. 基于区块链的智能合约技术与应用综述[J]. 计算机研究与发展, 2018, 55(11): 2452.

第六章　区块链系统的攻击与防御

区块链的多技术融合架构使区块链具有公开透明、去中心化、不可篡改和可编程等多种特性，但也因为区块链自身结构的复杂性和应用场景的多样性使得区块链面临诸多安全威胁。恶意攻击者可能针对区块链应用的底层技术缺陷、低耦合性等安全漏洞展开攻击，从而非法攫取利益，对区块链发展带来负面影响。据区块链安全公司派盾(Peck Shield)的数据显示：2019 年全年大约发生了 177 起区块链安全事故，给全球造成的经济损失高达 76.79 亿美元，环比增长了 60%左右。随着区块链应用的不断开发，越来越多的安全问题和攻击方式出现在人们的视野中，其中既存在针对区块链技术架构的普适性攻击方式，如 51%攻击、双花攻击(Double Spending Attack)、交易顺序依赖攻击(Transaction-ordering Dependence Attack)等，也存在针对特殊场景的特定攻击方式，如芬尼攻击(Finney Attack)、粉尘攻击(Dusting Attack)等。自区块链技术发展至今，区块链上多种针对传统网络的攻击方式也给全球造成了大量的经济损失，BCSEC 网站统计了这些攻击带来的经济损失，如图 6.1 所示。这些安全问题不仅会导致直接的经济损失，还会引起社会对区块链技术的质疑，严重影响了区块链技术的发展。因此，只有采取有效的防御策略和相关技术，才能保证区块链拥有良好的网络环境，促进区块链技术快速安全地发展。

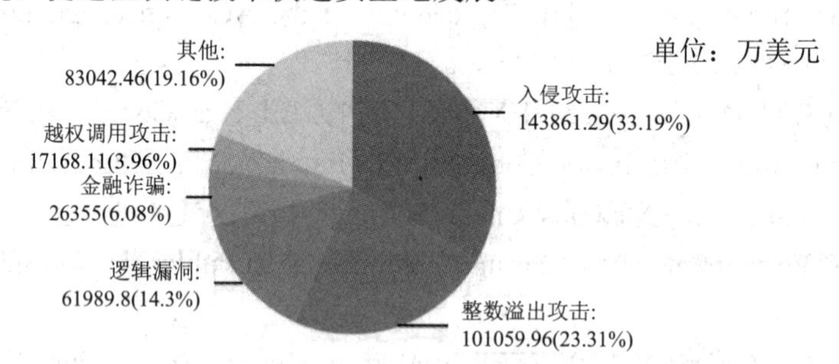

图 6.1　攻击手段造成的经济损失分析(数据来源：BCSEC，截止时间 2019 年 12 月)

6.1　区块链安全态势

区块链的多技术融合架构在赋予自身去中心化、不可篡改等特点的同时，也因其复杂性导致区块链面临诸多安全威胁。在区块链网络中，针对相同的安全漏洞或攻击目标，可能存在多种不同的攻击方式。BCSEC 网站统计了区块链迄今为止遭受攻击的次数(图 6.2)，而这些攻击方式可按区块链层级分类(图 6.3)。

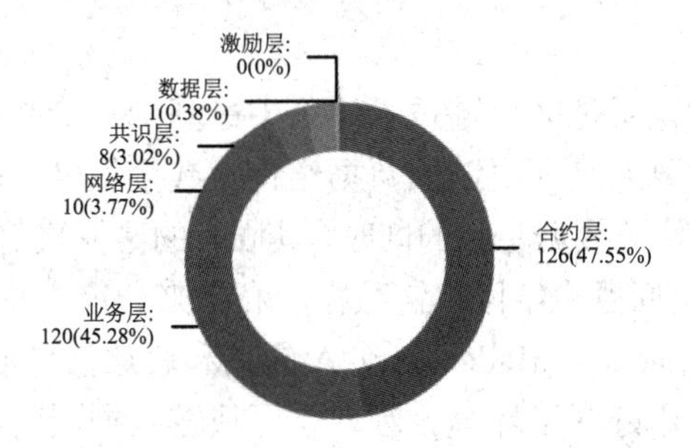

图 6.2 区块链各层级遭受攻击次数统计(数据来源：BCSEC，截止时间 2019 年 12 月)

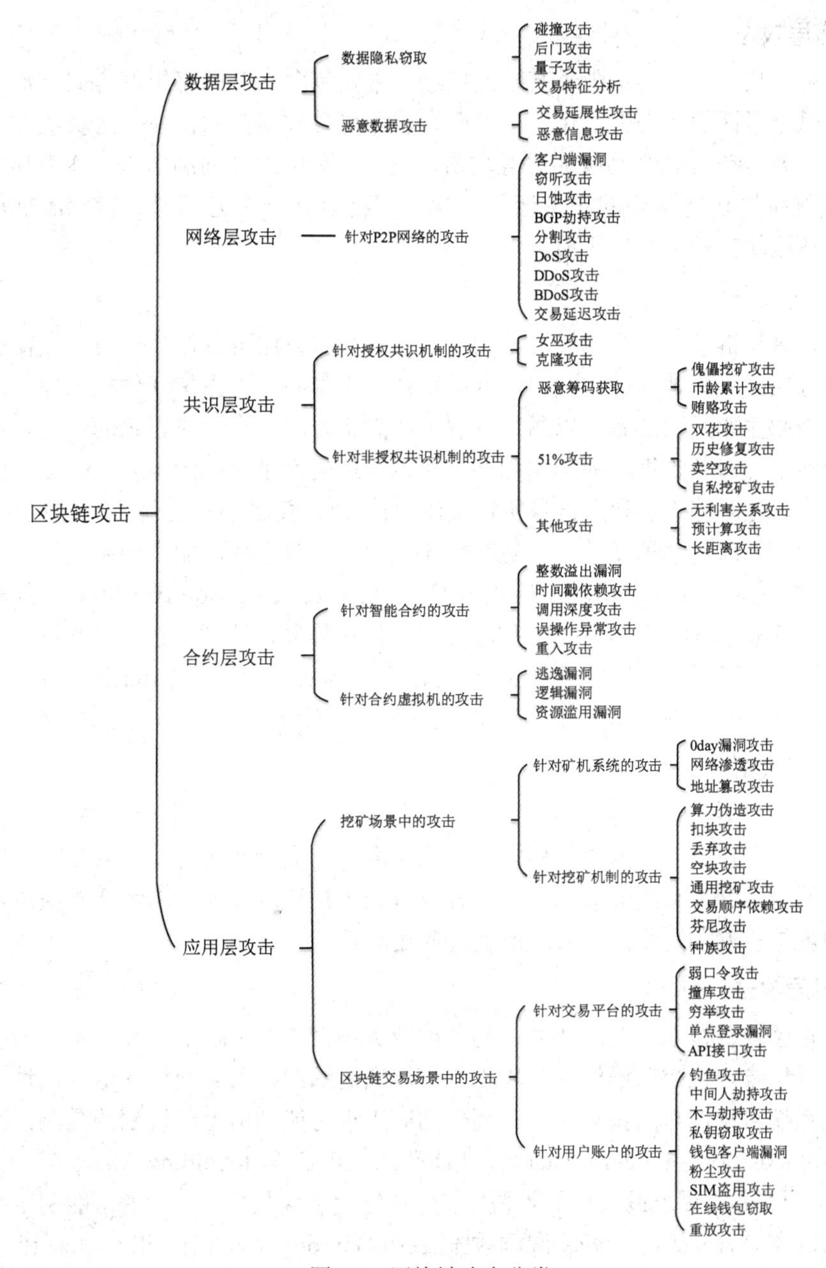

图 6.3 区块链攻击分类

1. 数据层攻击

数据层、网络层和共识层是区块链技术体系中最基础、最必要的 3 个层级，而数据层是其中最重要的一层，主要涉及区块链的数据结构、数字签名、哈希函数等密码学工具。这些密码学工具在保护区块链数据隐私的同时，其固有的碰撞攻击(Collision Attack)、后门攻击(Backdoor Attack)等安全问题也给区块链数据隐私带来一定的威胁。此外，攻击者也可能通过交易延展性攻击(Transaction Malleability Attack)和恶意信息攻击(Malicious Information Attack)破坏交易秩序和区块链网络环境。因此，区块链数据层面临的安全威胁主要包含数据隐私窃取和恶意数据攻击。

2. 网络层攻击

网络层是区块链技术体系中最基础的层级，主要包含 P2P 网络组网方式、消息传播协议等元素，赋予了区块链去中心化、不可删除、不可篡改的技术特性。区块链网络层面临的安全威胁主要是针对 P2P 网络的恶意攻击，攻击者可能通过漏洞植入、路由劫持、资源占用等方式扰乱区块链网络的正常运行，也有可能利用交易延迟攻击(Transaction Delay Attack)来破坏区块链网络交易环境。

3. 共识层攻击

共识层是区块链技术体系的核心架构，其中的共识算法可以保证全网节点在去信任化的场景中对分布式账本数据达成共识，为区块链的去中心化、去信任化提供保障。共识层面临的安全威胁主要是攻击者可以通过各种手段阻止全网节点达成正确的共识。在授权共识机制中，各节点对共识过程的影响相同，所以易遭受女巫攻击(Sybil Attack)；而在非授权共识机制中，各对等节点利用自身所持资源(如算力、权益)竞争记账权，进而达成共识。投入的资源越多，成功率越高，因此易遭受 51%攻击。攻击者可能出于利益目的，通过贿赂攻击(The Bribing Attack)、币龄累计攻击(Coin Age Accumulation Attack)等方式非法获取大量资源，从而发起 51%攻击以实现代币双花、历史修复、期货卖空、自私挖矿等目的。此外，攻击者还可以通过无利害关系攻击(Nothing at Stake Attack)、预计算攻击(Pre-computation Attack)等方式影响全网共识进程，进而获利。

4. 合约层攻击

合约层是区块链实现点对点可信交互的重要保障，主要包括智能合约的各类脚本代码、算法机制等，是区块链 2.0 的重要标志。合约层面临的安全威胁可以分为智能合约漏洞和合约虚拟机漏洞。智能合约漏洞通常是由开发者的不规范编程或攻击者恶意漏洞植入导致的，而合约虚拟机漏洞则是由不合理的代码应用和设计导致的。

5. 应用层攻击

应用层是区块链技术的应用载体，为各种业务场景提供了解决方案，可分为挖矿和区块链交易两类场景。在挖矿场景中，攻击者可能通过漏洞植入、网络渗透、地址篡改等方式攻击矿机系统，从而非法获利。“聪明”的矿工也可能利用挖矿机制的漏洞，通过算力伪造攻击(Computational Forgery Attack)、扣块攻击(Block Withholding Attack)[1]、丢弃攻击(Drop Attack)[2]等方式谋求最大化的收益。在区块链交易场景中，攻击者可能利用撞库攻击(Credential Stuffing Attack)[3]、0day 漏洞攻击[Zero-Day(oday) Vulnerability Attack][4]、API 接口攻击(Application Programming Interface，API Attack)[5]等方式非法获取交易平台中用户的隐私信息，也可能通过钓鱼攻击[6]、木马劫持攻击[7]等方式获取用户账户的隐私和资产。

在实际的区块链攻击场景中，攻击者发起攻击旨在非法获取最大化的利益，但并不是所有的区块链攻击方式都可以使攻击者直接获利。此外，部分区块链攻击对实施场景和条件要求过高，使其可行性受到严重制约。因此，攻击者通常采用一系列跨层级的区块链攻击方式来实现最大化的获利目的，本书称这种攻击序列为攻击簇。例如现实场景中，攻击者利用自身资源发起 51%攻击是不现实的，所以他们可能通过傀儡挖矿攻击(Puppet Attack)[8]、贿赂攻击、币龄累计攻击等方式非法获取记账权竞争资源，然后发起 51%攻击，进而实现双花攻击、历史修复攻击(History-revision Attack)[9]、卖空攻击(Short Selling Attack)[10]等。显然，研究区块链安全态势，不仅要从层级分类的横向维度对单个攻击展开分析，还要从攻击关联分析的纵向维度对跨层级的攻击簇进行研究，才能构建全面有效的区块链安全防御体系。

6.2 区块链数据层攻击

数据层作为区块链技术中最底层的技术框架，封装了区块链的各式数据结构。基于区块链技术本身的特性，不同节点的区块数据是完全相同的。即使少部分节点的区块数据发生改变，也无法影响整个区块链的运行。然而基于区块链去中心化的特点，没有独立的管理员对区块数据进行审核，写入的数据也无法修改，这也是区块链数据层的一种严重缺陷。本节将从数据隐私窃取和恶意数据攻击两个方面对数据层的潜在安全威胁进行剖析。

6.2.1 数据隐私窃取

区块链数据层使用了大量的密码学工具来保证区块链的不可篡改性和数据安全。然而，这些密码学工具的固有安全隐患给区块链的安全性带来了严峻的挑战。此外，区块链网络中用户节点在参与区块链交易、账本维护时需要公开一些信息，如交易内容、交易金额、用户身份等。而这些信息与用户节点的行为特征密切相关，存在泄露用户隐私的风险。因此，区块链网络的数据隐私主要面临以下威胁。

1. 碰撞攻击[11]

碰撞攻击主要作用于 Hash 函数，且几乎所有的 Hash 函数在一定程度上都受此攻击的影响。碰撞攻击对 Hash 函数的影响与函数本身无关，而是与生成的 Hash 长度有关。Hash 函数是一种单向散列函数，可以将任意长度的输入转换为固定长度的输出，而其输出值的长度决定了输出值的数量空间。从数学角度来看，从均匀分布的区间[1, d]中随机取出 n 个整数，至少两个数字相同的概率可用式(6-1)表示：

$$P(d,\ n)=\begin{cases}1-\prod_{i=1}^{n-1}\left(1-\dfrac{i}{d}\right), & n\leqslant d\\ 1, & n>d\end{cases} \tag{6-1}$$

在 Hash 函数中，不同的输入可能会获得相同的输出，这种现象被称为 Hash 碰撞。攻击者可能利用 Hash 函数中存在的 Hash 碰撞发起碰撞攻击，伪造不同的消息产生相同的 Hash 值，进而实现获取用户数据隐私、破坏区块链系统的目的。

考虑一个 64 位哈希函数，它有 2^{64} 种哈希值，要想以 100%的概率找到一组碰撞，就需要 $2^{64}+1$ 次哈希函数的计算。但事实上，只需要大于 2^{32} 次(约 10^9 次)碰撞，就有 50%以上的概率能够攻击成功。对于 MD5 和 SHA1 这类哈希算法，由于其长度的限制，很容易受到“碰撞”。但是，对于像 SHA256 这类哈希函数，其 Hash 输出长度为 256 位，要产生“碰撞”还是很困难的。

2004 年 8 月 17 日，在美国加州圣巴巴拉的美国密码学会议上，来自山东大学的王小云教授做了破译 MD5、HAVAL-128、MD4 和 RIPEMD 算法的特别报告。王小云教授提供的算法可以在短时间内找到 MD5 的碰撞。

2017 年 2 月 23 日，谷歌研究人员和阿姆斯特丹 CWI 研究所合作发布了一项新的研究，详细描述了成功的 SHA-1 碰撞攻击，将其称为“SHAttered 攻击”。

2. 后门攻击[12]

密码算法、零知识证明[13]等工具的使用保证了区块链数据的机密性和完整性，而在实际的区块链开发过程中，开发人员更倾向于直接调用已有的开源密码算法。这些开源算法中可能存在被植入的后门，这严重威胁到了区块链数据的安全性。比较典型的案例是：美国国家安全局在 RSA 算法中安插后门[14]，一旦用户调用了被植入后门的 RSA 算法，攻击者便可以直接通过用户公钥计算得出私钥，进而解密并访问被加密数据。

3. 量子攻击[15]

时间复杂度是衡量密码算法相对于现有计算水平安全性的重要指标，而量子计算技术带来的计算能力的提升打破了密码学算法的安全现状。很多原本在计算上不可行的恶意攻击在量子计算的架构下变得可行，这种新的攻击模式被称为量子攻击(Quantum Attack)。

量子攻击作用于大部分密码学算法。目前所有的加密算法以及哈希算法，其安全强度取决于它被穷举的时间复杂度。但是量子计算机拥有比传统计算机大得多的算力，使攻击时间复杂度大大降低，密码算法的安全强度很可能被瓦解。目前量子攻击主要是对公钥密码算法带来了很大程度的威胁，其中 Shor 量子算法可以在多项式时间内破解大整数分解问题和离散对数问题，使传统的公钥密码算法在量子环境下不再适用。量子攻击的出现将给现有信息安全体系带来毁灭性打击，而与信息安全相关的产业势必受到强烈的冲击。在区块链技术体系中，比特币的挖矿机制、区块链的不可篡改性、区块链数据的机密性等方面都将面临严峻的挑战。

4. 交易特征分析[16]

攻击者通过窃听、木马劫持等手段获取大量的用户公开信息，并对匿名账户进行身份画像，通过用户行为特征分析和交易特征分析(Transactional Analysis)相关联的方式，获取目标用户的身份隐私和交易隐私。以比特币为例，用户使用一次性身份(假名)进行匿名交易，用户的钱包就代表了其身份，而用户的每笔交易都存储在 UTXO 中，并且可以通过签名进行公开验证。恶意敌手可以通过对用户行为建模，分析比对交易信息背后的交易特征，给匿名账户进行身份画像，从而将匿名的区块链地址和用户真实身份匹配，达到获取匿名用户身份的目的。

Androulaki 等人[17]在学校中设计模拟实验，让学生使用比特币作为日常交易货币，分析人员采用基于行为的聚类技术对比特币交易数据进行分析，发现即使用户采用比特币推荐的隐私保护方法(一次性地址策略)，也能够将 40%的学生身份和区块链地址匹配。

6.2.2 恶意数据攻击

去中心化的分布式架构赋予区块链不可篡改的特性，数据一旦上链，就会通过区块链网络广泛流传，并且不可篡改。攻击者可能利用区块链数据结构的技术弱点，通过以下方式影响区块链正常运转，破坏网络环境。

1. 交易延展性攻击[18]

交易的延展性也称为交易的可锻性。具体来说，可锻性会造成交易 ID 的不一致，导致用户找不到发送的交易。

以比特币系统为例，攻击者在发出提现交易 A 后，可以在 A 确认之前通过修改交易数据的 ID，使一笔交易的唯一标识(交易哈希)发生改变，得到新交易 B。假设交易 B 先被记录到比特币账本中，那么矿工会认为交易 A 存在双重支付问题，拒绝打包进区块中。此时，攻击者可以向交易所申诉，尝试获取交易 A 中标明的代币数量。一旦申诉通过，则将导致交易所资金大量流失。

2. 资源滥用攻击

一般来说，随着时间的推移，区块数据只会增加不会减少。依赖现有的计算机存储技术，若链中没有设计相应的操作限制，攻击者可以发送大量的垃圾信息使区块链中的存储节点超负荷运行。严重时，会使网络瘫痪，链中合法的信息得不到处理。在区块数据发生爆炸式增长的情况下，对于一些计算能力和存储空间受限的节点会运转缓慢，甚至停止运转。这样稳定运行的节点越来越少，网络的吞吐量降低，区块链网络的服务质量就会严重下降。

2017 年 2 月，Ropsten 便遭到了一次利用测试网络的低难度进行的攻击。攻击者通过发送千万级的垃圾交易，逐渐把区块 Gas 上限从正常的 4 700 000 提高到 390 000 000 000，在一段时间内，影响了测试网络的运行。

3. 恶意信息攻击 [19]

随着区块链技术的不断更迭，链上数据内容也不再局限于交易信息，这为一些文件、工程代码甚至个人敏感信息上链提供了可能。多元化的数据结构和类型在促进区块链技术快速发展的同时，也为恶意信息上链提供了可能。而恶意信息攻击的主要方法就是攻击者在区块链中写入恶意信息，如病毒特征码、恶意广告、政治敏感话题等，借助区块链分布式的结构广泛流传。由于区块链不可删除、不可篡改的特性，一旦恶意信息被写入区块链，将很难删除和修改，则将直接导致杀毒软件报毒，或者引起政治敏感等多方面的问题。

6.2.3 防御策略与方法

区块链本质上是一组多源异构的数据，数据层是区块链体系中最基础、最重要的一层，其安全性从根本上决定着区块链网络的安全性。

从隐私保护的角度来看，密码学工具在保证区块链网络数据安全性的同时，其自身面临的安全威胁也为区块链数据层带来了诸多安全隐患。尽管当前区块链技术体系中使用的密码学工具被认为是安全的，只要能在开发过程中确保使用无后门的密码算法，即可保证区块链网络的安全性，然而从长远来看，现有密码学工具的安全性势必受到以量子计算为代表的新一代计算技术的冲击。攻击者如果使用量子计算机对大整数进行分解得到私钥，相比抗量子区块链结构更新的速度要慢很多，仅仅需要短短几分钟，用户的账户就会被盗取。因此，只有在适当的时间节点替换更安全、更高效的密码学工具才能保证区块链的稳健性和安全性。

一方面，尽管区块链使用的 SHA-256 算法目前是相对安全的，然而被攻破只是时间问题，所以必须加快推进安全哈希算法的研究进展，设计具备强抗碰撞性的哈希算法，以保证区块链技术的不可篡改性；另一方面，区块链数据的安全性主要依靠密码算法的安全性，而当前常用的密钥长度 1024 位的 RSA 加密算法在量子攻击下只需几秒即可完成破译，算法被破解后会造成严重的用户信息安全问题，后果不堪设想。因此必须加快以抗量子密码算法为核心的抗量子区块链技术体系的预研进程，通过基于抗量子密码学攻击的发展来保证区块链技术在后量子时代的安全性和可用性。2016 年以来，NIST 面向全球征集具备抗击量子计算机攻击能力的新一代公钥加密算法。2020 年 7 月，NIST 公布了第三轮的 15 个候选算法，它们大多是基于以上困难问题的公钥密码及数字签名方案。预计 2022 年，NIST 将发布后量子密码的草案标准。

此外，虽然当前几乎所有的区块链技术都支持匿名交易，用户的交易地址通常由用户自行创建保存，不需要第三方参与且与真实身份无关，部分区块链系统甚至利用零知识证明等技术(如 Zcash[20])来保护交易过程中用户的身份隐私，但是，交易数据关联性分析、用户行为习惯分析等技术仍然可以在一定程度上帮助攻击者获取用户的身份隐私和交易隐私，从而对区块链上用户信息的安全带来严重威胁。为此，用户节点可以考虑以下 3 种防御策略：

(1) 数据混淆：对交易内容的数据进行混淆，降低攻击者获取目标信息的成功率，增加攻击难度。

(2) 数据加密：将交易中的特定信息加密，减少攻击者可获取的信息量，降低其用户身份画像的准确性。

(3) 隐蔽传输：通过隐蔽信道传输对隐私要求较高的交易数据，阻止攻击者获取相关信息。

隐私保护是区块链技术的主要内容，为了防止上述针对数据的攻击对隐私保护带来的危害，主要从数据存储和加密算法两个方面进行改进。信息存储方面，建议对用户输入的数据(如备注信息)等内容进行过滤检查机制，防止被恶意利用或滥用。而对于加密算法和签名机制，不要轻易自写加密算法，建议使用成熟且可靠的加密算法防止遭遇算法漏洞的攻击和安全风险。从区块链数据的角度来看，现有的恶意信息攻击方法是区块链一个明显的脆弱点。基于区块链数据永久存储的特点，事实上所有写入区块并进行永久存储的数据是无法修改的。由于区块难以监管的特性，非法写入病毒特征码、恶意广告植入、政治敏感话题的节点并不会受到惩罚。

攻击者之所以可以进行交易延展性攻击，是因为当前大多数挖矿程序采用 OpenSSL 开源软件库校验用户签名，而 OpenSSL 兼容多种编码格式，部分编码方案的实现存在一定的问题。例如：在 OpenSSL 实现的椭圆曲线数字签名算法中，签名(r, s)和签名$(r, -s(\mathrm{mod}\ n))$

都是有效的。因此，只要签名数据没有产生太大的变化，都能够被认为是有效签名。Wuille等人[21]提出了一种叫做隔离见证(Segregated Witness)的方法，通过将区块签名信息单独存放，使区块头的交易哈希值完全由交易信息决定，在交易内容没有发生变化的情况下，即使签名信息被改变，交易哈希也不会发生变化。此时，攻击者只有掌握了私钥，才能改变交易的哈希值。同时，当遇到无法确认的交易时，交易所应该立即停止交易验证，并根据区块链上的交易报错信息以及查看是否在短时间内已经发起了这样的交易，再做进一步处理。

对于资源滥用攻击，现有的主流区块链应用是可以进行有效防御的，比特币和以太坊都可以通过控制和调整区块大小与速度来控制整个区块链数据的线性增长。虽然牺牲了交易确认的高效性，但区块链数据增长的速度远小于存储设备迭代的速度，节点不会因为无法负担数据量而下线。以上方法用来缓解资源滥用攻击是安全可靠的。

攻击者实施恶意信息攻击是因为区块链网络中不存在可以审查上链数据的独立节点，简单增加内容监管节点的方式势必会弱化区块链网络的去中心化特性，不具备可行性。因此，可以尝试以下方法和策略：

(1) 从区块链通用模型设计入手，通过设计特定的区块结构来限制可存储数据的格式，在一定程度上限制特定格式病毒、文件等数据上链，缓解恶意数据给区块链网络带来的威胁。

(2) 设计相应的激励和奖惩机制，结合智能合约等技术鼓励矿工验证待上链数据的合理性和合法性，对上传恶意数据的节点进行惩罚，限制链上交易行为。

(3) 设计支持动态访问的区块数据封装结构，封装上链数据。如果发现恶意数据，则全网节点将达成共识并订立智能合约，关闭对被封装恶意数据的访问权限。

(4) 利用机器学习[22]等技术对上链数据进行过滤，可以在一定程度上阻止恶意数据被写入区块链。

6.3 区块链网络层攻击

网络层是区块链技术体系中最基础的技术架构，封装了区块链系统的组网方式、消息传播协议和数据验证机制等要素，使区块链具备了去中心化、不可删除、不可篡改的技术特性。本节将对P2P网络中存在的安全威胁进行剖析。

6.3.1 针对P2P网络的攻击

区块链的信息传播主要依赖其点对点传输的特性，采用P2P式的网络架构。然而，P2P网络依赖附近的节点来进行信息传输，并且在传输的过程中必须要互相暴露甚至广播对方的IP地址，就很容易给其他节点带来安全威胁。P2P网络主要涉及用户客户端和对等网络结构，攻击者可能针对这两个方面展开如下攻击。

1. 客户端漏洞(Client Vulnerability)[23]

虽然现有全节点客户端的底层协议互相兼容，增强了比特币网络的健壮性，但是客户端代码中可能存在诸多安全漏洞，并且这些漏洞会随着客户端类型的增加而增加。攻击者可以利用0day漏洞扫描等技术扫描客户端中存在的漏洞，然后利用这些漏洞发起各种攻击。2018年，区块链安全公司PeckShield披露了一个安全漏洞，攻击者可以向以太坊客户端发送特定恶意报文，一旦成功，将导致 2/3 的以太坊节点下线。

2. 窃听攻击(Eavesdropping Attack)[24]

攻击者可以通过网络窃听获取区块链用户节点的网络标识，并将其与 IP 地址关联起来，进而获取用户节点的隐私信息，甚至可以追溯到用户的实际家庭地址。以比特币为例，用户通过连接一组服务器来加入比特币网络，这个初始连接集合就是该用户的唯一入口节点，每个用户都会获得一组唯一的入口节点。当使用钱包完成比特币交易时，入口节点将交易转给比特币网络的其余部分，而识别一组入口节点也就意味着识别一个特定的比特币客户端。

因此，攻击者可以通过与比特币服务器建立多个连接，窃听客户端与服务端的初始连接，获得客户端的 IP 地址。随着交易流经网络，攻击者将窃听得到的 IP 地址与已有的客户端入口节点进行匹配，若匹配成功，则攻击者就可获得特定客户端的信息。

著名的“棱镜门”事件：从 2013 年 6 月初开始，美国前防务承包商雇员爱德华·斯诺登通过多家媒体披露美国国家安全局“棱镜”项目等涉及的机密文件，指认美国情报机构多年来在国内外持续监视互联网活动以及通信运营商用户信息。“棱镜门”事件引起了国际社会的高度关注，直接波及美俄关系、美国与欧盟的关系。

美国监听事件：G20 峰会遭监听、联合国遭监听、35 国际政要监听。窃听攻击不仅会泄露个人隐私，甚至会威胁到整个国家的安全。

3. 日蚀攻击(Eclipse Attack)[25]

日蚀攻击是利用 P2P 的广播特性进行攻击。比特币的节点分为两类：一类只会从网络上下载数据，而无法上传数据，其最多能够有 8 个连接；另一类则是种子节点，即同步所有区块链数据的节点，最多可以有 117 个连接。日蚀攻击就是针对这类只有“8 个连接”的节点发起的攻击。

在比特币系统中，攻击节点随机选择 8 个其他对等节点，并保持长时间的传输连接。攻击者通过特定手段使目标节点只能获得被操纵、伪造的网络视图，将其从实际的网络视图中隔离出来，从而妨碍目标节点正常运转，以达成特定的攻击目的。攻击者操纵多个对等节点与目标节点保持长时间的传输连接，使其在线连接的数量达到目标节点入站连接的上限，从而阻止其他合法节点的连接请求，如图 6.4 所示。此时，目标节点被攻击者从 P2P 网络中“隔离”出来，导致目标节点无法正常维护区块链账本。

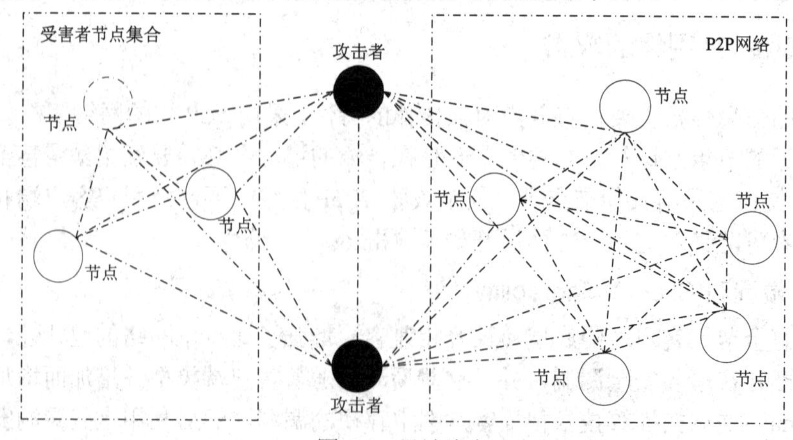

图 6.4　日蚀攻击

4. 边界网关协议(Border Gateway Protocol, BGP)劫持攻击[26]

在互联网协议中，路由器在转发报文时需要查看路由表，而路由表除了手工配置之外，更多的是路由器之间进行路由信息的同步。网络是由一组自治系统(Auto System，AS，也称自治域)组成的，在一个 AS 里的路由器使用的选路协议是内部网关协议(Interior Gateway Protocol，IGP)，不同 AS 的路由器使用的选路协议是外部网关协议(Exterior Gateway Protocol，EGP)。

BGP 是因特网的关键组成部分，用于确定路由路径，敌手可以通过劫持 BGP 来实现操纵互联网路由的目的。由于区块链是基于互联网来传递信息的，劫持 BGP 可以实现对区块链节点流量的误导和拦截，可以破坏共识机制、交易等信息。一旦节点的流量被接管，就能对整个区块链网络造成巨大的影响，破坏共识机制和交易等各种信息。例如，比特币系统的大部分节点都被托管在特定的几个互联网服务提供商上，60%的比特币连接都会通过这几个服务商，所以从这几个服务商的角度可以看到 60%的比特币流量。攻击者完全可以接管这部分流量，对区块链系统造成破坏。

Google 访问中断事件：2005 年 6 月，运营商 Cogent(AS 174)作为 Google 的一个直接邻居，在事件发生前曾在 BGP 中宣告前缀 64.233.16.0/24，称自己为该前缀的源，其导致 AS 174 的多个邻居，包括 AS 184、AS 7081 等的大型 AS 都受到影响，从而使 Google 的服务对外中断。图 6.5 为 Google 中断示意图。

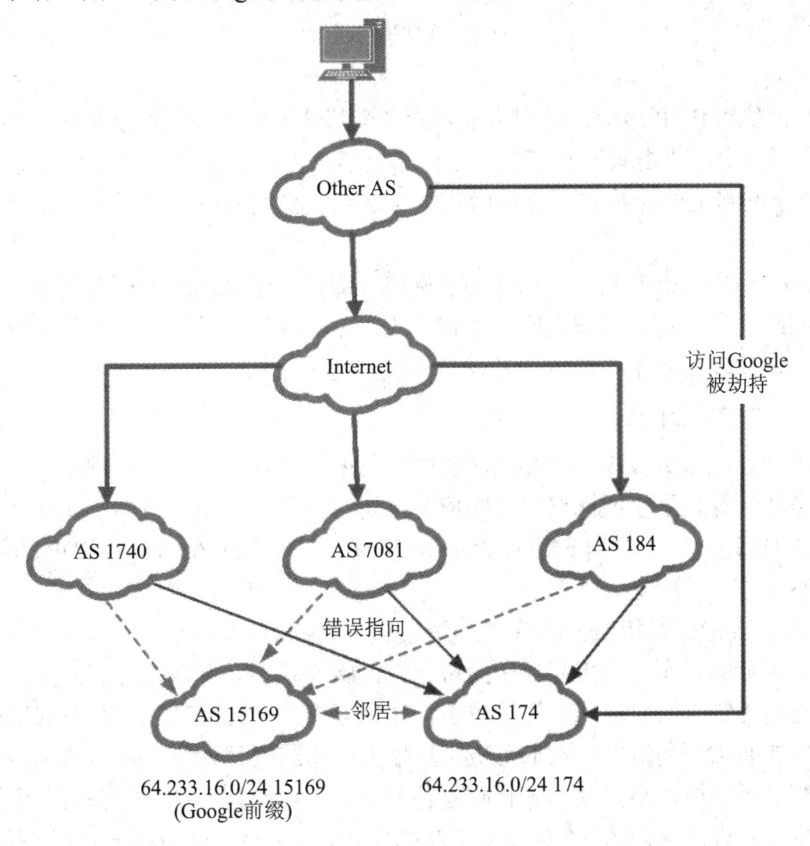

图 6.5　Google 中断示意图

5. 分割攻击(Segmentation Attack)[27]

Christopher 等人在论文中给出了一种对基于 PoW 共识算法的平衡攻击。攻击者通过 BGP 劫持攻击将区块链网络划分成两个或多个不相交的网络，此时区块链会分叉为两条或多条并行支链。攻击者可以在某个小的网络中发起交易将电子货币兑换成现实商品或法币。BGP 劫持攻击停止后，区块链重新统一，以最长的链为主链，其他链上的交易、奖励等全部失效，攻击者由此获利。图 6.6 为分割攻击的示意图。

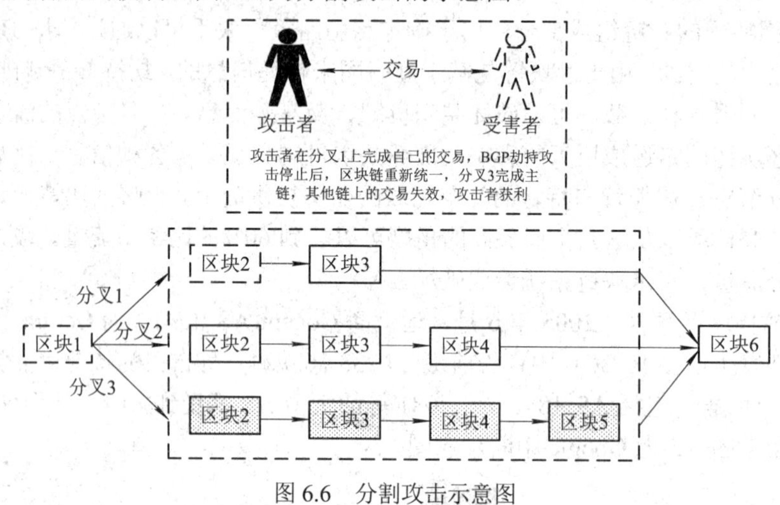

图 6.6　分割攻击示意图

试想以下场景：

(1) 攻击者发动 BGP 劫持，将网络分割为多个部分。如一个大网络和多个小网络。

(2) 在小网络中，攻击者发布交易卖出自己全部的货币，并兑换为法币或商品。

(3) 经过小网络上的交易被“全网确认”，这笔交易很快生效，攻击者获得等值的法币或商品。

(4) 攻击者释放 BGP 劫持，大网络与小网络互通，由于大网络中拥有更强的算力和更长的链，小网络上的一切交易被大网络否定，攻击者的加密货币全部回归到账户，而交易得来的法币却还在攻击者手中，攻击者成功非法获利。

6. DoS 攻击(Denial-of-Service Attack)[28]

DoS 攻击即拒绝服务攻击，是网络攻击中常见的一种攻击方法。这种攻击方式简单粗暴，其目的是使计算机系统或网络停止响应甚至崩溃，从而使系统或网络无法提供正常的服务。常见的 DoS 攻击有 SYN Flood、Ping of Death、Teardrop Attacks、UDP Flood、Land Attacks 和 IP spoofing 等。

普通的 DoS 攻击需要相当大的带宽，由于网络规模和速度的限制，以个人为单位的黑客很难使用高带宽的资源。为提高攻击的可行性，DoS 攻击者开发了分布式的攻击，通过整合零散的网络带宽来对目标节点实施攻击，称为分布式 DoS[29]攻击。分布式源通常是受攻击者控制的普通用户的机器，它们形成了机器人网络或僵尸网络。攻击者利用大量网络资源攻击计算机系统或网络，使其停止响应甚至崩溃，从而拒绝服务。在实际中，通常用户节点资源受限，只能通过图 6.7 所示的 DDoS(Distributed Denial-of-Service)攻击整合零散网络带宽来实施 DoS 攻击。

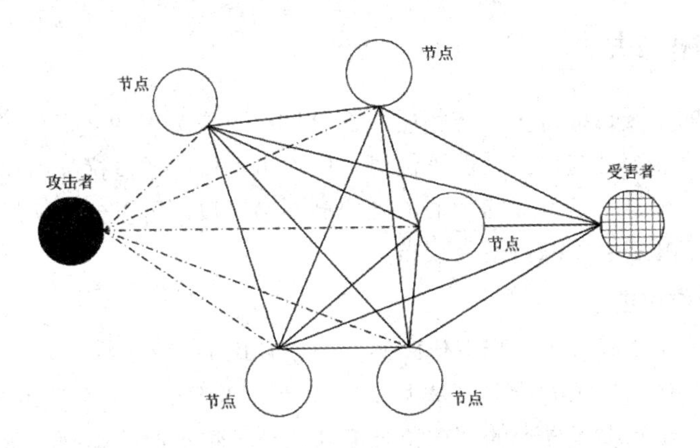

图 6.7 DDoS 攻击示意图

2017 年 5 月，Poloniex 交易平台遭受了严重的 DDoS 攻击[30]，导致比特币价格被锁定在 1761 美元，用户无法执行订单或提取资金。此外，当区块链网络中的大部分矿工无法盈利时，可能通过拒绝为区块链网络服务而发起 BDoS(Blockchain Denial-of-Service，BDoS)攻击[31]，导致区块链网络瘫痪。

7. 交易延迟攻击

比特币闪电网络[32](Lightning Network)通常使用哈希时间锁定[33]技术来实现安全的资产原子交换，其安全性主要依赖于时间锁定和资金锁定。由于每一笔资金交换都需要通过时间锁定来规定该交易必须在某个时间段内完成，因此，一些恶意节点便在短时间内建立大量交易，然后故意超时发送，致使网络发生阻塞，影响正常运作。图 6.8 为交易延迟攻击的简单示意图。

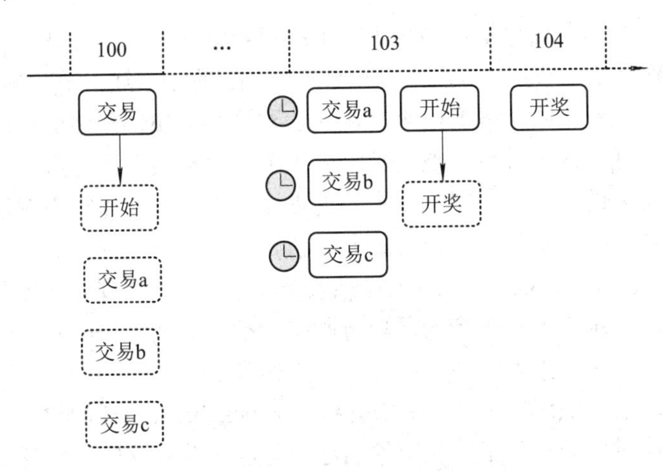

图 6.8 交易延迟攻击示意图

2019 年 1 月 13 日 22:44—22:49，PeckShield 安全盾风控平台 DAppShield 监测到 EOS 竞猜类游戏 GameBet 遭交易延迟攻击，短时间内游戏奖池被掏空。当日 21:52—22:36，EOS 竞猜类游戏(Fishing 和 STACK DICE)同时遭到交易延迟攻击，损失了数百个 EOS，次日两款游戏均暂停运营。这两款游戏的攻击者为同一黑客，和此前 LuckBet 等游戏受攻击方式相同，均是利用超级节点 nodeos 低版本存在的漏洞。

6.3.2 防御策略与方法

网络层攻击的主要目标是区块链底层的 P2P 网络，它为区块链提供了防止单点攻击、较强容错性、较好兼容性与可扩展性等优势。但攻击者可以通过扰乱用户之间的通信达到不同的攻击目的。根据攻击方式的特征，区块链网络层攻击可以分为信息窃取类攻击、网络路由劫持类攻击和恶意资源占用类攻击。

1. 信息窃取类攻击

信息窃取类攻击主要包括客户端代码漏洞和窃听攻击。

在针对客户端代码漏洞的攻击场景中，攻击者利用的漏洞可能是预先恶意植入的后门，也可能是开发人员编写错误导致的。理论上无法完全杜绝类似的漏洞，所以开发商应在软件安全开发生命周期[34]内通过 Fuzzing[35]、代码审计[36]、逆向漏洞分析[37]、反逆向工程[38]等技术，对客户端的安全性进行评估，以缓解类似漏洞带给用户的安全威胁。

在窃听攻击场景中，攻击者通过网络监听等手段获取用户身份、地址等隐私信息，其关键在于用户的区块链网络标识唯一，攻击者可以将窃听得到的 IP 地址与已有的客户端入口节点进行匹配，从而获得交易数据来源和用户隐私。为了预防窃听攻击，用户应采用混淆的交易方法来打破交易过程中用户唯一标识与 IP 地址之间的一一对应关系。具体来说，多个用户可以通过共享唯一网络标识，实现“一对多”或“多对一”的交易，以此混淆用户唯一标识与 IP 地址之间的一一对应关系，使攻击者无法通过匹配用户标识和 IP 地址来获取用户隐私。此外，在交易数据的传输过程中，应使用可靠的加密算法实现数据的加密传输，防止恶意攻击者窃取网络节点信息。

2. 网络路由劫持类攻击

网络路由劫持类攻击主要包括日蚀攻击、BGP 劫持攻击和分割攻击，它们的攻击原理相似，攻击目标分别为单个节点、节点集合和 P2P 网络。攻击者通过改变节点的网络视图，将目标节点集合从区块链网络中隔离出来，从而达到控制区块链网络的目的。以比特币系统为例，攻击者可以通过这 3 种攻击迫使部分矿工节点“离线”，导致区块链全网实际算力流失，从而使攻击者的算力在全网总算力中的占比不断上升。当算力超过全网算力的一半时，攻击者可以以远低于原全网 51%的算力发动 51%攻击(详见 6.4.3 节)。与通过提升自身算力来实施 51%攻击的方式相比，通过日蚀攻击和 BGP 劫持攻击来提升自身攻击优势的方式更加经济，比传统 51%攻击带给区块链网络的危害更大。攻击者之所以可以发起日蚀攻击，其关键在于目标节点无法判断已连接节点的身份。

为了预防日蚀攻击，Letz[39]提出共识信誉机制 BlockQuick。BlockQuick 中的网络节点在接受新产生的区块时，会对矿工的加密签名进行验证，并将该矿工的身份与共识信誉表中已知矿工的身份进行比对。最终，当共识得分大于 50%时，网络节点才会接受该区块；否则，节点拒绝该区块，察觉出攻击者的日蚀攻击行为。而在 BGP 劫持攻击和分割攻击场景中，攻击者主要通过 BGP 路由劫持实现网络视图分割。针对路由劫持问题，研究人员提出了自动实时检测与缓解系统[40](Automatic and Real-Time Detection and Mitigation System，ARTEMIS)，可能几分钟内帮助服务提供商解决 BGP 劫持问题，使得实时的公共 BGP 监控服务成为可能。

3. 恶意资源占用类攻击

DoS、DDoS 攻击属于通过恶意资源占用实现的拒绝服务攻击，目前已经存在很多有效的防御工具，如 DoS 防火墙[41]。而 BDoS 和交易延迟攻击属于社会工程学层面，解决此类攻击只能通过不断完善激励制度和奖惩制度、优化网络环境等社会工程学手段。

6.4　区块链共识层攻击

共识层是区块链的基础，共识机制赋予了区块链技术的灵魂，与其他的数据结构有根本的差异。共识层主要封装了区块链的各类共识算法，是保证区块链全网节点达成正确共识的关键。本节将从授权共识机制和非授权共识机制两个层面对共识层存在的安全威胁进行分析评估，并尝试给出一些解决思路。

6.4.1　共识机制对比

区块链是一个全网节点共同维护的分布式账本，提高区块链网络交易效率的关键是如何保证所有节点可以在一定时间内达成共识，其本质上是一个群体决策的过程，只有所有节点遵守一套公平的决策机制才能保证区块链全网节点的一致性。

授权共识机制是指在授权网络(联盟链、私有链)中，节点必须通过身份认证加入网络，才能与其他节点共同运行某种分布式一致性算法并达成共识，进而维护授权网络内部的区块链。经典的授权共识算法包括 BFT 机制[42]、PBFT[43]及其衍生的权威证明算法[44]等。BFT 系列共识算法可以在总节点数为 $N = 3f + 1$，恶意节点数不超过 f 的情况下确保全网节点达成正确的共识(即容错率为 1/3)。

非授权共识机制是指在非授权网络(公有链)中，节点无需身份认证即可加入网络，与其他节点共同运行某种分布式一致性算法对数据达成共识，进而维护非授权网络的区块链。经典非授权共识算法包括 PoW[45]、PoS[46]、PoR[47]及其衍生算法，如 DPoS[48]、评价证明机制(Proof of Review, PoRev)[49]、PoR/PoS 混合共识机制(PoR/PoS-Hybrid)[50]等。授权共识算法中，各节点达成共识消耗的是等价的参与权，即节点共识权重相等。而在非授权共识机制中，各节点通过消耗自身持有的“筹码”(PoW 中代表算力 Work，PoS 中代表权益 Stake)竞争记账权，进而达成共识，即节点共识权重不相等。非授权共识机制可以在本轮竞争“总筹码”为 $N = 2n + 1$，恶意节点持有“筹码”不超过 n 的情况下确保全网节点达成正确共识(容错率为 1/2)。

6.4.2　针对授权共识机制的攻击

1. 女巫攻击

根据拜占庭容错算法，区块链各节点能够在一定条件下达成共识，但当系统中节点总数不固定时，则无法保证整个系统在拜占庭容错下能够达成正确的共识。例如，4 个节点中有一个恶意节点，且节点可以伪装成不同的节点。当一个节点每次伪装成不同的节点时，其他节点都会认为这是一个新节点。假设这个节点伪装成了 4 个不同的节点，并不断发出错误指令，那么其他节点会认为总共有 7 个节点在进行验证，此时恶意节点的数量已经超过总节点数的 1/3，那么其他节点就会被恶意节点所欺骗。类似这种由一个节点伪装成多个可执行不同操作节点称为狭义的女巫攻击。广义的女巫攻击可以理解为多个节点为实现同一目标而进行同一操作，如比特币矿池挖矿。图 6.9 为女巫攻击示意图。

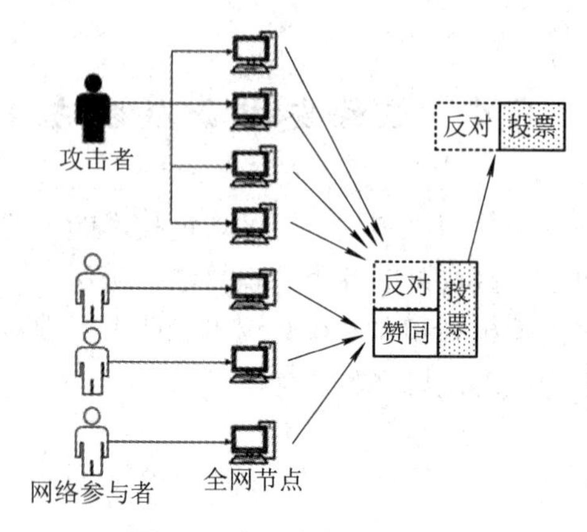

图 6.9　女巫攻击示意图

2. 克隆攻击(Cloning Attack)[51]

在 PoA 系统中，攻击者利用 BGP 劫持、分割攻击等手段将区块链网络视图分为两个，然后克隆得到两个使用相同地址或公私钥对的克隆体，并分别部署至两个视图独立的支链。此时，攻击者可以就同一笔代币在两个网络中进行交易。如图 6.10 所示，PoA 系统中矿工按编号 1～9 依次出块，攻击者事先使用同一对公私钥产生克隆体并利用 BGP 劫持产生网络分区。攻击者在两个分区中分别发布两个包含交易 1 和交易 2 的区块，这两笔交易相同。之后便由图中上方分区的矿工 3、5、7、9 依次产生区块，同时，图中下方分区的矿工 2、4、6、8 依次在自己的分区出块。待交易结束后，攻击者解除路由劫持，区块链网络节点通过最长链或最大权重原则统一区块链主链，攻击者实现了双花攻击。

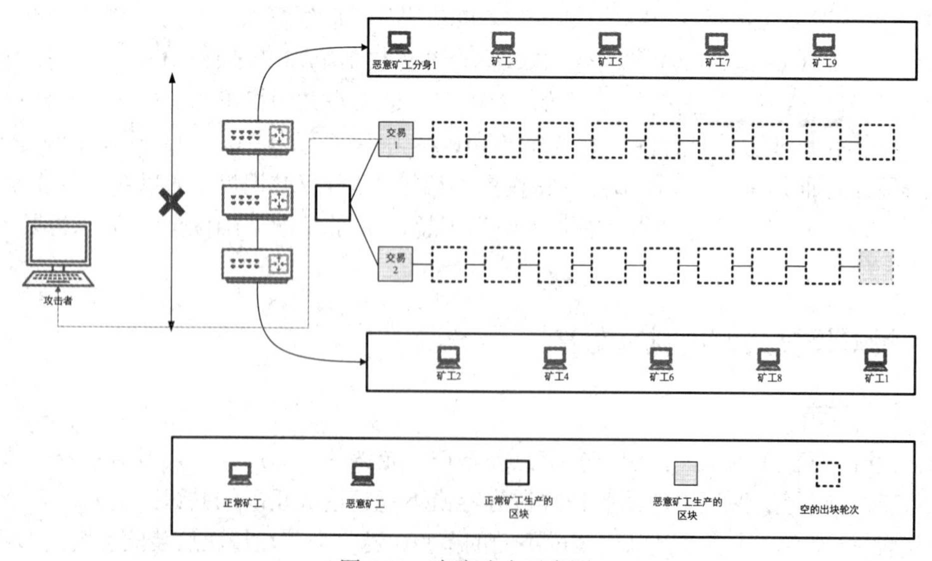

图 6.10　克隆攻击示意图

6.4.3　针对非授权共识机制的攻击

1. 恶意筹码获取

在非授权的共识机制中，节点持有的“筹码”越多，其获得记账权的可能性越大，所以节点可能通过傀儡挖矿攻击、贿赂攻击、币龄累计攻击等方式获取“筹码”，以提高自己获得记账权的成功率。

1) 傀儡挖矿攻击[8]

在区块链中，对于攻击者而言，通过一些漏洞获得一些主机的权限或者网页端来挖矿是很容易的，攻击者可以轻易地通过木马病毒或直接入侵的方式控制大量网络节点，并在这些节点主机上部署挖矿程序，进而消耗其系统资源和电力能源，并以此获益。目前市面上被黑客应用最多的就是门罗币(Monero)，因为植入部署方便，同时便于 CPU 挖矿，导致现在很大一部分黑客直接在网页里植入挖矿脚本。通过网络空间测绘系统检索，目前互联网有大量网站被挂入恶意的挖矿链接。

2018 年初，上百款《荒野行动》游戏辅助被植入挖矿木马，利用游戏主机显卡的高性能来挖矿获利。同年，攻击者在大量网站的首页植入 Coinhive 平台的门罗币的挖矿代码[52]，通过网页端盗用网络节点资源挖矿获利，导致该网站用户的系统运行变慢。

2) 币龄累计攻击[46]

币龄累积攻击主要是为了实施 51%攻击的跳板。基于“PoW+PoS”混合共识机制的区块链中，这种混合共识机制出现在以太坊的 Serenity 版本中。在这种共识之下，获得记账权的可能性不仅与当前节点的算力有关，同时也与节点持币的数量和时间相关。节点持有的“筹码”不仅与其算力有关，还与其持有的币龄有关。矿工拥有的币越多，持币时间越长，对于矿工来说其挖矿的难度就越低，越有可能挖到区块。在这种机制下，节点可以通过买入一定数量的代币并持有足够长的时间来累计币龄从而获取更多的“筹码”，使其拥有的币龄增加直至达到近乎 51%的算力，从而以较大概率获得记账权来控制主链的发展方向。

3) 贿赂攻击[53]

一个区块链协议之外的贿赂者通过某些方法来收购代币或者挖矿算力，从而达到攻击原有区块链的目的。有别于直接获得大量算力，攻击者去贿赂那些已经拥有算力的人，让他们帮助自己分叉出另外一条最长的区块链。贿赂攻击主要影响 PoS 共识机制，具体流程如下：

(1) 攻击者购买某个商品或服务；

(2) 商户开始等待网络确认这笔交易；

(3) 攻击者开始在网络中首次宣称，对目前相对最长的不含这次交易的链进行奖励；

(4) 当不含这次交易的链成为主链时，6 次确认达成后，货物到手。

因此，只要此次贿赂攻击的成本小于货物或者服务费用，此次攻击就是成功的。相比之下，PoW 机制中贿赂攻击就需要贿赂大多数矿工，成本极高，难以实现。图 6.11 为贿赂攻击流程图。

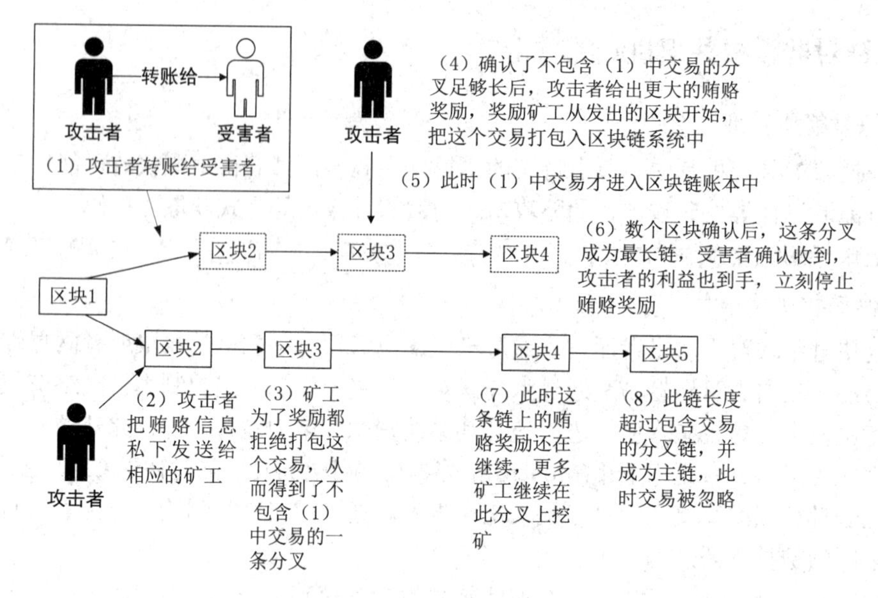

图 6.11　贿赂攻击流程图

除了通过增加“筹码”提高筹码占比的方法以外，攻击者还可能通过网络层日蚀攻击、BGP 路由劫持、分割攻击(详见 6.3.1 节)等手段迫使大量节点离线，使区块链网络的总算力流失，从而提高自己的记账权竞争筹码占比和记账权竞争的成功率。

2. 51%攻击

一旦存在恶意节点持有的“筹码”超过全网总“筹码”的一半，则其可以以较大的优势获得记账权，并主导区块链达成特定共识，本书将这种攻击称为短程 51%攻击；也可以利用资源优势计算并生成一条区块链支链，使其长度超过当前主链，并代替之前的主链成为新的主链，本书将这种攻击称为长程 51%攻击。区块链形成分叉，是 51%攻击能否进行的前提。图 6.12 为区块链分叉示意图。在这个过程中，攻击者的目的就是实现双重花费，其行为也是有所限制的。

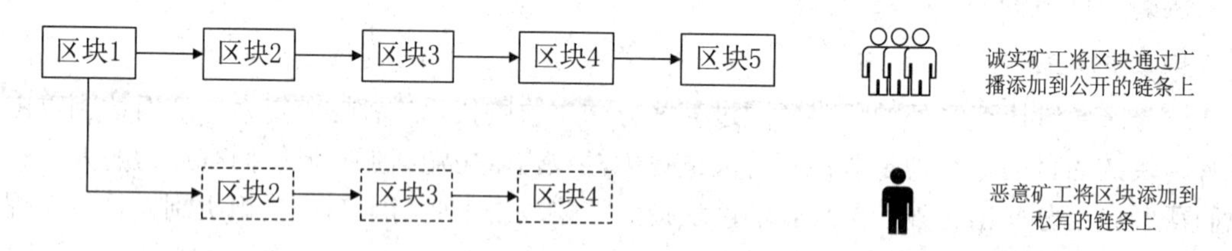

图 6.12　区块链分叉

攻击者能够：修改自己的交易记录，完成双重支付；阻止区块确认部分或者全部交易；阻止部分或全部矿工开采到任何有效的区块。攻击者不能：修改其他人的交易记录；阻止交易被确认；改变每个区块产生的比特币数量；凭空产生比特币；把不属于他人的比特币发送给自己或其他人。

比特币网络中 51%攻击的攻击原理如下：

(1) 准备工作：一方面，攻击者掌握足够的(超过 50%)算力，无论是控制矿池，还是利用其他计算资源，使其算力领先于现在网络的其他算力总和；另一方面，可拿到足够的 BTC

作为筹码，用于双重花费。

(2) 攻击步骤：首先，攻击者把比特币转到交易所并卖出，收到真实收益；其次，从还没向交易所转账的区块开始重新生成区块(比如，向交易所转账的区块为第1000个区块，攻击者就在第999个区块开始重新生成区块。此时由于算力优势，攻击者生成的攻击块链一定能追上原来的链)；最后，所有的客户端将丢弃原块链，接受新的链。至此，51%攻击成功。

(3) 攻击结果：由于撤销了所有对外付款交易，等于进行双重花费，同时收回所有已经交易出去的比特币。

在实际的区块链中，攻击者可能将51%攻击作为一种子攻击来实现以下几类攻击。

1) 双花攻击[54]

双花攻击是针对比特币系统的一种特有攻击。一般来说，对于一个攻击者，其最终目的都是通过双花攻击的方式获取额外的利益。以比特币系统为例，攻击者在完成交易A后，针对A花费的代币伪造交易B，并发动长程51%攻击将一条包含交易B的支链变成新的主链。如此，攻击者对相同的一组代币实现了“双重花费”。

2016年8月，基于以太坊的数字货币Krypton遭受了名为“51% Crew”的51%攻击[55]，攻击者通过租用Nicehash(算力买卖市场)的算力，导致该区块链损失约21 465 KR(Krypton)的代币。2018年，比特币黄金社区的一位成员发文称：有人在尝试进行针对交易所的双花攻击，这一攻击造成了千万美元的损失[56]，同时引起了人们对于去中心化和PoW机制的质疑。

2) 历史修复攻击[9]

在区块链网络中，当攻击者无法持续拥有超过竞争本轮记账权总筹码的一半以上筹码时，攻击者和诚实节点的身份可能发生颠倒，并导致多轮51%攻击。具体来说，当攻击者A成功发起51%攻击将他的支链变为主链时，之前的主链变为支链，诚实节点B变为“恶意节点”，A变为“诚实节点”。一旦B获得超过新一轮记账权总筹码的一半时，便可作为“攻击者”发起51%攻击，将他们的“支链”恢复为主链，此时称B发起了历史修复攻击。

3) 卖空攻击[10]

51%攻击会破坏区块链系统，导致其对应的代币贬值。尤其是在PoS共识机制下，“聪明”的矿工一般不会对基于PoS的区块链系统发动51%攻击。因为攻击者成功发起51%攻击，意味着其持有大量代币，而代币贬值将会给攻击者带来巨大的经济损失。但在支持证券信用交易的PoS系统中，攻击者可能通过51%攻击发起卖空攻击来牟取暴利。卖空(Short Selling)是股票期货市场常见的一种操作方式，操作者认为预期股票期货市场会有下跌趋势，则将手中借贷得来的筹码按市价卖出，等股票期货下跌之后再买入，赚取中间差价。卖空攻击的具体步骤如下：

(1) 攻击者持有数量为A的代币，这些代币的权益需超过本轮投票总权益的一半。

(2) 攻击者通过证券信用交易或金融借贷等手段获得数量为B的代币，B的数量远大于A。这里的B是攻击者所借的证券，攻击结束后需返还等额的代币给借贷方，如交易所。

(3) 攻击者将所借的代币套现，兑换为具备实际价值的经济实体或货币。

(4) 攻击者使用双花攻击、传统网络攻击等手段恶意影响区块链网络的正常运作，从而使基于该区块链的数字货币贬值，此处将贬值率记为 Δ。

(5) 攻击者回购数量为 B 的代币偿还给借贷方，最终获利 $\Delta(B-A)$。

卖空攻击说明了“由于攻击者自身无法获得利益，因此通过破坏性攻击导致区块链系统受损的情况是完全不会发生的”或许是错误的结论。为抵御卖空攻击，交易所应取消类似证券信用交易服务。共识机制中需要增加惩罚机制，以提高攻击成本。

4) *自私挖矿攻击*(Selfish Mining Attack)[57]

与双花攻击不同，自私挖矿攻击是矿池圈里一种常见的攻击方式，它是一种利用短程51%攻击持续性获取记账权，赚取奖励的攻击方式，常见于 PoW 系统中。自私挖矿攻击是一种针对比特币挖矿与激励机制的攻击方式，它的目的不是破坏比特币的运行机制，而是以更大的可能性获得额外的奖励，但这可能会使诚实矿工的计算无效化。图 6.13 为自私挖矿攻击示意图。

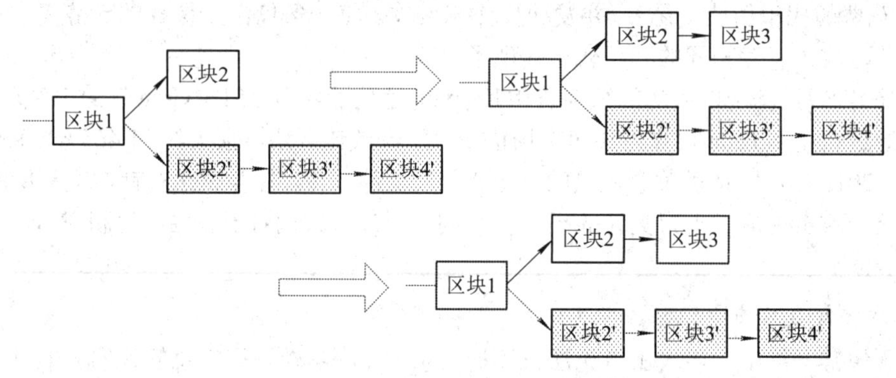

图 6.13　自私挖矿攻击示意图

自私挖矿攻击的核心思想是自私的矿工(可称为恶意矿工)故意延迟公布其计算得到的新块，并总会赶在其他节点公布区块之前将新块公布来获得奖励。此时自私的矿工会不断地积攒优势，并大概率控制主链挖矿的方向。若此时恶意矿工计算得到了更多的块，它们维护的私有分支长度将领先于公开分支，同时恶意矿工选择不公开这些新块，期望进一步提高挖矿收益。但由于恶意矿池的算力限制，私有分支的长度优势将无法一直保持下去，当公开分支接近私有分支长度时，恶意矿工将公布所得到的新块，并获得这些块的奖励。在攻击过程中，无论是恶意矿工还是诚实矿工都有进行无效计算的可能，只是诚实矿工浪费了更多的计算资源，而恶意矿工从收益上得到回报。

此外，在利益的驱使之下，越来越多趋利的矿工会选择加入恶意矿池。如此一来会逐渐形成寡头垄断的局面，即金融中卡特尔(垄断联盟)的出现。相比双花攻击，自私挖矿攻击不会扰乱区块链中的交易秩序，仅仅是通过延迟公布新块来获得奖励而已。由于比特币需要经过 6 个区块才能对交易进行确认，因此双花攻击需要超过 6 个区块才能成功实施。相比之下自私挖矿攻击的难度较小。

3. 其他攻击

1) *无利害关系攻击*[58]

无利害关系攻击是一种针对 PoS 共识机制的攻击方式，攻击者可以在区块链产生分叉时，使用权益同时为多个分叉出块，以获取最大化的收益，导致区块链系统无法辨别真正的主链。图 6.14 为无利害关系攻击示意图。

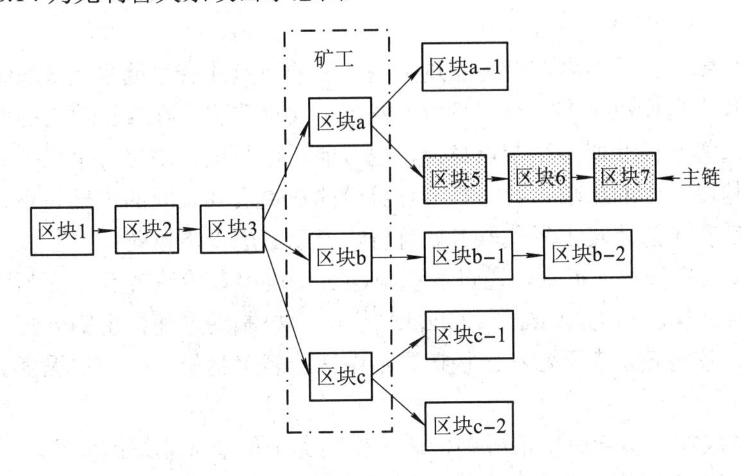

图 6.14　无利害关系攻击示意图

由于攻击者无须像在 PoW 系统中消耗大量算力一样，持有数字货币的数量和时长等因素决定了节点取得记账权的可能性，只需进行权益投票便可实现利益最大化，因此也被称为“作恶无成本，好处无限多”的无利害关系问题。当区块链中出现分叉时，出块节点可以在不受任何算力、权益等损失的前提下，同时为多条链出块，从而大概率获得出块所包含的相应收益。即无论该分叉是偶然还是恶意产生的，对于正在挖矿的节点来说，任何一条分叉成为最长链，矿工都会得到相应的奖励，所以趋利矿工的最佳策略是在每条链上进行“挖矿”，这变相地鼓励了区块链分叉的产生，导致区块链产生过多分叉，不再是唯一链，全网节点也因此无法达成共识，引起双花攻击、非法交易的泛滥。

2) 预计算攻击[59]

在“PoW+PoS”混合共识机制中，当前区块难度取决于前一区块参数(如哈希值)。攻击者可以在生成区块时，通过随机试错法对该区块的哈希值进行干涉，直至攻击者可以对第 h+1 个区块进行挖矿。攻击者可以连续进行造币，并获取相对应的区块奖励或者发起双花攻击。当 PoS 中的某一节点占有了一定量的算力后，就有能力通过控制上一个区块哈希值来调整难度，最终计算并选择一个对自己产生下一区块最有利的参数。通过这种方式，攻击者有更大的优势可以获得下一区块的奖励。

3) 长距离攻击(Long Range Attack)[60]

PoS 系统中，区块的生成速度比 PoW 快很多，所以攻击者可能尝试通过重写区块链账本，从而实现代币双花等目的。这种攻击和 PoW 中的长程 51%攻击的原理相似，区别在于长距离攻击中，攻击者不用消耗大量算力，便可能伪造出一条新的区块链主链，攻击成本更低，所以带来的安全威胁更大。

6.4.4　防御策略与方法

从宏观的角度来看，区块链共识层攻击的基本原理是攻击者凭借较大的资源优势，阻止区块链全网节点达成正确的共识，进而主导区块链的发展方向，以实现妨碍网络运行、货币双花、最大获利等实际目的。而从细节来看，各种攻击方式的发起方式、攻击目标都存在诸多不同。

授权共识机制中，攻击者需持有超过全网 1/3 的节点才有可能阻止区块链网络达成正确的共识，即攻击者操纵了多个节点身份，发起了女巫攻击。在女巫攻击的场景中，攻击者可能通过伪造等手段获取多个节点身份，也可能通过胁迫、腐化等手段控制多个节点，其他节点无法检测、判断出攻击者持有节点身份的数量及其之间的内部关系。因此，阻止女巫攻击的关键在于阻止攻击者获取多重身份，可以考虑以下策略：

(1) 采用节点身份验证机制，通过身份验证防止攻击者伪造节点身份。目前部分私有链采用了 PoA 共识机制，如 Aura[44]、Clique[61]等，该机制通过随机密钥分发与基于公钥体制的认证方式，使得攻击者无法在区块链网络中伪造多个身份，在一定程度上缓解了女巫攻击。

(2) 采用高成本的多身份申请机制，通过提高身份伪造成本缓解女巫攻击。尽管节点身份验证机制可以阻止攻击者伪造身份，但在实际中这种方式无法满足诚实节点对多节点身份的正常需求。因此，可以考虑引入首次申请身份免费，多次申请成本指数式升高的身份申请机制。随着身份个数的增加，攻击者的攻击成本将呈指数级增长，可以在满足节点对多身份正常需求的同时，增加攻击实施女巫攻击的成本，在一定程度上缓解女巫攻击带来的安全威胁。

理论上，女巫攻击也可以出现在非授权的共识场景中，但由于非授权共识算法中的节点通过自身持有的“筹码”竞争记账权，多重身份伪造意味着攻击者“筹码”的分流，但“筹码”总量不会发生变化，而攻击者实施女巫攻击不但不能提高自己获得记账权的成功率，反而有可能导致其成功率降低，所以不会对非授权共识机制的共识过程产生实质性影响。

在克隆攻击场景中，攻击者成功实施克隆攻击的前提是通过网络层的 BGP 劫持攻击、分割攻击实现网络分割，所以可以采用 6.3 节中的防御策略从源头预防克隆攻击。此外，也可以采用心跳机制对节点的行为进行限制和预测。克隆攻击的原理是攻击者利用 BGP 劫持产生网络分区，且控制各分区之间的信息交流，使分区之间无法正常通信。诚实的节点不知道分区的存在，就会被攻击者利用。为了预防这种情况的发生，每一轮的记账人可以在打包区块之前分别向其他各节点发送问询心跳信息，来检测其是否在线。一旦节点收到问询心跳信息，就立刻向记账人发送应答心跳信息。如果记账人没有收到 1/2 以上节点返回的应答心跳信息，则说明此时区块链系统可能正在遭受克隆攻击或网络出现故障，说明此时的 PoA 系统不可信，即刻暂停出块并采取相应措施。由于攻击者此时控制着网络路由，因此问询心跳信息和应答心跳信息都应该加入时间戳和身份标识等数据来防止攻击者重放。虽然将心跳机制加入 PoA 系统无法从根本上避免 BGP 劫持，但能够在一定程度上检测并缓解克隆攻击带来的危害，避免损失。

在非授权共识机制中，攻击者在本轮“记账权”竞争中需持有超过全网 1/2 的“筹码”，才有可能通过 51%攻击阻止区块链网络达成正确的共识，进而实现双花攻击、历史修复攻击、卖空攻击、自私挖矿攻击等目的。而实际中，攻击者通常很难自己拥有足够的“筹码”来实施 51%攻击，所以可能会通过各种手段获取“筹码”。图 6.15 为利用

NiceHash 服务对各加密货币发动 51%攻击所需成本。为了预防 51%攻击，区块链网络应该采取如下策略，阻止攻击者通过傀儡挖矿攻击、贿赂攻击、币龄累计攻击等方法获取“筹码”：

名称	符号	市值	算法	哈希速率	1小时攻击成本
Bitcoin	BTC	$1.07 T	SHA-256	162595 PH/s	$2126841
Ethereum	ETH	$537.94 B	Ethash	835 TH/s	$2402523
Litecoin	LTC	$14.08 B	Scrypt	307 TH/s	$169196
BitcoinCash	BCH	$10.65 B	SHA-256	1560 PH/s	$20401
Zcash	ZEC	$2.95 B	Equihash	6 GH/s	$21626
Dash	DASH	$1.84 B	X11	3 PH/s	$4088
Ravencoin	RVN	$1.07 B	KawPow	9 TH/s	$34490
BitcoinGold	BTG	$950.38 M	Zhash	2 MH/s	$1928
Nervos	CKB	$833.50 M	Eaglesong	109 PH/s	$16598
Verge-Blake (2s)	XVG	$390.74 M	Blake (2s)	197 TH/s	$10

图 6.15　利用 NiceHash 服务对各加密货币发动 51%攻击所需成本

(1) 加强区块链客户端的入侵检测能力，添加防火墙，阻止攻击者通过木马病毒入侵网络节点，盗用受害节点的挖矿资源。

(2) 采用恶意悬赏惩罚机制，缓解贿赂攻击带来的危害。全网节点可以对恶意悬赏、攻击达成共识，缴纳保证金并订立智能合约。一旦出现恶意悬赏，则对举报者进行奖励，对恶意节点进行惩罚，没收悬赏金额和保证金，限制其网络交易权限。

(3) 在 PoS 中采用新型的币龄计算方法，限制节点恶意累计币龄的行为。例如，点点币通过在币龄计算方法中设置节点持币时间上限的方式限制了用户所持币龄的上限，在一定程度上阻止了 51%攻击。

(4) 在 PoS 中采用币龄预警、清零机制，预防 51%攻击。在记账权竞争过程中，对节点进行身份认证和权益关联。若发现单节点或关联节点所持权益超过全网一半，则启动预警机制，阻止共识进程，然后清空恶意节点持有的全部币龄，并处罚金。

尽管如此，攻击者还可能存在其他获取“筹码”的途径。为了进一步阻止 51%攻击，以太坊引入了一种名为 Casper[62]的奖惩机制。Casper 要求以太坊的矿工锁定一些以太币作为押金，为刚产生的区块担保。如果投注者是诚实的，他们将获得相应的交易费用作为奖励。否则，Casper 将没收大量已投注的以太币作为惩罚。此外，Casper 将共识过程看作一个合作博弈，确保每一个节点只有在由全网节点组成的联盟中才能获得最大利益，打破了矿工联盟对记账权的垄断。

显然，类似 Casper 的保证金奖惩机制可以很好地解决一些社会工程学问题，从而预防趋利的区块链节点发起的各种攻击。如在无利害关系攻击场景中，Casper 机制可以惩罚大部分恶意行为，提升制造恶意分叉的代价，使无利害关系攻击无法为攻击者带来收益。若矿工想参与挖矿，则他必须抵押一定数量的以太币作为押金。开始验证区块后，矿工需要时刻选择在最长链上工作，他们将押下保障金作为赌注来担保最长链。若干区块得到确认后，最长链被确认，按赌注比例奖励矿工。如果其他在分叉上工作的矿工采用恶意的方式行动或试图进行无利害关系攻击，则将立即遭到惩罚，即没收押金。这种概念叫做剑手

(Slasher)协议[63]，即如果矿工在同一个层级的分叉上同时签署了两份承诺，则该矿工就会失去区块奖励，甚至被没收押金。

在预计算攻击场景中，攻击者可以通过预计算确定下一区块计算难度的关键在于区块生成算法中，上一区块哈希值与下一区块计算难度的关联性。所以为了预防 PoS 系统中的预计算攻击，应该重新制定区块生成算法。首先，可以考虑打断当前区块链计算难度与前一区块哈希值之间的联系，使得攻击者无法通过预计算控制后续区块的计算难度。其次，也可以考虑增加新的计算元素，使上一区块的哈希值不再是确定下一区块计算难度的唯一因素。在长距离攻击场景中，区块链网络无法阻止攻击者伪造一条新的区块链主链，但可以通过类似 BlockQuick 的方式，通过增加身份认证、信誉值对比的方式限制全网节点对该链的接受度来预防长距离攻击。

6.5 区块链合约层攻击

合约层是区块链技术体系的重要标志，封装了区块链的各类脚本代码、算法机制和智能合约，使区块链技术具备较高的可编程性和实用性。本节将从智能合约和合约虚拟机两方面对区块链合约层存在的安全威胁进行分析，并尝试给出应对策略。图 6.16 为合约层漏洞分布图。

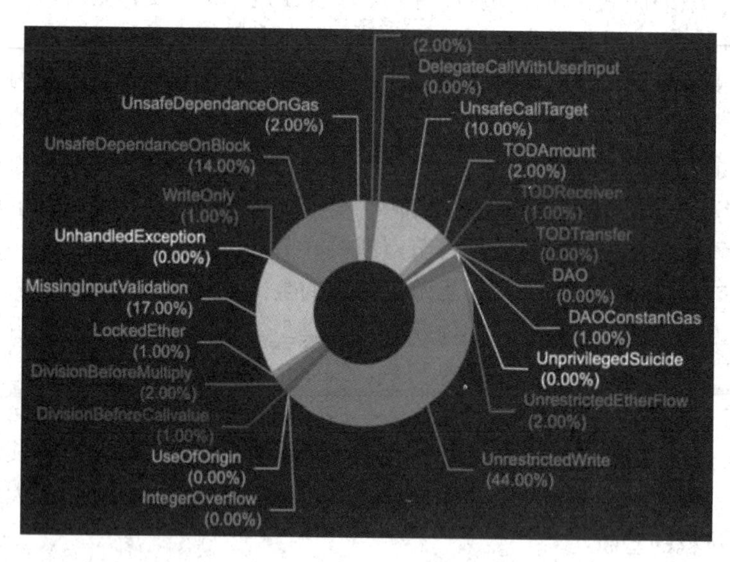

图 6.16　合约层漏洞分布图(区块链安全研究中心)

6.5.1 针对智能合约的攻击

随着区块链技术的不断升级，区块链已经可以在链上执行多样化应用，而实现这种功能的基础就是合约虚拟机(用于运行各种智能合约的平台)，此技术的出现极大地提高了区块链的可扩展性。智能合约是区块链 2.0 的重要标志。拥有图灵完备的智能合约开发语言区块链网络允许用户在区块链网络上开发并部署特定的代码或应用，但智能合约在编写过程中存在的诸多不足，可能给区块链网络带来以下安全隐患。

1. 整数溢出漏洞(Integer Overflow and Underflow Vulnerability)[64]

智能合约代码中，整数型变量都存在上限或下限，当变量存储的数值超过上限时称为整数上溢，超过下限时则称为整数下溢。当一个整数变量发生溢出时，会从一个很大的数变成很小的数或者从一个很小的数变成很大的数，其数值由实际整数变量溢出的数据决定。攻击者通常通过溢出整数来修改地址指针以指向攻击者事先部署好的恶意代码内存地址，从而达到执行恶意代码的目的。

这里举例说明整数溢出漏洞。A 山里的一群猴子只会从 0 数到 9，数完 9 之后就从头开始数 0。有一天从 B 山跑来一只猴子叫桃桃，他发现了这个问题。桃桃来到 A 山居住，每次向管家爷爷要 10 只桃子。管家爷爷只会数到 9，第 10 只桃子他就数 0。这样一来桃桃每次拿桃子的记录为零。但是两个月后储备的桃子全没了，管家爷爷的账本中记录的是桃桃一共拿了 0 只桃子，但实际上桃子已经被他拿光了。现实中，黑客利用类似的机制凭空向一个账户中转入很大数额的代币，而合约中的逻辑只要求他花费很小的代价，这样一来就为漏洞攻击大开方便之门。

2010 年 8 月，由于验证机制中存在大整数溢出漏洞[65]，比特币的第 74 638 块出现了一条包含超过 1844 亿个比特币的交易。2018 年 4 月，BeautyChain(BEC)智能合约中出现了一个灾难性的整数溢出漏洞[66]，导致约 10 亿美元的损失。

2. 时间戳依赖攻击(Time-Stamp Dependency Attack)[67]

矿工处理一个新的区块时，如果新的区块的时间戳大于上一个区块，并且时间戳的差小于 900 s，那么这个新区块的时间戳就是合法的。顾名思义，时间戳依赖指的是某些智能合约代码的执行依赖于当前区块的时间戳，不同的时间戳可能导致智能合约产生不同的执行结果。

我们可以通过代码看到以上函数仅接受特定日期之后的调用，由于矿工可以影响他们的块的时间戳(在某种程度上)，因此他们可以尝试使用未来设置的块时间戳来挖掘包含其事务的块。如果块的时间戳足够接近，则它将在区块上被接受，并且将在任何其他玩家试图赢得游戏之前给予矿工奖励。

图 6.17 为案例代码。案例代码中的 play()函数仅接受特定日期之后的调用。由于矿工在某种程度上可以控制自己挖出区块的时间戳，因此他可以尝试使用未来设置的块时间戳进行挖矿。如果设置的块时间偏差较小，那么该区块将在网络中被接受，并且将在其他矿工挖出区块之前给予该矿工奖励。还有一些依赖时间戳的函数，其输出结果是利用时间戳进行预测的。若该函数运用在类似抽奖应用中，那么攻击者就可以预测抽奖结果，从而提前购买对应奖券以获得利益。

```
function play() public{
    require(now > 1521763200 && neverPlayed == true);
    neverPlayed = false;
    msg.sender.transfer(1500 ether);
}
```

图 6.17 案例代码

以抽奖合约为例：假设有一个抽奖合约，该合约需要根据当前时间戳和其他可提前获知变量计算出一个“幸运数”，与“幸运数”相同的编码参与者将获得奖品。攻击者则可以在挖矿过程中提前尝试使用不同的时间戳来计算“幸运数”，通过该“幸运数”提前获知能够中奖的奖券，从而将奖品送给自己指定的获奖者。图 6.18 为一个真实的智能合约的简化版代码。这个智能合约利用区块的时间戳来最终产生随机数(uint256 salt = block.timestamp)，因此很容易受到时间戳依赖攻击。

```
contract theRun
{
    uint private Last_Payout = 0;
    uint256 salt = block.timestamp;
    function random returns(uint256 result)
{
    uint256 y = salt * block.number / (salt %5);
    uint256 seed = block.number /3 + (salt %300) + Last_Payout + y;   //1~100 的随机数
    return uint256 (h % 100) + 1;
  }
}
```

图 6.18　时间戳依赖智能合约

3. 调用深度攻击(Call Deep Attack)[68]

合约虚拟机在运行过程中会为合约相互调用的深度设置一个阈值，即使合约调用不存在任何逻辑问题，但当调用深度超过该阈值后，合约将不再往下执行，即合约调用失败。例如在以太坊虚拟机中，栈的深度最大为 1024，所以函数调用深度被限制为 1024。如果攻击者发起一系列递归调用让栈的深度到达了 1023，之后再调用目标智能合约的关键函数，就会自动导致这个函数所有的子调用失败。

因此，攻击者可以通过控制调用深度使某些转账、变量值的判断等关键操作无法执行。例如在区块链上实现一个拍卖的智能合约，由于拍卖过程中可能存在多次竞价，需要反复调用合约中的出价函数。此时，攻击者可以恶意地编写脚本刷出价次数。当函数调用深度达到 1023 次临界值时竞拍结束，此时调用转账函数就会失败，出价金额无法转入智能合约中，导致拍卖失败。

4. 误操作异常攻击(Misoperation Attack)

当合约 A 调用合约 B 的操作时，合约 B 操作可能会因为种种原因导致执行失败，从而退回到未执行前的状态，此时合约 A 若不检查合约 B 执行的结果继续往下执行，就可能导致合约 B 中的余额并没减少，而合约 A 中的余额已经增加。

以 KoET 智能合约[69]为例：网络中各节点可以通过智能合约买卖“以太币国王”称号来获利，支付金额由现任国王来决定。当一个节点想购买“国王”称号时，智能合约 A 调用智能合约 B 支付赔偿金给现任国王，并指定该节点成为新的国王。如果 B 因为操作异常

(如调用深度攻击)导致支付失败，而 A 在未检查 B 的结果的情况下继续执行，将导致节点在未支付赔偿金的情况下成为新的“国王”，原“国王”同时失去国王称号和赔偿金。

可能的攻击方式就是利用前面说到的栈溢出漏洞攻击。攻击者故意超出调用栈的大小限制。攻击者在攻击之前，首先调用自身 1023 次，然后发送交易给 KoET 合约，这样就造成了合约的调用栈超出了限制，从而出现了错误。

5. 重入攻击(Re-entrancy Attacks)[70]：

攻击者针对智能合约代码的重入漏洞发起的攻击，可导致两个智能合约发生循环调用。如图 6.19 所示，Victim 合约是一个具有重入漏洞的智能合约，Attacker 是攻击者编写的利用该重入漏洞的智能合约。这里，合约 Attacker 调用了 Victim 中的 withdraw 函数，然后该函数会调用 msg.sender.send.value 函数，将 amount 数量的以太币转账给 Attacker。

```
contract Attacker {
    function func(){
        vic.withdraw(100);
    }
    function () public payable { }
}
contract Victim {
    function withdraw(uint amount) public {
        msg.sender.send.value(amount)();
    }
}
```

图 6.19　重入漏洞的代码示意图

在以太坊中，一笔转账交易也代表着发起一次函数调用，这里 Victim 合约必须去回调 Attacker 合约中的回调函数，而 Attacker 中的回调函数即无函数名的函数。若此时攻击者在回调函数中写入一个 *n* 次循环调用 withdraw 函数的代码片段，用来将 Victim 合约中的以太币重复提取 *n* 次，则会造成 Victim 合约损失大量的以太币。重入攻击最具代表性的是 DAO 攻击[71]：攻击者通过智能合约 A 向智能合约 B 发起提现请求，合约 B 向合约 A 转账并调用合约 A 的回调函数。此时若合约 A 的回调函数中被攻击者写入操作“合约 A 向合约 B 发起提现请求”，则合约 A 再次向合约 B 发起提现请求并重复提现过程，直至提现失败(账户余额不足)。

2016 年 6 月发生了一起史上最严重的智能合约安全事件——“The DAO”[72]。The DAO 的智能合约中有一个 splitDAO 函数，splitDAO 函数被第一次合法调用后会非法地再次调用自己，然后不断重复这个自己非法调用自己的过程。这样的递归调用可以使攻击者的 DAO 资产在被清零之前，数十次从 The DAO 的资产池里重复分离出理应被清零的攻击者的 DAO 资产。此次事件导致价值 6000 万美元的以太币被盗，迫使以太币硬分叉为以太坊 ETH 和以太坊经典 ETC。

6.5.2 针对合约虚拟机的攻击

合约虚拟机是智能合约的调用、执行平台，是区块链技术支持多样化应用的载体，提高了区块链的可扩展性，但仍然可能存在一些安全隐患。

1. 逃逸漏洞(Escape Vulnerability)[73]

攻击者在控制一个虚拟机的前提下，通过利用虚拟机和底层监控器(Virtual Machine Monitor，VMM)的交互漏洞，实现对底层VMM或其他虚拟机的控制。虚拟机逃逸后可以在VMM层或者管理域中安装后门、执行拒绝服务攻击、窃取其他用户数据，甚至去控制其他用户虚拟机等。在区块链系统中，虚拟机在运行代码时会提供一个沙盒环境，一般用户只能在沙盒限制中执行相应代码，此类型漏洞会使攻击者编写的恶意代码在运行该沙盒环境的宿主机上执行，破坏宿主机与沙盒的隔离性。

2017年7月19日，unamer在github发布了一段使用C++编写的VMware虚拟机逃逸exploit源码，并给出了从虚拟机到宿主机器的代码执行的演示过程，最终弹出了熟悉的计算器。该代码开源后，可以影响Vmware Workstation 12.5.5以前的版本，攻击者只需要将执行计算器部分的shellcode替换成其他具有恶意攻击的代码，可以对宿主机器造成很大的危害。

2. 逻辑漏洞(Logic Vulnerability)[74]

逻辑漏洞是指由于程序逻辑不严谨，导致逻辑分支被非正常处理或错误处理的漏洞。虚拟机在发现代码不符合规范时，可能会做一些“容错处理”，并导致一些逻辑问题，最典型的是“以太坊短地址攻击”[75-76]：在ERC-20 TOKEN标准[77]下，攻击者可以输入一个短地址并调用Transfer方法提币。EVM在解析合约代码时，会通过末尾填充0的方式将短地址补至预期长度。此时参数编码可能出现逻辑漏洞，导致攻击者获取与交易金额不符的代币。

3. 资源滥用漏洞(Resource-exhaustion Vulnerability)[78]

攻击者在虚拟机上部署恶意代码，恶意消耗系统存储资源和计算资源。比较典型的就是call函数滥用漏洞，我们通过以下代码来了解call函数滥用造成的攻击，包括权限绕过、窃取代币等。

通常情况下，跨合约间的函数调用会使用call函数，由于call在相互调用过程中内置变量msg会随着调用方的改变而改变，这就成为一个安全隐患，在特定的应用场景下将引发安全问题，被恶意攻击者利用，施行call注入攻击。

call函数的调用方式为：

```
<address>.call(function_selector, arg1, arg2, …)
<address>.call(bytes)
```

下面的例子展示了call注入模型。

在合约A中存在info()和secret()函数，其中secret()函数只能由合约自己调用，在info()中有用户可以控制call()的调用，用户精心构造传入的数据(将注释转为字节序列)，即可绕过 require()的限制，成功执行 secret()下面的代码：

```
contract A {
    function info(byte data) public {
        this.call(data);
        //this.call(bytes4(keccak256( "secret()" ))); //利用代码示意
    }
    function secret () public {
        require(this == msg.sender);
        //secret operations;
}
```

因此，在虚拟机中必须要有相应的限制机制来防止系统的资源被滥用。在以太坊中，智能合约采用了 Gas 机制，攻击者想在 EVM 上做更多操作，需要付出经济代价。

6.5.3　智能合约安全的开源工具

1. 开源智能合约框架 Zeppelin

Zeppelin 是一个社区驱动项目，目的在于实现安全、合规且能够被审计的智能合约代码开发。鉴于以太坊是使用最广泛的智能合约开发平台，Zeppelin 项目在初期主要侧重于为 Solidity 语言构建工具。图 6.20 为 Zeppelin 界面示意图。

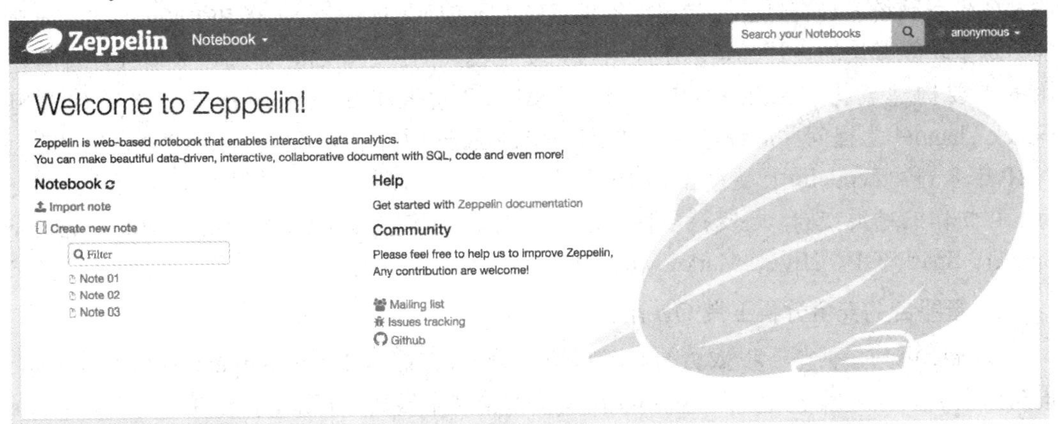

图 6.20　Zeppelin 界面示意图

目前 Zeppelin 提供了以下安全模块。

(1) 拉动式支付(Pull Payment)辅助模块。

采用拉动式支付(命名源于其工作方式，与需要发送操作的推动式支付相反)策略可避免许多安全问题(包括“DAO 被破解”事件)。现在已经具有简易的 PullPaymentCapable.sol 合约，但是仍需要更全面的工具、文档和实例。

(2) 合约生命周期工具。

当前在没有过多考虑未来将会发生什么的情况下，大部分合约就被部署到区块链中。

需要构建能够更好地去管理合约终结策略、合约属主转变、合约暂停及恢复、合约升级等的工具。

(3) 容错和自动挑错奖励。

容错和自动挑错奖励包括对漏洞的自动检测、从不一致状态恢复的工具、限定合约所管理资金规模的简易工具。我们也在致力于研发漏洞奖励合约，并期望不断改进该合约，以实现自动向可攻破合约固定部分的安全研究者支付酬劳。

(4) 可重用的基础组件。

对于每个新项目，其中一些通用模块依然需要从零开发，重新实现。我们希望能为代币发行、众筹、表决、投注、工资单共享等构建标准的合约。

(5) 探究形式验证理念。

合约的形式验证是一个活跃的研究领域，将其研究工作成果集成到 Zeppelin 中，可为合约提供有效的安全保障。形式验证意味着对合约代码进行静态分析，从形式上验证合约的正确性以及存在的问题。

(6) 与 Oracle 更适配的接口。

如何与区块链数据源进行交互是智能合约发展中的一个重要部分。其中值得探究的是做反向控制。在这种方式中，Oracle 通过通用接口方法调用合约(用于在 Truth 外进行通信)，并按所需去实现 Oracle 逻辑，其中包括值得信赖的专家、关闭投票、开放投票、API 包装器等。这样并非是合约从 Oracle 请求数据，而是在数据发生改变时由 Oracle 去通知合约。

(7) 更可靠的重用代码工具。

当前 Solidity 的代码重用是基于备份复制的，或从其他代码库下载已有的代码。一个成熟的生态系统应具有良好的代码库管理系统，就像 Node.js 的 NPM 和 Ruby 的 Gems 那样。这些功能模块的设计都是基于通用合约安全模式的。Zeppelin 是与以太坊开发者所使用的首要构建架构 Truffle 相集成的。早期的开发者可在 Zeppelin 开发者协作群组(Slack Channel)上提问并追踪进度，也可在 Blockparty 项目中学习如何使用 Zeppelin。截至 2021 年 8 月，Zeppelin 已更新至第 10 个版本，不但可以帮助用户制作数据驱动的、可交互、可协作的精美文档，还支持多种语言，包括 Scala(使用 Apache Spark)、Python(Apache Spark)、SparkSQL、Hive、Markdown、Shell 等。

2. 智能合约安全分析工具 Oyente

Oyente 可与任何基于以太坊的 EDCC 语言兼容，包括 Solidity、Serpent 和 LLL。Oyente 最初由新加坡国立大学博士生 Loi Luu 在其学术论文中发表。在研发资金耗尽之后，Oyente 项目被搁置至 2017 年 2 月。后来 Melonport 筹集了 250 万瑞士法郎，开始对该项目进行研发。根据 Melonport 的说法，Oyente 有可能“大大增强以太坊开发者社区创建安全、可靠的分散式应用程序的能力”。这也促使它们与 Oyente 的开发者达成合作，共同开发该项目。Oyente 覆盖了大量的 EVM 操作码。

Oyente 可供不同类型的用户使用。对于非技术型用户，可以使用 Oyente 来分析别人开发的智能合约。例如，现在很多 ICO 的代币发行都是使用智能合约。如果参与 ICO，但是不知道 ICO 对应的智能合约是否安全，可以利用 Oyente 获知是否有任何潜在的错误以及可能会导致的问题。虽然该工具无法做到百分之百的正确，也不能保证最终的安全，但是可以把它作为第一道安全防线来检查要用到的智能合约。配合本书提到的其他措施，可以在一定程度上提高安全性。

对于智能合约的开发人员来说，Oyente也是非常有用的。Oyente可以帮助开发人员检查代码，特别是在刚开始学习编程智能合约时。开发人员还可以使用Oyente来开发新的检测模块，用来检查智能合约的特定Bug或者特定的安全属性。这对任何设计智能合约的人都有深远的影响。Oyente允许检查某些通常不被视为Bug但在智能合约的环境下是一个安全漏洞的场景。例如传统编程中，外部函数的调用不是一个Bug，但是在智能合约中外部函数的调用可以看成是一个安全漏洞。

Oyente的另一个用途是为高覆盖率的智能合约生成测试用例。Oyente中的执行路径探索模块允许访问所有可能的路径，并生成相应的输入，从而推动合约执行到这些路径可以运行生成的输入并检查输出是否与预期的一样，以验证其实现的正确性。我们可以通过Oyente来评估以太坊智能合约，如图6.21所示。

```
#evaluate a local solidity contract
python oyente.py -s <contract filename>

#evaluate a local solidity with option -a to verify assertions in the contract
python oyente.py -a -s <contract filename>

#evaluate a local evm contract
python oyente.py -s <contract filename> -b

#evaluate a remote contract
python oyente.py -ru https://gist.githubusercontent.com/loiluu/d0eb34d473e421df12b38c12a7423a61/raw/
2415b3fb782f5d286777e0bcebc57812ce3786da/puzzle.sol
```

图6.21 Oyente评估以太坊智能合约

3. 以太坊的开源EVM反编译软件Porosity

2017年7月，在美国拉斯维加斯举办的DefCon黑客大会上，网络安全创业公司Comae Technologies正式公布了以太坊的开源EVM反编译软件Porosity。使用该开源EVM反编译软件可以更容易地识别以太坊智能合约中的安全漏洞，能够让开发者恢复难以理解的EM字节码到初始状态。

Porosity的开发者和Comae的创始人Matt Suiche曾这样描述编写反编译软件的初衷："我编写反编译软件，最初想要解决的问题是希望能够获得真实的源代码，并且无需通过逆向工程就能获得真正的源代码。"

此外，Porosity还整合了摩根大通的开源企业级Quorum区块链，通过修改以太坊的Go语言实现版本Geth，兼容了私有网络的安全性及其规范的修补流程和治理模式。协同测试结果表明，Porosity和Quorum可以共同实现实时的智能合约安全检查，目前合约代码已经可以从该银行的Github中获取。此次结合直接整合到了Go语言以太坊实现版本Geth，结合了私有网络安全性和修补流程与正式的治理模式。消费者软件提供商和网络安全性咨询公司ITBS首席执行官Alex Rass表示，智能合约在实施后被频繁发现存在漏洞，而EVM反编译软件能够让投资者放心。根据Rass所说，反编译软件在大多数"大型"编程语言中都很常见，其中很重要的一个原因就是反编译软件能够为投资者提供保障，保证他们正在投资的就是正在被使用的东西。

有关 Porosity 的具体内容，可参考 https://github.com/EthereumeEx/porosity。下面列举一些比较常用的 Porosity 命令的使用方法。

(1) 列表选项--list：从调度例程中获取所有函数的列表。例如：

```
ps E: \defcon2017> & $Porosity --code $code --abi $abi --1ist --verbose 0
```

(2) --disassm 选项：显示程序的汇编代码。例如：

```
Ps E: \defcon2017> & $Porosity --abi $abi --code $code --disassmPorosity
   v0.1(https://www.comae.io) Matt Suiche, Comae Technologies
   <support@comae io>The Ethereum bytecode commandline
   decompiler .Decompiles thegivenEthereum inputbytecode
   and outputs the Solidity code.
```

(3) 反编译选项--decompile：对给定的函数或合约进行反编译，并尝试突出显示漏洞。例如：

```
Ps E: \defcon2017> & $Porosity --abi $abi --code $code --decompile
   --verbose0 Porosity v0.1 (https://www.comae.io)Matt Suiche, Comae
   Technologies <support@comae io>The Ethereum bytecode commandline
   decompiler. Decompiles the glven Ehereum input bytecode and outputs
   the Solidity code. Attempting to parse ABIdefinition...Success.Hash:
   0x5FD8C710functionwithdrawBalance()
{
   if(msg .sender .call .gas(4369) .vallue(store[msg .sender])())
   {
       store[msg .sender] = 0x0; //有重新进入的漏洞
   }
}
```

6.5.4 防御策略与方法

区块链合约层攻击的基本原理是攻击者利用智能合约的代码漏洞、调用逻辑漏洞、合约虚拟机的运行漏洞尝试通过非正常的合约调用，以实现非法获利、破坏区块链网络的目的。

智能合约实质上是由开发者编写并部署在区块链上的一段代码，其中的漏洞可能是由于开发人员编写的代码不符合标准导致的，如整数溢出漏洞、时间戳依赖性、调用深度限制等；也可能是攻击者(开发者)恶意植入的，如重入攻击。因此，在智能合约编写过程中，开发人员需考虑以下几方面内容。

1. 简化智能合约的设计，牺牲一部分图灵完备性换取安全性

以比特币为例，由于其设计上的非图灵完备性，加上中本聪删减了许多脚本指令，因此其安全性是极高的。从 2009 年诞生至今，经历了无数次的黑客攻击，从未因比特币区块链和脚本本身的原因出现过资金损失。但是，比特币的图灵非完备性使比较复杂的业务逻

辑很难在比特币网络上实现。以太坊的智能合约采用图灵完备性的通用编程语言，使非常复杂的业务逻辑能够在以太坊上实现，但同时也带来了安全问题。业务编程语言功能上的丰富性和安全性是相互矛盾的，不可能兼顾。因此，需要尽量简化智能合约的复杂性。例如，拆分一个比较复杂的合约，用几个比较简单的合约来代替；可以利用智能合约的可继承性，设计一些可以重复使用的智能合约。

2. 严格执行智能合约代码审查

与现实中的合同文本一样，智能合约代码也要经过多层次的、严格的代码审查，包括业务流程/逻辑审查、代码动态运行的审查、详尽的测试流程、安全性检测、专家评审等。对逻辑复杂且涉及较大资金的智能合约，要尽可能通过代码形式化验证，通过数学证明的方式验证智能合约的确定性。

3. 养成良好的编程习惯

虽然智能合约编程语言表面上看与传统的编程语言极其相似，但其属于一个全新的编程范式，思维方式也与传统的面向过程、面向对象、面向函数的编程范式有很大差异，需要将公平交易、诚信和其他主观概念加入智能合约的设计和编码中。为此，要加强智能合约程序员的培训工作，在实践中提炼出智能合约编程和设计模式，尤其是安全方面的模式，减少对函数边界的输入输出进行验证和编码，对函数调用者采用严格的访问控制，以严谨的编程逻辑避免智能合约开发过程中出现整数溢出等常见的漏洞。

4. 其他建议

(1) 针对智能合约的时间戳依赖性，在合约开发过程中应采用多维参数输入、随机参数输入等，避免合约执行结果完全依赖于时间戳，降低合约执行结果的可预测性。

(2) 针对智能合约的调用深度限制，应在智能合约中预先设置预警惩罚机制。当合约调用次数接近上限时，智能合约调用预警合约对用户发出提醒，若用户继续调用合约最终导致合约运行失败，则预警合约调用惩罚合约对最后调用合约的用户进行惩罚。

(3) 针对重入漏洞，应在合约开发过程中设置参数检验机制。当智能合约 A 调用智能合约 B 时，应对 B 返回的参数进行确认，再继续执行。参数检验机制可以阻止攻击者通过在 B 植入重入漏洞发起重入攻击，也可以阻止攻击者实施误操作异常攻击。

此外，合约虚拟机中存在的逃逸漏洞、逻辑漏洞、资源滥用漏洞可能会导致智能合约的异常运行，攻击者可以在发现这些漏洞后，在与其他用户订立智能合约时利用这些漏洞编写有利于自己的智能合约代码，使智能合约失去公平性。因此，区块链网络在引入智能合约虚拟机时，应对虚拟机进行系统的代码审计，分析评估其安全性，并将其可能存在的安全漏洞披露出来。而用户在部署智能合约时，除了对合约代码进行常规审计外，也要根据目标合约虚拟机披露的漏洞对代码进行审计，做好双向的智能合约运行环境评估。

6.6　区块链应用层攻击

应用层是区块链技术的应用载体，将区块链技术部署在如以太坊、EOS、QTUM 上并在现实生活场景中落地，为各种业务场景提供解决方案。目前，区块链技术已经开始在实体经济的很多领域实现落地应用，如产品溯源、版权保护和交易、电子证据存证、财务管理等。本节将从挖矿机制和区块链交易两个角度出发梳理分析区块链应用层存在的安全漏洞和恶意攻击，旨在给出有效的应对策略。

6.6.1 挖矿场景中的攻击

“挖矿”是维持 PoW 系统正常运转的动力，很多攻击者尝试利用挖矿过程中存在的漏洞获利，这会导致严重的资源浪费，进而降低区块链网络的吞吐量。其中主要包括针对矿机系统和挖矿机制的恶意攻击。

1. 针对矿机系统的攻击

设备厂商的安全防护意识是参差不齐的，因为系统代码闭源的特性，用户无法检查矿机的安全性，所以存在诸多安全隐患。针对矿机系统主要有以下几种攻击方式。

1) 0day 漏洞攻击[4]

0day 漏洞是指软件或其他产品发布后，在最短的时间内出现了相关破解。没有绝对安全的系统，矿机也不例外。目前大多数矿机系统都是通用的，一旦某个矿机系统被发现存在 0day 漏洞，系统的安全壁垒就会被打破，攻击者可以利用该漏洞得到系统控制权限，篡改奖励接收地址来劫持奖励。

2) 网络渗透攻击(Network Penetration Attack)[79]

攻击者通过利用主动信息搜集等多种安全漏洞对客户端系统(如钱包客户端、矿机系统、Web 服务系统等)进行持续性渗透，最终获取系统的敏感信息和控制权限，威胁矿机的系统安全。目前已经有组织对矿机进行持续性的渗透攻击，利用漏洞的组合，最终获取系统的篡改控制权限，以此来威胁矿机的系统安全。该攻击方式不受限于某一特定漏洞，最终以获取系统权限为目的。

3) 地址篡改攻击(Address Tampering Attack)[80]

攻击者在攻陷矿机系统之后，可以利用各种漏洞来获取相关利益。最直接的就是通过将挖矿奖励接收地址篡改为自己控制的账户地址的方式，从而劫持并盗取原属于目标矿工的挖矿奖励。到目前为止，已经有很多攻击者利用这种攻击手段对矿机系统进行攻击。

2017 年 4 月，比特大陆旗下蚂蚁矿机被指存在后门，可导致矿机被远程关闭。若此攻击发生，将导致比特币区块链中损失大量算力。据 cryptoglobe 消息，一名神秘黑客在中国不同比特币矿工的 ASIC 采矿机中植入了一种病毒进行钓鱼攻击，要求他们要么支付 10 个 BTC(约价值 36 000 美元)作为赎金，要么选择让病毒感染其他设备。

2. 针对挖矿机制的攻击

截至 2020 年 5 月，全球算力排名前五的比特币矿池为 F2pool、Poolin、AntPool、BTC.com 和 58COIN&1Thash，均为中国矿池。因此，中国在矿池甚至区块链发展中仍然扮演着举足轻重的作用。图 6.22 列出了矿池算力比例。在挖矿过程中，“聪明”的矿工可能利用挖矿机制的一些漏洞做出趋利行为，导致严重的资源浪费。针对挖矿机制的攻击主要包括以下方式。

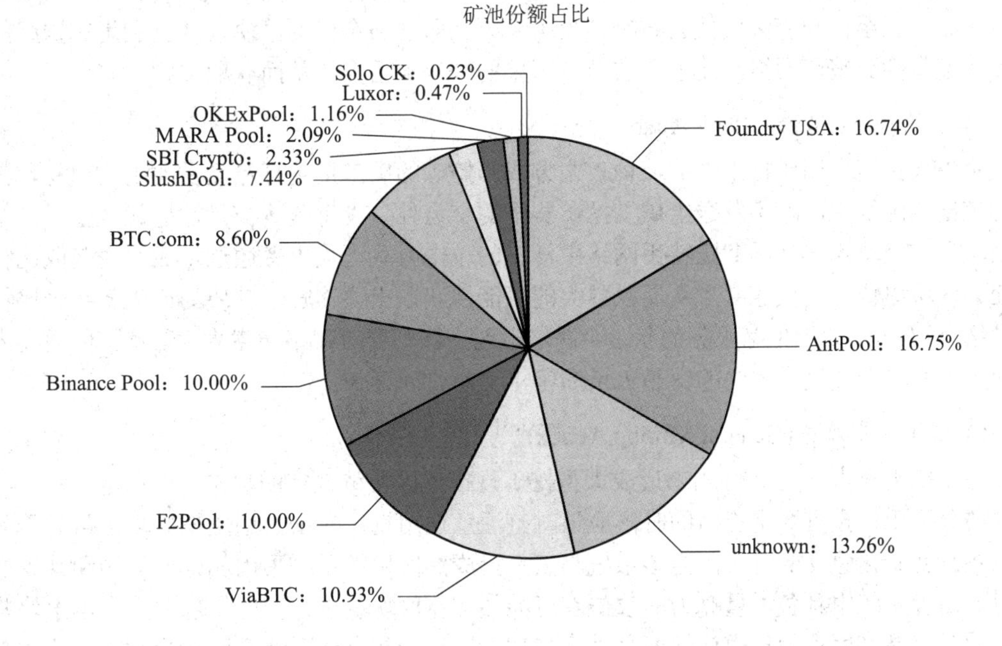

图 6.22　矿池实时算力比例图 btc.com/stats/pool

1) 算力伪造攻击[81]

在比特币系统中，矿池一般通过特定的工作量证明检验算法来检验当前矿工的实际算力。如果算法存在某些漏洞时，“聪明”的矿工可能通过虚报算力来获取更高的奖励，这将严重影响奖励分配的公平性，导致矿池的算力流失。

2) 扣块攻击[1]

扣块攻击也被称为藏块攻击。主要有三种形式：第一种是矿池下发计算任务后，恶意矿工直接返回一个错误的计算值，然后分得矿池根据算力分发的数字货币奖励；第二种是矿工挖出区块后，不向矿池返回，而是私自广播至整个网络，独自获得相应的区块奖励；第三种是恶意矿工不会发布自己挖到的区块，导致矿池收益降低。Courtois 等人[23]通过实际的案例分析，发现恶意矿工几乎不会从扣块攻击中获利。在扣块攻击中，联合矿池中的某些恶意成员不会发布自己挖到的区块，这降低了矿池的收益，浪费了其他诚实成员的算力。所以扣块攻击也被称为蓄意破坏攻击(Sabotage Attack)，通常恶意矿工不会有任何收益，但扣块攻击的主要危害是浪费矿池算力资源，减少矿池收入。可以看出，扣块攻击成本较高，恶意矿工获利较少，甚至不获利，所以该攻击常见于矿池恶意竞争的场景中：恶意矿工作为“间谍”加入敌方矿池，在领取敌方矿池奖励的同时，通过浪费敌方矿池的算力资源来获取己方矿池的报酬，实现两方获利。扣块攻击的出现激化了矿池间的恶意竞争，严重扰乱了正常的挖矿秩序。

2014 年 5 月，Eligius 矿池遭受扣块攻击，损失约 300 个比特币，在当时价值约 16 万美元。

3) 丢弃攻击[2]

攻击者将多个具有良好网络连接的节点置于网络中，这样不但可以方便地获知最新被广播出的区块，也可以比其他节点更加快速地传播目标区块。当攻击者挖出新区块后不会及时公布，直至得知有区块被公布时，攻击者会立即发布自己的区块，并且利用布置好的节点快速广播到整个网络，使该合法节点开采的区块被丢弃，从而获取奖励。

4) 空块攻击(Empty Block Attack)[82]

空块攻击是早期比特币中的一种攻击方式。挖矿的矿工拒绝打包交易池中的交易，在成功挖出的区块中，除了发送给矿工挖矿奖励的交易外，没有其他交易，这就产生了一个“空块”。空块攻击是早期比特币网络中常见的攻击方式，攻击者通过生成空块获取比打包交易区块更快的出块速度，从而以更大的可能性获取出块奖励。空块的产生意味着比特币网络有 10 min 处于拒绝服务的状态，偶尔出现空块不会对网络产生太大影响，但短期内出现大量空块会使交易池中的交易大量滞留，交易时间延长。

5) 通用挖矿攻击(General Mining Attack)[83]

通用挖矿攻击[29]是针对还未形成大型挖矿规模的区块链系统的攻击，特别是一些主流币种的分叉币，投资数字货币的时候应该时刻注意通用挖矿攻击。通用挖矿攻击常见于区块链系统初始化建立的阶段，当该系统与某个已成熟区块链系统采用相同的架构和共识机制时，后者系统中具备大量算力的攻击者可能加入新区块链进行挖矿，以恶意竞争出块奖励。此时容易产生算力集中化问题，甚至当攻击者算力超过新系统全网一半时，可能发起51%攻击来实现代币双花、卖空攻击等攻击目的。

6) 交易顺序依赖攻击[84]

区块链交易场景中，交易顺序依赖是指智能合约的执行随着当前交易处理的顺序不同，则其产生的结果也不相同。例如：有两个交易 T[i]和 T[j]，两个区块链状态 S[1]和 S[2]，在处理完交易 T[j]后，S[1]状态才能转化为状态 S[2]。那么，如果矿工先处理交易 T[i]，交易 T[i]调用的就是 S[1]状态下的智能合约；如果矿工先处理交易 T[j]再处理交易 T[i]，那么由于先执行的是 T[j]，合约状态就转化为 S[2]，最终交易 T[i]执行的就是状态 S[2]时的智能合约。

以有奖竞猜合约为例，图 6.23 所示的智能合约，攻击者提交一个有奖竞猜合约，让用户找出这个问题的解，并允诺给予丰厚的奖励。攻击者提交完合约后持续监听网络，如果有人提交了答案的解，此时提交答案的交易还未确认，那么攻击者就马上发起一个交易，降低奖金的数额使之接近于 0。当矿工处理这两个交易时，当前交易池就有两笔待确认交易：一笔交易是提交答案，一笔交易是更改奖金数额。如果矿工先处理的是敌手提供的更改奖金的交易，则攻击者可以通过增加交易费用让矿工先处理自己的交易，那么等到矿工处理提交答案的交易时，答案提交者所获得的奖励将变得极低，攻击者就能几乎免费地获得正确答案。代码 owner.send(reward)和 reward= msg.value 两条语句定义在 fallback 函数中，每次都会被调用。攻击者部署这个合约后可以随时调用，最终达到攻击的目的，即免费获得正确答案。

```
contract Puzzle {
    address public owner;
    bool public Locked;
    uint public reward;
    bytes32 public diff;
    bytes public solution;
    //constructor
    function Puzzle(){
        owner = msg.sender;
        reward = msg.value;
        Locked = false;
        diff = bytes32(11111);                //预先定义的困难程度
}
    function(){
      //main 代码，每次调用都会自动执行
      if (msg.sender == owner){               //修改奖品的资金数量
          if (locked)
          throw;
          owner.send(reward);
          reward = msg.value;
      }
      else if (msg.data.length > 0){          //提交答案
          if (locked)throw;
          if (sha256(msg.data) < diff){       //分发奖品
              msg.sender.send(reward); solution = msg.data;
              locked = true;
          }
       }
    }
}
```

图 6.23　交易顺序依赖攻击的智能合约

7) 芬尼攻击[85]

芬尼攻击是扣块攻击的一种衍生攻击，主要发生在支持零确认交易的服务场景中，可以作为实现双花攻击的跳板。一般的双花攻击仅仅是在理论上可行，这是因为要达到 51% 以上的算力需要巨大的成本。然而芬尼攻击能够以较小的成本来达到双花攻击的效果。以比特币系统为例，每笔交易被打包后需要经过 6 个区块的确认才能真正上链，这无法满足部分服务场景对即时性交易的需求，所以部分商家推出零确认交易服务，即用户在完成交

易后无需等待确认便可获取服务，商家则需等待交易数据上链才可以获得相应的费用。与通过51%攻击实现的双花攻击相比，芬尼攻击的攻击成本远低于基于51%攻击的双花攻击，因此相对常见。如图6.24所示，攻击者可以利用零确认交易的缺点，实施芬尼攻击，步骤如下：

(1) 攻击者挖到一个包含了自己转账给自己交易的区块，该笔交易记为A，之后扣住区块不进行广播。

(2) 使用同一笔比特币与接受零确认的商家发起交易，该笔交易记为B。

(3) 攻击者在获得商家的商品或服务后，在交易B真正确认前，将自己扣下的区块广播至全网。

(4) 由于第一步中扣下的区块早于交易B产生，交易A合法，使得攻击者账户余额清零，此时交易B被验证为不合法，从而达到货币双花的目的。

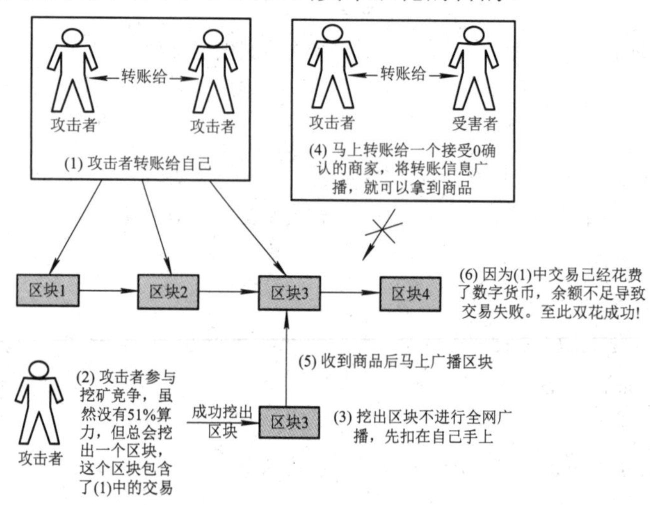

图6.24　芬妮攻击示意图

8) *种族攻击*(Race Attack)[86]

种族攻击可以看作是一种进阶版的芬尼攻击，可以通过扰乱正常的交易顺序来实现双花攻击。攻击者首先转账给一个接受零确认的商家，手续费设定得较低。与此同时创造一个手续费较高的交易，然后趋利的矿工在打包区块阶段会优先打包手续费较高的交易。最后，等到将要打包零确认交易时，会遇到余额不足而导致交易失败，但由于商家接受零确认交易，此时攻击者已收到商品或服务，从而达到货币双花的目的。种族攻击是在零确认交易的前提下攻击者通过扰乱交易顺序而发起的攻击方式。与交易顺序依赖攻击不同的是，交易顺序依赖攻击针对的是智能合约，而种族攻击针对的是支持零确认交易的服务场景。如以太坊中，攻击者在与商家完成零确认交易A后，就A对应的代币生成一个高Gas值的交易B，“聪明”的矿工会优先将B打包进区块以获取最大化的利益，导致零确认交易A验证失败，而攻击者已经提前获取了相应服务，实现了代币双花。

6.6.2　区块链交易场景中的攻击

交易平台是区块链数字货币最初级、最广泛，也是涉及资金最多的应用。一方面，区块链项目方希望代币可以登录更多的交易所来实现代币的价值；另一方面，投资者通过交易平台进行交易投资。

事实上，区块链的货币化进程已经悄然席卷全球。

(1) 德国是世界首个承认比特币合法地位的国家。2013 年 8 月，德国宣布承认比特币的合法地位，并已纳入国家监管体系。

(2) 加拿大政府很早就承认比特币的“货币地位”。2013 年 12 月，世界上首个比特币 ATM 机在温哥华投入使用，并修订法案规范比特币业务。

(3) 2015 年 1 月 26 日，纽交所入股的 Coinbase，获批成立比特币交易所。同年 6 月，纽约金融服务部门发布了最终版本的数字货币公司监管框架 BitLicense，多个监管机构表明了对区块链技术发展的支持态度。

(4) 中国政府表现得更加审慎。2016 年 2 月中国人民银行行长周小川指出“数字货币必须由央行发行，区块链是可选的技术”。从 2015 年开始，国内陆续涌现了很多区块链技术相关的创业公司。

随着部分国家对比特币的认可，出现了很多区块链数字货币、交易平台，形成了一套相对完整的区块链电子货币金融体系。用户节点可以通过交易平台进行资产转换、投资等商业行为，也可以通过钱包账户进行点对点的可信交易。多样的交易平台和用户账户中存在的安全漏洞严重威胁着区块链用户的资产安全。

1. 针对交易平台的攻击

交易平台是区块链电子货币金融体系中十分重要的一类实体，为区块链用户提供了进行各种商业行为的场所，但由于用户的安全意识不足、系统潜在的安全漏洞等原因，交易平台面临隐私泄露、资产流失的风险。事实上，已经发生多起交易平台遭受攻击的事件，造成了严重的经济后果。

2014 年 2 月，Mt. Gox 被黑客盗走了约 85 万枚比特币，按照当时币价折算，相当于损失 4.579 亿美元，是迄今为止因被盗而损失最惨烈的交易所。2018 年 1 月 26 日，Coincheck 被盗 5 亿枚 NEM，按照当天约 0.84 美元的币价折算，相当于损失 4.1999 亿美元。Mt.Gox 和 Coincheck 都曾是日本最大的加密货币交易所之一。2017 年 5 月 12 日，Poloniex 交易平台遭受了严重的 DDoS 攻击，比特币的交易价格一度被锁定在 1761 美元，绝大多数用户都无法执行订单或是提取资金。2017 年 12 月 12 日，比特币交易平台 Bitfinex 遭受了严重的 DDoS 攻击，API 瘫痪。消息传出后，比特币价格下跌 1.1%。

针对交易平台账户体系的安全风险，从以下几种具体攻击来分析：

1) 弱口令攻击(Weak Password Attack)[87]

实际中，用户可能出于方便记忆等原因为自己的账户设置了安全级别较低的登录口令，攻击者通过搜集到的用户信息进行简单的猜测、穷举等方式即可通过数次登录尝试以获取用户的账户访问权限。

2) 撞库攻击[3]

用户由于安全意识不足，可能在不同的网站使用相同的账号和口令。攻击者可以通过钓鱼攻击等手段收集与区块链、金融等相关网站上的用户账号和口令，甚至通过网络攻击较低安全级别的网站获取到用户账户口令数据库，然后在目标交易平台上使用自动化程序逐个尝试，以获取该平台中用户的账户隐私信息。

3) 穷举攻击(Brute-Force Attack)[88]

如果网站不对登录接口做请求限制或者风险控制，攻击者可以针对目标值发送多次测试请求，尝试通过穷举攻击破解某些关键信息。如在短信验证中，若平台不对短信验证码的有效期或验证接口进行限制，攻击者可以轻易对其完成破解。若平台对登录接口未做请求限制，攻击者可以通过大量的密码字典来暴力破解某个账户的密码。

4) API 接口攻击[89]

用户通常使用私钥 key 通过交易平台中私有的 API 接口来执行一些敏感操作，如交易所新订单的确认、取消等。一旦 API key 泄露，很可能导致用户账户蒙受经济损失。2018 年 3 月，币安网大量用户 API key 泄露[90]，攻击者通过泄露的 key 直接操作用户交易，导致一万余枚比特币被用于购买其他币种，造成币市动荡。

5) 单点登录漏洞(Single Sign-on Vulnerability)[91]

攻击者可以通过跨站请求伪造、跨站脚本攻击等手段来窃取用户登录的 Ticket，从而盗取目标用户账户中的资金。2017 年 10 月，OKCoin 旗下交易所出现大量账户被盗情况[92]，损失金额超过 1000 万人民币。

2. 针对用户账户的攻击

区块链钱包、交易所账户是用户参与区块链交易的重要工具，保管着大量的用户隐私和资产，是攻击者的主要攻击目标。针对用户账户的攻击相对更加普遍。

2013 年 11 月，比特币在线钱包服务商 Inputs.io 遭受黑客攻击，黑客通过电子邮件账号进行入侵，进而劫持代管账号，从中盗取了 4100 个比特币；2015 年 2 月 23 日，比特币钱包运营商比特币存钱罐被盗；黑客于 2014 年 6 月 30 日入侵了平台的 Linode 账号，并修改了 Linode 账号密码和服务器的 root 密码，从而获得了服务器的控制和管理权限，导致比特币被盗；2018 年 3 月 25 日，币安发布公告表示部分社区 ERC20 钱包用户收到一封冒充 Binance 名义发送的“Binance 开启 ERC20 私钥绑定”诈骗邮件，邮件主要是为了盗取用户的 ERC20 钱包私钥。

由于服务场景的多样性和复杂性，用户账户主要面临以下安全威胁：

1) 钓鱼攻击(Phishing Attack)[93]

攻击者通过伪造网页、系统、邮件等形式，诱导用户进行一系列交易操作，获取用户的钱包、交易所账户口令，进而盗取用户资产。

2) 木马劫持攻击(Trojan Horse Attack)[94]

攻击者可以向用户主机中植入木马病毒，通过按键记录、hook 浏览器的方式来获取其账户和口令，从而盗取目标用户资产。2017 年 8 月，攻击者利用木马病毒 Trickbot 对包括 Coinbase 在内的几家数字货币交易所进行了 web 注入攻击[95]，当受害者购买数字货币时，木马病毒会劫持交易所钱包，并将资金定向至攻击者钱包，最终造成用户损失。

3) 中间人劫持攻击(Man-in-the-middle Attack)[96]

目前多数交易所都采用 HTTPS 协议进行交互，在一定程度上保证了数据的安全性。但在某些 API 接口的子域名却未使用 HTTPS。攻击者可以通过在流量中转处劫持网络流量，如路由器、网关等流量出口，从而获取相关信息。

4) 私钥窃取攻击(Private Key Stealing Attack)[97]

用户丢失私钥意味着账户资产全部遗失，因此用户通常会对钱包的私钥文件进行多次备份，而不安全的备份存放点存在私钥泄露的风险。目前针对比特币的 wallet.dat 文件广泛出现在互联网中。例如：GitHub、NAS 服务器、web 服务等互联网可接入的位置。目前已经有攻击者开始扫描密钥文件，甚至开发相关的木马病毒进行私钥窃取。

5) 钱包客户端漏洞(Wallet Client Vulnerability)

攻击者可能利用钱包软件自身的漏洞实施攻击，进而获取用户隐私和资产。例如：在以太坊多重签名钱包 Parity 中，攻击者可以通过间接调用初始化钱包软件的库函数，将自己更换为受害者钱包的新主人。2017 年 11 月，Parity 钱包出现重大 Bug[98]，攻击者利用该 Bug 成为库的主人，然后调用自杀函数报废整个合约库，彻底冻结了 150 多个地址中总计超过 50 万个 ETH，直接导致上亿美元资金被冻结。

6) 粉尘攻击[99]

比特币系统中，“聪”是最小的 BTC 单位，通常将一百聪以内的 BTC 称为粉尘。而且比特币中没有余额的概念，所有合法的交易都可以追溯到前一个或多个交易的输出，其源头都是挖矿奖励，末尾则是当前未花费的 UTXO。攻击者可以通过向目标用户钱包地址发送“粉尘”来实施粉尘攻击，当用户使用这些“粉尘”交易时，会导致其与用户自有 UTXO 的交易输出发生混合，攻击者可以通过“粉尘”来追踪用户的钱包地址，获取用户的隐私信息，从而勒索、盗取目标用户的资产。

7) SIM 盗用攻击[100]

在一些去中心化钱包中，用户需要通过 SIM(Subscriber Identity Module)卡来验证身份的合法性。用户通常在丢失 SIM 卡后向运营商申请“移植”SIM 卡，该服务允许客户将电话号码转移到新的 SIM 设备中。攻击者可以利用这一漏洞，通过技术手段将受害者的 SIM 卡移植到他们控制的电话上，然后在其电子邮件账户上启动密码重置流程，验证码会发送到电话号码中，由于攻击者此时控制着 SIM 卡，可以轻易对受害者账户信息进行篡改，盗取受害者账户中的财产。

8) 在线钱包窃取(Online Wallet Theft)[101]

目前很多用户会选择使用在线钱包，这使得个人的资产安全严重依赖于服务商的安全性。2013 年 11 月，比特币在线钱包服务商 Inputs.io 遭受黑客攻击[102]，黑客通过电子邮件账号进行入侵，进而劫持代管账号，从中盗取了 4100 个比特币。

9) 重放攻击(Replay Attack)[103]

重放攻击主要包含单链重放攻击和多链重放攻击。单链重放攻击如图 6.25 所示，攻击者通常在以太坊等账户余额模型的区块链系统中先发起一笔交易 A(如交易所提现)，然后对 A 的时间戳等数据进行修改获得新的交易 B 并进行广播。因为 B 的私钥签名和公钥加密齐全，所以矿工会在付款方余额足够的情况下将交易 B 打包进新区块。攻击者不断重复便可获取大量资金，直至付款方账户余额不足为止。

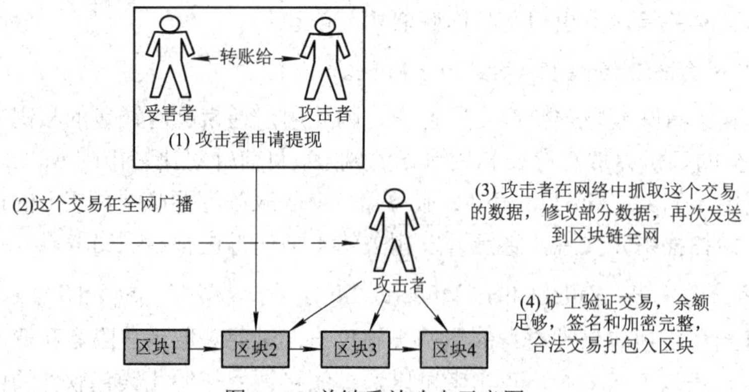

图 6.25　单链重放攻击示意图

多链重放攻击通常出现在区块链硬分叉时，此时用户的地址和私钥生成算法相同，所有“一条链上的交易在另一条链上也往往是合法的”，所以攻击者在其中一条链上发起交易后，可以重新将该交易广播到另一条链上，并得到整个系统的确认。图 6.26 所示为多链重放攻击示意图。

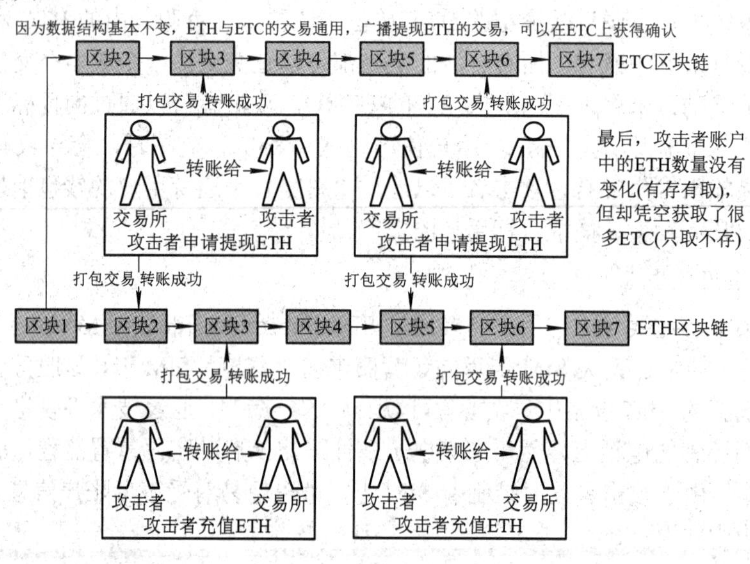

图 6.26　多链重放攻击

6.6.3　防御策略与方法

相比区块链其他层级，应用层攻击的场景更加具体、复杂，所以攻击者的手段也十分多样。因此，区块链应用层面临的安全问题应从实际的服务场景出发，设计合适的防御策略和相关技术。在挖矿场景中，攻击者采用的攻击方式大多具备社会工程学攻击特性，即攻击者会根据矿机漏洞、挖矿机制漏洞采取趋利的挖矿行为，通过损害矿池或其他矿工利益实现自身利益的最大化。

针对矿机的系统漏洞，可以尝试以下防御策略。

1. 开发阶段

开发人员应在开发阶段设定软件安全开发生命周期，建立安全漏洞管理机制。在成品销售前对矿机系统进行代码审计、黑盒测试挖掘潜在安全漏洞，并在开发周期内对安全漏洞所在对源代码进行修改，避免漏洞的产生。成品交付后，应建立运维管理和应急响应中心制度，对产品运行期间新发现的漏洞进行及时修补。

2. 部署阶段

矿工应该在原有的软件防护基础上增加辅助的安全检测技术(如入侵检测、防火墙、蜜罐技术等)，合理地进行服务器配置，采用最小权限原则，进一步预防网络渗透攻击和地址篡改攻击。

此外，攻击者可以利用挖矿机制中存在的漏洞恶意骗取、竞争出块奖励，也可以通过扰乱交易顺序实现双花攻击等。其中，算力伪造攻击和扣块攻击属于恶意骗取矿池出块奖励的攻击行为，可以尝试以下方法：

(1) 身份管理机制：矿池应结合保证金奖惩机制(如 Casper 机制)和身份认证机制来设计实现共识算法，对新加入的矿工进行身份认证，要求其缴纳一定的保证金为其诚实的挖矿行为做保证。

(2) 细粒度的工作量检验算法：矿池应及时发现并改进存在问题的工作量检验算法，并定期进行定时更新和维护，对以往算法中存在的问题进行背书，作为新算法设计的重要依据。

(3) 合理的绩效制度：矿池应定时对矿工进行绩效考核，奖励表现优秀的矿工，驱逐效率低下懒惰的矿工。对矿池内的矿工行为进行管理和约束，保证矿池公平有序地运行。

(4) 相互监管制度：设置矿工相互监管奖励，一旦矿工因进行算力伪造攻击和扣块攻击而被举报，则矿池奖励举报者，没收恶意矿工的保证金，将其加入黑名单后驱逐出矿池，不再录用。

丢弃攻击、空块攻击、通用挖矿攻击属于恶意竞争出块奖励攻击行为。丢弃攻击中，攻击者主要依赖网络资源优势，可以比其他节点更快获取数据上链信息，也可以更快完成数据打包上链。所以丢弃攻击可以看作是女巫攻击的变种攻击，也可以作为自私挖矿攻击的前置攻击，提高攻击者实施自私挖矿攻击的成功率。为了防止丢弃攻击，区块链网络可以引入身份认证机制，对用户潜在的节点身份进行关联分析，杜绝单个用户通过操纵多个节点获取远高于其他节点的网络优势。在空块攻击场景中，攻击者之所以可以通过生成空块恶意竞争奖励，是因为区块链网络不存在对新区块的有效性验证过程。因此，区块链网络节点只要在获取新区块时，执行有效性验证即可有效缓解阻止空块攻击。通用挖矿攻击则需要特定的场景才可以实施，其关键在于攻击者利用新系统与旧系统之间相同的架构和共识机制导致的矿机(算力)通用问题，通过成熟系统中的算力对新系统实现算力压制，从而恶意竞争出块奖励，甚至实施双花攻击、卖空攻击等恶意行为。因此，新区块链项目必须考虑系统封闭性、专机专用等问题，从根本上杜绝算力通用导致的通用挖矿攻击。

芬尼攻击、种族攻击、交易顺序依赖攻击属于扰乱交易顺序类的攻击方式。芬尼攻击和种族攻击主要针对的是支持零确认交易的服务场景。芬尼攻击主要利用挖矿便利，攻击者只有在挖到包含自己交易的区块时，才会通过零确认交易扰乱交易秩序，实现代币双花等目的；而种族攻击和交易顺序依赖攻击则是通过提高交易 Gas 的方式扰乱交易顺序，进而实现代币双花等目的。它们的共同点在于区块链节点在接受新区块时未验证区块内交易与交易池中的未确认交易是否存在冲突。由于零确认交易可以满足商家的即时性支付需求，所以直接通过禁止零确认交易来阻止芬尼攻击和种族攻击的方式不具备可行性。区块链系统可以考虑开通钱包的子账户来保证零确认交易的安全性，即用户需要通过专门的子账户才能完成零确认交易操作，此时零确认交易由矿工单独打包验证，在一定程度上可以避免零确认交易与普通交易的冲突。此外，为了避免攻击者扰乱交易顺序，区块链系统可以要求矿工在打包交易时，通过代币锁定技术缴纳保证金之后再广播新区块。其他节点在接受新区块时，可以就区块内交易在交易池中进行遍历验证，如果通过验证则接受新区块。否则，该节点可以通过举报矿工恶意行为来获取矿工被锁定的保证金及出块奖励。

在区块链交易场景中，攻击者的最终目的都是通过直接或间接手段获取用户节点的账户信息，进而盗取用户资产，主要存在交易平台和用户账户两个攻击目标。为了保证交易平台中用户的账户隐私，交易平台应采取以下措施：

(1) 引入密码安全等级分析机制。系统可以在用户设置账户密码时，实时当前密码的安全评级，限制账户密码长度和字符种类，避免用户使用弱口令，从而预防弱口令攻击。

(2) 交易平台应在用户登录账号时进行人机识别，在一定程度上缓解撞库攻击。而用户也应该注意避免多网站的密码通用问题，可以考虑对账户进行安全等级评估，相同安全等级的账户采用相同的密码，这样既可以缓解撞库攻击，也可以避免账户密码过多给用户带来的密码管理问题。

(3) 通过限制目标账户的登陆频率和限制单节点的访问请求频率，从被访问端和访问端两个方向限制攻击者的攻击能力，可以有效预防穷举攻击。通过增加图片验证码或人机交互验证，预防攻击者自动化穷举攻击。

(4) 启用 API 接口调用认证机制，合理管理交易平台 API 接口，妥善保管 API key，预防 API 接口攻击。

(5) 提高开发工程师安全素养，在一些敏感的系统里单独实现一些额外的认证机制，避免单点登录漏洞。

此外，用户在日常交易中应该提高个人的安全意识，采取相应的安全措施，避免在交易过程中泄露个人账户的隐私数据，具体需要从以下几方面考虑：

(1) 培养安全意识，提高对危险网站、邮件的辨识能力，不随意点击来路不明的 URL 链接，预防钓鱼攻击。

(2) 构建全面的系统安全防护体系，安装防火墙等安全软件，避免使用盗版软件，预防木马劫持攻击。

(3) 利用安全的路由协议对区块链网络实现全方位覆盖，不访问不具备合法证书的网站，预防中间人劫持攻击。

(4) 实现离线的密钥管理，预防攻击者对在线密钥存储中私钥的窃取。

(5) 利用代码审计、逆向漏洞分析、模糊测试等技术对钱包客户端代码的安全性进行评估。使用反逆向工程等手段提高软件逆向分析成本和难度，增强钱包客户端的安全性。

(6) 在使用数字货币钱包时，对一些来源不明的小额资金“粉尘”进行标记并禁用，采用资产隔离的方式预防粉尘攻击。

(7) 使用专门的零钱包存储该用户持有的“粉尘”级资产，其中既可能包含攻击者发送的“粉尘”，也可能包含用户自身交易产生的小额资金。为了资产安全，该零钱包中的资金专用于隐私性不高的交易。

在针对认证机制漏洞的 SIM hack 攻击场景中，攻击者主要是利用服务商提供的“账户找回”服务中的安全隐患成功获取目标账户的。由于基于手机、邮件的二次验证并不是完全安全的有效方法，因此服务商应尝试使用采取 2FA 等有更高级别安全设置的服务。2FA 是基于时间、历史长度、实物，例如信用卡、SMS 手机、令牌、指纹等自然变量结合一定的加密算法组合出的一组动态密码，一般每 60 s 刷新一次。这种方法不容易被破解，相对较安全。

理论上，基于 UTXO 结构的区块链系统可以抵抗重放攻击，因为转账是基于每一笔 UTXO 进行的原子级别操作，不存在一笔 UTXO 被重复扣除的情况。但是在类似以太坊的账户结构中，交易是通过余额判断合法性的，只要余额足够就可以进行重复扣款转账，一笔交易的信息进行多次广播的重放攻击是可行的。交易延展性攻击和重放攻击非常相似，它们都是对交易所发起的攻击方式，但重放攻击主要针对区块链硬分叉的情况，而交易延展性攻击讲究的是区块标识的可变性。

此外，基于 Hyperledger Fabric 的区块链也可以抵抗重放攻击，该框架中采用 Endorser 节点对客户端提交的交易预案进行身份验证，若交易信息异常，则系统终止操作，这种方式可以有效阻止重放攻击。以太坊的账户结构中存在一个参数 Nonce，该参数的值等于从这个账户中发出交易的数量。当交易完成验证后，发送者账户中的 Nonce 值会自动增加 1。当矿工验证一笔交易是否合法的时候，矿工会对比交易包含的 Nonce 值，并与该交易发送者账户中的 Nonce 值进行比较，相等才算作合法交易，并对该交易打包出块。单链重放攻击无法修改发送者账户的数值，因此当接收到重复交易时，矿工会直接判定它无效，从而阻止单链重放攻击。面对多链重放攻击时，可以参考以太零开发团队的做法，建立一个交易锁。当一笔交易发起时，交易锁将被广播到整个区块链网络。此时交易锁会锁定交易关联的数字资产。交易在主节点验证期间，原交易资产被锁定无法使用，以此达到抵御多链重放攻击的目的。

6.7 区块链攻击簇与安全防御体系

区块链网络中，攻击者实施各种攻击的最终目的是实现最大化获利。攻击者可能通过区块链底层技术固有的安全隐患来实施攻击直接获利，也可能利用这些技术间的低耦合性来实施一个攻击簇，从而间接获利。

前文介绍的区块链攻击中，部分攻击可以使攻击者直接获利，也可以作为其他攻击的潜在前置攻击以提高该攻击方式的可行性和危害性，而部分攻击则只能作为其他攻击的潜在前置攻击方式。本节将对这些区块链攻击方式进行整理，分析各种区块链攻击方式的攻击目标、攻击目的，梳理各种攻击方式之间的潜在前、后置攻击关系，评估其攻击难度，如表 6.2 所示。

表 6.2　区块链攻击方式总结

分类			攻击方式	主要攻击目标	主要攻击目的	潜在前置(子)攻击	潜在后续攻击	攻击难度
数据层攻击	数据隐私窃取		碰撞攻击	Hash 函数	破坏系统安全	—	卖空攻击	高
			后门攻击	密码学算法		—	卖空攻击	高
			量子攻击	密码学工具		—	卖空攻击	高
			交易特征分析	交易数据	获取用户隐私	窃听攻击，中间人劫持攻击	粉尘攻击	低
	恶意数据攻击		交易延展性攻击	交易数据	代币双花	—	双花攻击	较低
			恶意信息攻击	区块数据	破坏网络环境	—	—	低
网络层攻击	针对 P2P 网络的攻击		客户端漏洞	网络节点	获取节点控制权	0day 漏洞攻击	木马劫持攻击、窃听攻击	较低
			窃听攻击		获取用户隐私	客户端漏洞	交易特征分析	低
			日蚀攻击		隔离目标节点	BGP 劫持攻击、女巫攻击	51%攻击	中
			BGP 劫持攻击	区块链网络	分割网络	—	分割攻击，日蚀攻击	中
			分割攻击			BGP 劫持攻击	双花攻击，克隆攻击	中
			DoS 攻击		拒绝服务	—	卖空攻击	高
			DDoS 攻击			木马劫持	卖空攻击	中
			BDoS 攻击			—	卖空攻击	低
			交易延迟攻击		影响交易进程	—	—	低
共识层攻击	针对授权共识机制的攻击		女巫攻击	BFT、PBFT	妨碍共识	私钥窃取攻击	日蚀攻击	较低
			克隆攻击	PoA	代币双花	分割攻击	双花攻击	较高
	针对非授权共识机制的攻击	恶意筹码获取	傀儡挖矿攻击	客户端资源	获取筹码	木马劫持攻击、网络渗透攻击	51%攻击	较高
			币龄累计攻击	PoS、DPoS、PoW/PoS		—	51%攻击	较高
			贿赂攻击	PoW、PoS、DPoS		—	51%攻击	较高
		51%攻击	双花攻击	PoW、PoS	代币双花	51%攻击、分割攻击等	卖空攻击	高
			历史修复攻击	PoW、PoS、DPoS	代币双花、回滚交易	51%攻击	卖空攻击	高
			卖空攻击	PoS	期货倒卖获利	DoS/DDoS 攻击、双花攻击等	—	高
			自私挖矿攻击	PoW	恶意竞争出块奖励	51%攻击、丢弃攻击等	—	高
		其他攻击	无利害关系攻击	PoS		—	—	低
			预计算攻击	PoS		—	自私挖矿攻击	低
			长距离攻击	PoS	代币双花	—	双花攻击	中

续表一

分类			攻击方式	主要攻击目标	主要攻击目的	潜在前置(子)攻击	潜在后续攻击	攻击难度
合约层攻击	针对智能合约的攻击		整数溢出漏洞	合约代码	恶意篡改变量	—	—	低
			时间戳依赖攻击		预测合约结果	—	—	低
			调用深度攻击	合约调用	恶意调用获利	—	误操作异常攻击	低
			误操作异常攻击			调用深度攻击	—	低
			重入攻击			—	—	低
	针对合约虚拟机的攻击		逃逸漏洞	合约运行	恶意运行获利	—	木马劫持攻击	低
			逻辑漏洞			—	—	较低
			资源滥用漏洞	虚拟机硬件资源	浪费系统资源	—	—	低
应用层攻击	挖矿场景中的攻击	针对矿机系统攻击	0day 漏洞攻击	应用程序或系统	入侵矿机系统	—	客户端漏洞	低
			网络渗透攻击	网络系统		木马劫持攻击、钓鱼攻击等	篡改攻击、傀儡挖矿攻击	较低
			地址篡改攻击	区块链交易	篡改奖励地址	木马劫持攻击、网络渗透攻击	—	中
		针对挖矿机制的攻击	算力伪造攻击	矿池	骗取联合挖矿奖励	—	—	低
			扣块攻击			—	芬尼攻击	低
			丢弃攻击	诚实矿工	恶意竞争出块奖励	—	自私挖矿攻击	低
			空块攻击	诚实矿工		—	—	低
			通用挖矿攻击	初始化区块链系统		—	51%攻击	较高
			交易顺序依赖攻击	区块链交易	扰乱交易顺序	—	芬尼攻击、种族攻击	较低
			芬尼攻击	零确认交易场景	代币双花	扣块攻击、交易顺序依赖攻击	双花攻击	较低
			种族攻击	零确认交易场景	代币双花	交易顺序依赖攻击	双花攻击	较低
	区块链交易场景中的攻击	针对交易平台的攻击	弱口令攻击	用户账户	获取账户控制权	—	网络渗透、在线钱包窃取	低
			撞库攻击			—		较低
			穷举攻击			—		低
			单点登录漏洞			—	网络渗透	低
			API 接口攻击			—		低

续表二

分类			攻击方式	主要攻击目标	主要攻击目的	潜在前置(子)攻击	潜在后续攻击	攻击难度
应用层攻击	区块链交易场景中的攻击	针对用户账户的攻击	钓鱼攻击	账户隐私	获取账户控制权	—	木马劫持攻击、SIM hack 等	低
			中间人劫持攻击			—	SIM hack、交易特征分析等	低
			木马劫持攻击			钓鱼攻击、逃逸漏洞等	私钥窃取、傀儡挖矿攻击等	较低
			私钥窃取攻击			木马劫持攻击	女巫攻击	中
			钱包客户端漏洞			0day 漏洞攻击	私钥窃取	低
			粉尘攻击		获取账户资产	交易特征分析	—	较低
			SIM hack	账户控制权		钓鱼攻击、中间人劫持攻击等	在线钱包账号窃取	较低
			在线钱包窃取			SIM hack、弱口令攻击等	—	中
			重放攻击	账户资产		—	—	低

此外，很多攻击方式不只局限于前文所述的攻击目标(场景)和攻击目的。攻击场景不同，实施方式多样，带来的安全威胁也不尽相同。为了更好地预防这些攻击，必须尽可能分析得出这些攻击簇的关键原理，然后针对最根本的安全问题设计防御策略，才能构建出全面、有效的区块链安全防御体系。图 6.27 梳理了本节涉及的区块链攻击方式中所有潜在的攻击簇，将对这些攻击簇的运行机理进行分析，并尝试构建出较为全面的区块链安全防御体系。

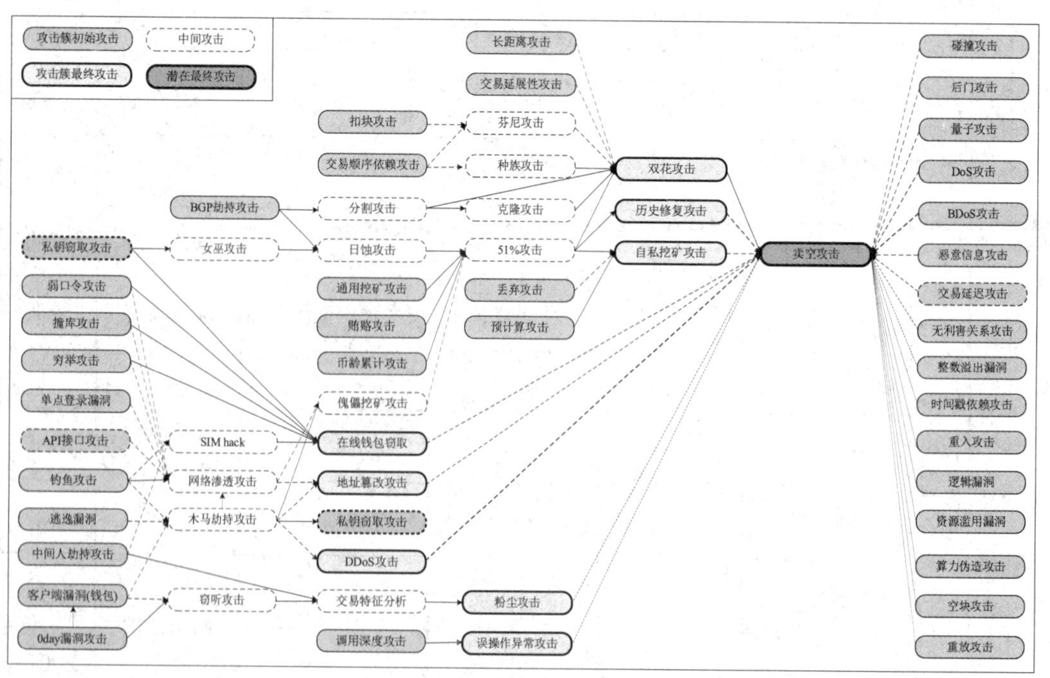

图 6.27　区块链攻击关联

6.7.1 区块链攻击簇

作为一种新兴的技术服务体系，区块链的技术特性和安全性是人们考量区块链技术实用性的两个重要指标，综合本节介绍的区块链攻击方式，理论上所有的区块链攻击在其造成的危害达到一定程度时，均可导致区块链网络产生动荡，使其中流通的代币面临贬值风险。尤其是在支持证券信用交易的区块链网络中，攻击者可以通过卖空攻击倒卖期货产品获利。因此，本小节将从卖空攻击出发，对所有可能导致代币贬值的安全因素进行溯源分析，探究导致区块链网络安全问题的根本原因。

在支持证券信用交易的区块链网络中，本节涉及的所有区块链攻击均为卖空攻击的前置攻击，即所有攻击方式构成一个卖空攻击簇。本节称攻击簇结构中无前置攻击的攻击方式为“攻击簇初始攻击”，称同时拥有前置、后置攻击的攻击方式为“中间攻击”，称无后置攻击的攻击方式为“攻击簇最终攻击”，称卖空攻击为“潜在最终攻击”，如图 6.27 所示。前置攻击的安全威胁越大，其导致的代币贬值率Δ越大，卖空收益也越大。部分攻击方式(图 6.27 虚线箭头标识)需要造成大规模的网络损失才能帮助攻击者实现最大化的卖空获利，而一些攻击方式(图 6.27 实线箭头标识)则可以轻易帮助攻击者实现最大化的卖空获利。卖空攻击的直接前置攻击可能是单个攻击(图 6.27 右侧)，也可能是攻击簇(图 6.27 左侧)。其中，碰撞攻击、后门攻击、量子攻击属于区块链数据层攻击，严重威胁了区块链底层数据的安全性。一旦攻击者通过这些攻击实现卖空攻击，则将导致区块链系统崩溃，由此实现最大化的卖空获利(Δ=1)。攻击者也可以通过 DoS 系列攻击(DDoS、BDoS)使区块链网络瘫痪，从而获取较大的代币贬值率，实现最大化的卖空获利。

此外，完整的攻击簇也可以作为卖空攻击的前置攻击，其中包括：

(1) 双花攻击簇。双花攻击簇主要存在 7 种潜在的双花攻击前置攻击方式：2 种攻击簇初始攻击(长距离攻击和交易延展性攻击)，5 种中间攻击(芬尼攻击、种族攻击、分割攻击、克隆攻击和 51%攻击)，主要涉及扣块攻击、BGP 劫持攻击、通用挖矿攻击、贿赂攻击、币龄累计攻击等 16 种攻击簇初始攻击。这些攻击方式可以在具体服务场景中，使攻击者产生的无效交易(代币已支出或待支出)合法化，从而达成“代币双花”的最大获利目的。

(2) 历史修复攻击簇。历史修复攻击实质上是通过多轮 51%攻击实现交易回滚、历史修复的攻击方式，所以其潜在的前置攻击方式只有 1 种中间攻击，即 51%攻击，涉及通用挖矿攻击、贿赂攻击、币龄累计攻击等 12 种攻击簇初始攻击。这些攻击方式侧重于帮助攻击者获取超过全网一半的记账权竞争资源，攻击者可以通过恶意竞争记账权实施 51%攻击，从而实现交易回滚、历史修复的攻击目的。因此，解决历史修复攻击的关键在于解决其涉及的初始攻击。

(3) 自私挖矿攻击簇。自私挖矿攻击簇主要包括 3 种潜在的前置攻击方式：2 种攻击簇初始攻击(丢弃攻击和预计算攻击)，1 种中间攻击(51%攻击)，涉及通用挖矿攻击、贿赂攻击、币龄累计攻击等 12 种攻击簇初始攻击。这些攻击方式侧重于帮助攻击者积累并保持恶意竞争挖矿奖励的优势。这 3 种前置攻击的结合使用不仅可以帮助攻击者恶意竞争挖矿奖励，还可以帮助攻击者积累优势，使其可以连续获得区块奖励。其中，51%攻击可以帮助攻击者建立前期的攻击优势，而丢弃攻击和预计算攻击则可以帮助攻击者实现最大化的获利。如果攻击者无法拥有足够的网络资源来实现网络监听和快速的数据传播，则其无法保证攻击者总是可以在其他节点之前将自己的区块公布至全网。一旦攻击者自私挖矿失败、连胜中断，则其不仅无法继续获取出块奖励，还会失去自己前期通过 51%攻击和预计算攻击积累的全部攻击优势，因此实现丢弃攻击是提高自私挖矿攻击可行性的关键。

(4) 在线钱包窃取攻击簇。在线钱包窃取攻击簇主要包含 5 种潜在的前置攻击方式：3 种攻击簇初始攻击(弱口令攻击、撞库攻击、穷举攻击)，2 种中间攻击(私钥窃取攻击和 SIM hack 攻击)，涉及钓鱼攻击、逃逸漏洞、客户端漏洞、0day 漏洞攻击 4 种攻击簇初始攻击。这些攻击方式侧重于帮助攻击者获取用户的账户隐私，包括用户账户登录口令、钱包账户私钥等关键信息。攻击者通过劫持用户账户来盗取账户资金，所以解决在线钱包窃取攻击的关键在于解决这些攻击簇初始攻击。

(5) 地址篡改攻击簇。地址篡改攻击可以分为奖励地址篡改和收款地址篡改两种，其攻击原理基本一致，潜在的前置攻击方式包括 2 种中间攻击：网络渗透攻击和木马劫持攻击，主要涉及弱口令攻击、撞库攻击、穷举攻击、单点登录漏洞等 9 种攻击簇初始攻击。这些攻击方式侧重于帮助攻击者获取交易所、矿机系统等区块链网络实体的系统漏洞，攻击者可以根据这些漏洞进行地址篡改，劫持并盗取攻击目标的入账资金。

(6) DDoS 攻击簇。DDoS 攻击的核心思想是攻击者通过一些网络手段，整合零散的网络资源来攻击区块链网络，导致网络瘫痪拒绝服务。DDoS 攻击簇的潜在前置攻击方式包含 1 种中间攻击：木马劫持攻击，涉及钓鱼攻击、逃逸漏洞、客户端漏洞、0day 漏洞攻击 4 种攻击簇初始攻击。这些攻击簇初始攻击旨在帮助攻击者获取用户节点的控制权，攻击者通过这种方式控制大量的用户节点，即可获取足够的网络资源来实施 DDoS 攻击，从而实现期货卖空获利等潜在攻击目的。

(7) 粉尘攻击簇。粉尘攻击是攻击者追踪目标用户钱包、账户，从而盗取用户账户资产的攻击方式，这种攻击簇的潜在前置攻击方式主要包括 2 种中间攻击：窃听攻击和交易特征分析，涉及中间人劫持攻击、钱包客户端漏洞和 0day 漏洞攻击 3 种攻击簇初始攻击。攻击者可以利用这些初始攻击发动中间攻击来获取用户钱包、账户信息，从而间接实现盗取用户钱包、账户余额的攻击目的。攻击者还可以通过这些中间攻击来搜集用户的隐私信息，利用用户隐私数据对受害者进行敲诈勒索。

(8) 误操作异常攻击簇。主要包括 1 种潜在前置攻击，即调用深度攻击，旨在帮助攻击者在智能合约运行场景中，根据合约调用次数受限的特点实现误操作，从而获利。

综上所述，卖空攻击簇主要涉及 37 种初始攻击，这些攻击方式反映了区块链网络最底层的安全漏洞和威胁。因此，构建区块链安全防御体系的关键是在通用模型设计阶段解决这些初始攻击所依赖的安全漏洞，从根本上缓解甚至解决区块链网络面临的诸多安全问题。

6.7.2 区块链安全防御体系

区块链安全防御体系的构建仅依靠简单堆砌现有攻击解决方案显然是不够的，并且很多解决方案只能在一定程度上缓解相应攻击方式带来的危害，这限制了区块链网络的安全性上限。因此，构建区块链安全防御体系，应当从现有的攻击方式出发，逆向追溯并解决其所有潜在的前置攻击方式，从根本上缓解或解决现有的区块链攻击。同时，再结合现有的一些区块链安全方案或策略，进一步解决遗留的安全问题。本小节将在攻击关联分析的基础上，针对卖空攻击簇涉及的初始攻击给出防御策略，同时结合现有的安全防御技术和方案，尝试构建出全面、有效的区块链安全防御体系。

根据卖空攻击簇初始攻击的攻击特性，可以从以下几个层面出发构建区块链安全防御体系。

1. 底层技术安全

底层技术安全包括密码学工具的安全性、P2P 网络的安全性，可从以下几点考虑：

(1) 在区块链网络的模型设计阶段，应当严格评估待选密码学工具的安全性，避免采用被植入后门的密码学工具，以阻止攻击者发起的碰撞攻击、后门攻击和交易延展性攻击。同时，提高系统对多种密码学工具的兼容性，选择备用的密码学工具作为应急预案，以提高系统稳健性；加快以抗量子密码算法为核心的抗量子区块链技术的预研进程，缓解量子攻击带来的安全威胁，保证区块链在后量子时代的安全性和可用性。

(2) 在 P2P 网络中，应考虑引入 BGP 劫持检测监控系统。目前已经有研究人员提出了 ARTEMIS 系统，该系统可以在几分钟内帮助服务提供商解决 BGP 劫持的问题，为实现实时的 BGP 劫持监控及应急响应提供可能，所以构建 P2P 网络时可以考虑引入 ARTEMIS 系统。

2. 运行机制安全

科学合理的区块链运行机制是保证区块链网络良好运行的关键，所以在构建区块链系统时，开发者应尝试引入科学合理的挖矿机制、共识机制和交易机制。

(1) 公平的挖矿机制。首先，在矿池挖矿的场景中，矿池应对新加入的矿工进行身份认证，并与其执行保证金奖惩机制，如 Casper 奖惩机制。在核验矿工工作量时，矿池应采用矿工算力监测和工作量检验算法并行的方式，判断矿工是否实施了算力伪造攻击，并对恶意矿工进行没收保证金、驱逐出矿池的惩罚。在预期任务时间结束时，若矿工返回计算结果，矿池应及时检验计算结果的有效性。否则，检测区块链网络中是否存在矿池内矿工发布的新区块。若有新区块，则没收该矿工保证金，并将其逐出矿池，否则，对该矿工的工作量实施绩效考核，并将连续多次未达标的矿工逐出矿池，以此缓解扣块攻击给矿池收益带来的负面影响。其次，所有参与挖矿的实体可以订立支持 Casper 机制的智能合约，矿工在广播新区块后，若有用户节点举报新区块为空块或者包含恶意信息时，智能合约没收恶意节点保证金并撤销其矿工身份的合法性，然后返还其他诚实节点的保证金，并对举报者进行奖励，之后开始新一轮的挖矿。这样可以很好地解决空块攻击和恶意信息攻击。最后，区块链系统在设计阶段应避免使用与已有系统相同的架构和共识算法，尽可能通过专机专用的方式避免算力通用的问题，从根本上解决通用挖矿攻击。若新系统无法避免采用与已有系统相同的架构和算法，则区块链网络应与所有的用户节点执行保证金奖惩机制来缓解通用挖矿攻击带来的安全威胁。为了避免代币类保证金对用户节点的交易产生过多影响，区块链系统可以考虑引入信誉、评价等非代币的保证金系统，在不影响用户交易的同时预防通用挖矿攻击。通过维护公开平等的挖矿秩序，可以在一定程度上保证矿工的平均盈利，避免矿工因无法盈利而发起 BDoS 攻击。

(2) 安全的共识机制。在 PoS 系统中，币龄累计攻击为攻击者提升自身记账权竞争成功率提供了可能，而币龄的定义是 PoS 系统运行的基础，所以废除币龄定义方式的解决方案不具备可行性。因此，PoS 区块链系统应该引入币龄预警、清零机制(详见 4.3 节)对用户节点所持币龄的上限进行限制，从而缓解币龄累计攻击带来的安全威胁。此外，PoS 系统应对区块计算方式进行调整，避免当前区块的哈希值单独且直接影响下一区块的生成难度，从而阻止预计算攻击。最后，为了预防无利害关系攻击和长距离攻击，应当同时引入 BlockQuick 和 Casper 机制，通过增加身份认证、信誉值对比的方式增加用户节点对正确区块的辨识度，同时结合奖惩机制为 PoS 系统达成正确共识提供保障。

(3) 有序的交易机制。在区块链网络中，应结合基于信誉等非代币系统的奖惩机制规范用户节点的交易行为。以基于信誉系统的奖惩机制为例，攻击者可能通过恶意悬赏的方式贿赂矿工沿着指定的方向挖矿，也可能通过提高交易 Gas 值的方式使矿工提前打包指定交易。因此，针对贿赂攻击和交易顺序依赖攻击中的恶意悬赏，矿工可以搜集证据并举报攻击者。一旦成功，举报者可以获得全部的悬赏金和定量的信誉值提升，攻击者悬赏交易作废，信誉值降低，直至无法参与区块链交易。此外，矿工也可以通过举报实施交易延迟攻击和重放攻击的攻击者来获取更高的信誉值，缓解用户恶意交易行为带来的安全隐患。

3. 设备系统安全

区块链网络涉及诸多设备，如互联网设备、合约虚拟机、矿机等。虽然这些设备用途不同，但是面临的安全威胁大多一致，因此可以采用以下方法来保证区块链设备的系统安全性：

(1) 避免使用可能存在单点登录漏洞、逃逸漏洞、逻辑漏洞、资源滥用漏洞等软件漏洞的设备和客户端软件。开发商应在产品开发阶段使用规范的编程逻辑开发相关软件，并在出厂销售前对产品的安全性进行全方位的测试与评估(详见 3.3 节)。用户节点在使用相关产品时，也应对其进行安全性评估，避免使用存在安全问题的产品。

(2) 构建安全的设备系统防御。首先，使用 DoS 攻击防火墙，保证设备系统在 DoS 攻击下的可用性和稳健性；其次，合理管理系统 API 接口，实现细粒度的访问控制，预防 API 接口攻击。同时限制单位时间内其他节点的访问频率和 API 接口(数据)的被访问频率，从访问者和被访问者两个角度实现对穷举攻击的全面防御。

4. 智能合约安全

智能合约的安全隐患主要包括合约代码漏洞和合约调用漏洞。首先，开发者在编写智能合约时，应注重严谨的编程逻辑，避免合约代码出现整数溢出、时间戳依赖等常见代码漏洞(详见 5.3 节)。在部署智能合约前，用户应对智能合约进行代码审计，评估智能合约的安全性。其次，对于合约调用类攻击(调用深度攻击、重入攻击)，开发者可以在编写智能合约时对合约的调用次数进行限制，例如设置当智能合约调用次数超过限定深度时，智能合约按照前一次的参数输入运行，避免智能合约由于超限的调用次数导致的合约调用失败。此外，在合约进行调用时应严格执行返回参数验证的过程，从而预防重入攻击和由调用深度攻击导致的误操作异常攻击。

5. 用户行为安全

用户在区块链网络中的不良行为习惯可能导致其面临隐私信息泄露和资产被盗的风险，因此健全的用户行为规范是区块链安全防御体系的重要一环。首先，用户节点在设置账户口令时应避免使用弱口令，同时避免在多个网站使用相同的账号和口令，预防攻击者发起的弱口令攻击和撞库攻击。此外，在日常的区块链网络活动中应提高个人安全意识，忽略来历不明的邮件和网址，避免落入攻击者为实施钓鱼攻击和中间人劫持攻击而设置的陷阱。

参考文献

[1] BAG S,RUJ S,SAKURAI K. Bitcoin Block Withholding Attack:Analysis And Mitigation[J]. IEEE Transactions on Information Forensics and Security,2017,12(8): 1967-1978.

[2] NARAYANAN A, BONNEAU J, FELTEN EW, et al. Bitcoin and Cryptocurrency Technologies: A Comprehensive Introduction[M]. Princeton: Princeton University Press, 2016.

[3] THOMAS K, PULLMAN J,YEO K, et al. Protecting Accounts from Credential Stuffing with Password Breach Alerting[C]. Proceedings of the 28th USENIX Security Symposium (USENIX Security 19), 2019: 1556-1571.

[4] BILGE L, DUMITRAS T. Investigating Zero-Day Attacks[J]. Login,2013,38(4):6-12.

[5] ANDERSON R. Secuirty Engineering: A Guide to Building Dependable Distributed Systems (2nd ed.)[M]. Indianapolis: Wiley Publishing, Inc., 2008.

[6] HADNAGY C. Social Engineering:The Art of Human Hacking[M]. Indianapolis: Wiley Publishing,Inc,2010.

[7] JIN C, WANG XY, TAN HY. Dynamic Attack Tree and Its Applications on Trojan Horse Detection[C]. Proceedings of the 2010 Second International Conference on Multimedia and Information Technology (MMIT 2010), 2010: 56-59.

[8] GRUSTNIY L. Rakhni Trojan:To encrypt and to mine. https://www.kaspersky.com/blog/rakhni-miner-cryptor/22988/

[9] BARBER S, BOYEN X, SHI E, et al. Bitter to Better-How to Make Bitcoin a Better Currency[C]. Proceedings of the International Conference on Financial Cryptography and Data Security (FC 2012),2012:399-414.

[10] LEE S, KIM S. Short Selling Attack: A Self-Destructive but Profitable 51% Attack on PoS Blockchains[J]. IACR Cryptology ePrint Archive, 2020: 19.

[11] KATZ J, LINDELL Y. Introduction to Modern Cryptography(2nd ed.)[J]. Chapman and Hall/CRC,2014.

[12] BERNDT S, LIŚKIEWICZ M. Algorithm Substitution Attacks from a Steganographic Perspective[C]. Proceedings of the 2017 ACM SIGSAC Conference on Computer and Communications Security, 2017: 1649-1660.

[13] SANTIS AD, MICAL S, PERSIANO G. Non-Interactive Zero-Knowledge Proof Systems[C]. Proceedings of the Conference on the Theory and Application of Cryptographic Techniques(CRYPTO 1987), 1987: 52-72.

[14] SCHWENNESEN B. Elliptic Curve Cryptography and Government Backdoors.

https://services.math.duke.edu/~bray/Courses/89s-MOU/2016/Papers/BAS_Paper3_EllipticCurveCryptography.pdf

[15] AGGARWAL D, Brennen GK, Lee T, et al. Quantum Attacks on Bitcoin, and how to protect against them[J]. Ledger, 2018, 3: 68-90.

[16] AWAN MK, CORTESI A. Blockchain Transaction Analysis Using Dominant Sets[C]. Proceedings of the IFIP International Conference on Computer Information Systems and Industrial Management (CISIM 2017), 2017: 229-239.

[17] ANDROULAKI E, KARAME GO, ROESCHLIN M, et al. Evaluating User Privacy in Bitcoin[C]. Proceedings of the International Conference on Financial Cryptography and Data Security (FC 2013), 2013: 34-51.

[18] DECKER C, WATTENHOFER R. Bitcoin Transaction Malleability and MtGox[C]. Proceedings of the 2014 European Symposium on Research in Computer Security ((ESORICS2014), 2014: 313-326.

[19] FUJI R,USUZAKI S,ABURADA K, et al. Investigation on Sharing Signatures of Suspected Malware Files Using Blockchain Technology[C]. Proceedings of the International MultiConference of Engineers and Computer Scientists 2019(IMECS 2019), 2019: 94-99.

[20] Zcash. Zcash official site.
https://z.cash

[21] WUILLE P. Segregated Witness and Its Impact on Scalability.
http://diyhpl.us/wiki/transcripts/scalingbitcoin/hong-kong/segregated-witness-and-its-impact-on-scalability/

[22] GÉRON A. Hands-On Machine Learning with Scikit-Learn, Keras, and TensorFlow(2nd ed.)[M]. Sevastopol: O'Reilly Media, Inc., 2019.

[23] ESTEHGHARI S, DESMEDT Y. Exploiting the Client Vulnerabilities in Internet E-voting Systems: Hacking Helios 2.0 as an Example[C]. Proceedings of the 2010 International Conference on Electronic Voting Technology/Workshop on Trustworthy Elections (EVT/WOTE 10), 2010: 1-9.

[24] DAI HN, WANG H, XIAO H, et al. On Eavesdropping Attacks in Wireless Networks[C]. Proceedings of the 2016 IEEE Intl Conference on Computational Science and Engineering (CSE), 2016: 138-141.

[25] HEILMAN E, KENDLER A, ZOHAR A, et al. Eclipse Attacks on Bitcoin's Peer-to-Peer Network[C]. Proceedings of the 24th USENIX Security Symposium (USENIX Security 15), 2015: 129-144.

[26] APOSTOLAKI M, ZOHAR A, VANBEVER L. Hijacking Bitcoin: Routing Attacks on Cryptocurrencies[C]. Proceedings of the 2017 IEEE Symposium on Security and Privacy (SP), 2017: 375-392.

[27] SUN YX, EDMUNDSON A, VANBEVER L, et al. RAPTOR: Routing Attacks on Privacy in Tor. Proceedings of the 24th USENIX Security Symposium (USENIX Security 15), 2015: 271-286.

[28] ELLEITHY KM,BLAGOVIC D, WANG C, et al. Denial of Service Attack Techniques: Analysis, Implementation and Comparison[J]. Journal of Systemics, Cybernetics, and Informatics, 2005, 3: 1: 66-71.

[29] SAAD M, THAI MT, MOHAISEN A. POSTER:Deterring DDoS Attacks on Blockchain-based Cryptocurrencies through Mempool Optimization[C]. Proceedings of the 2018 on Asia Conference on Computer and Communications Security (ASIACCS 18), 2018: 809-811.

[30] Cointelegraph. Bitcoin Exchange Poloniex Under Severe DDoS Attack Again, Users Outraged.
https://cointelegraph.com/news/bitcoin-exchange-poloniex-under-severe-ddos-attack-again-users-outraged

[31] MIRKIN M, JI Y,PANG J, et al. BDoS: Blockchain Denial-of-Service Attacks[C]. Proceedings of the 2020 ACM SIGSAC Conference on Computer and Communications Security(CCS 20), 2020: 601-619.

[32] Wikipedia. Lightning Network.
https://en.wikipedia.org/wiki/Lightning_Network

[33] 斯雪明，徐蜜雪，苑超. 区块链安全研究综述[J]. 密码学报, 2019, 39(5): 48-62.

[34] Microsoft. Microsoft Security Development Lifecycle (SDL).
https://www.microsoft.com/en-us/securityengineering/sdl/

[35] SUTTON M, GREENE A, AMINI P. Fuzzing: Brute Force Vulnerability Discovery[M]. Addison-Wesley Professional,2007.

[36] DOWD M, MCDONALD J, SCHUH J. The Art of Software Security Assessment: Identifying and Preventing Software Vulnerabilities[M]. Addison-Wesley Professional, 2006.

[37] KLEIN T. A Bug Hunter’s Diary[M]. No Starch Press, 2011.

[38] ROUNDY KA, Miller BP. Binary-code Obfuscations in Prevalent Packer Tools[J]. ACM Computing Surveys, 2013, 46(1): 4: 1-32.

[39] LETZ D. BlockQuick:Super-Light Client Protocol for Blockchain Validation on Constrained Devices[C]. The International Association for Cryptologic Research (IACR) Cryptology ePrint Archive, 2019: 579.

[40] SERMPEZIS P, KOTRONIS V, GIGIS P, et al. ARTEMIS: Neutralizing BGP Hijacking within a Minute[J]. IEEE/ACM Transactions on Networking, 2018, 26(6): 2471-2486.

[41] AMADI E C, EHEDURU GE, EZE FU, et al. Anti-DDoS Firewall; A Zero-sum Mitigation Game Model for Distributed Denial of Service AttackUsing Linear Programming[C]. Proceedings of the 2017 IEEE International Conference on Knowledge-Based Engineering and Innovation (KBEI),2017:27-36.

[42] LAMPORT L, SHOSTAK R, PEASE M. The Byzantine Generals Problem[J]. ACM Transactions on Programming Languages and Systems (TOPLAS), 1982, 4(3): 382-401.

[43] CASTRO M, LISKOV B. Practical Byzantine fault tolerance[C]. Proceedings of the USENIX Symposium on Operating Systems Design and Implementation (OSDI), 1999: 173-186.

[44] Microsoft. Ethereum Proof-of-Authority on Azure.
https://azure.microsoft.com/en-us/blog/ethereum-proof-of-authority-on-azure

[45] NAKAMOTO S. Bitcoin: A Peer-to-Peer Electronic Cash System.
https://bitcoin.org/bitcoin.pdf

[46] KING S, NADAL S. PPCoin: Peer-to-Peer Crypto-Currency with Proof-of-Stake.
https://pdfs.semanticscholar.org/0db3/8d32069f3341d34c35085dc009a85ba13c13.pdf

[47] Bitconch. A Newly Distributed Web Protocol Based on an Innovative Proof Reputation (PoR) Consensus Algorithm.
https://bitconch.io/download/BRWhitePaperEn.pdf

[48] GRIGG I. EOS-An Introduction.
https://eos.io/documents/EOS_An_Introduction.pdf

[49] ZACCAGNI Z, DANTU R. Proof of Review (PoR): A New Consensus Protocol for Deriving Trustworthiness of Reputation Through Reviews[C]. IACR Cryptology ePrint Archive, 2020: 475.

[50] LEONARD K. A PoR/PoS-Hybrid Blockchain: Proof of Reputation with Nakamoto Fallback[C]. IACR Cryptology ePrint Archive, 2020: 381.

[51] EKPARINYA P, GRAMOLI V, JOURJON G. The Attack of the Clones Against Proof-of-Authority. arXiv Preprint, arXiv: 1902. 10244, 2019.

[52] Krebsonsecurity. Who and What Is Coinhive?
https://krebsonsecurity.com/2018/03/who-and-what-is-coinhive/

[53] BONNEAU J. Why Buy When You Can Rent? Bribery Attacks on Bitcoin-Style Consensus[C]. Proceedings of the 2016 International Conference on Financial Cryptography and Data Security(FC2016), 2016: 19-26.

[54] KARAME G, ANDROULAKI E, CAPKUN S. Double-Spending Fast Payments in Bitcoin [C]. Proceedings of the ACM Conference on Computer and Communications Security, 2012: 906-917.

[55] REDMAN J. Small Ethereum Clones Getting Attacked by Mysterious '51 Crew'.
https://news.bitcoin.com/ethereum-clones-susceptible-51-attacks/

[56] PAGANINI P. Bitcoin Gold hit by double-spend attack, exchanges lose over $18 million.
https://securityaffairs.co/wordpress/72878/hacking/bitcoin-gold-double-spend.html

[57] GRUNSPAN C, PÉREZ-MARCO R. On Profitability of Selfish Mining. arXiv Preprint, arXiv: 1805. 08281, 2018.

[58] HOUY N. It Will Cost You Nothing to 'kill' a Proof-of-Stake Crypto-Currency.
https://papers.ssrn.com/sol3/papers.cfm?abstract_id=2393940

[59] http://cryptowiki.net/index.php?title=Proof-of-work_system

[60] KWON J. Tendermint: Consensus without Mining.
https://pdfs.semanticscholar.org/df62/a45f50aac8890453b6991ea115e996c1646e.pdf

[61] SZILÁGYI P. EIP 225: Clique Proof-of-Authority Consensus Protocol.
https://eips.ethereum.org/EIPS/eip-225

[62] BUTERIN V, GRIFFITH V. Casper the Friendly Finality Gadget. arXiv Preprint, arXiv: 1710.09437,2017.

[63] BUTERIN V. Slasher: A Punitive Proof-of-Stake Algorithm. https://blog.ethereum.org/2014/01/15/slasher-a-punitive-proof-of-stake-algorithm/

[64] ANLEY C, HEASMAN J,LINDNER F, et al. The Shellcoder's Handbook: Discovering and Exploiting Security Holes(2nd ed)[M]. Wiley Publishing, Inc., 2007.

[65] Bitcoinwiki. Value Overflow Incident. https://en.bitcoin.it/wiki/Value_overflow_incident

[66] HESSENAUER S. Batch Overflow Bug on Ethereum ERC20 Token Contracts and SafeMath. https://blog.matryx.ai/batch-overflow-bug-on-ethereum-erc20-token-contracts-and-safema th-f9ebcc137434

[67] ALHARBY M, MOORSEL AV. Blockchain Based Smart Contracts: A Systematic Mapping Study[C]. Proceedings of the International Conference on Artificial Intelligence and Soft Computing, 2017: 125-140.

[68] ATZEI N,BARTOLETTI M, CIMOLI T. A Survey of Attacks on Ethereum Smart Contracts SoK[C]. Proceedings of the International Conference on Principles of Security and Trust, 2017: 164-186.

[69] KIERAN E. KoET (King of the Ether Throne). https://github.com/kieranelby/KingOfTheEtherThrone

[70] RODLER M, LI WT, KARAME GO, et al. Sereum: Protecting Existing Smart Contracts Against Re-Entrancy Attacks[C]. Proceedings of the Network and Distributed Systems Security (NDSS) Symposium 2019, 2019.

[71] 房卫东，张武雄，潘涛，等. 区块链的网络安全[J]. 网络安全技术与应用, 2018, 3(2): 87-104.

[72] Wikipedia. The DAO. https://en.wikipedia.org/wiki/Decentralized_autonomous_organization

[73] ZHAO HQ, ZHANG YY, YANG K, et al. Breaking Turtles All the Way Down: An Exploitation Chain to Break out of VMware ESXi[C]. Proceedings of the 13th USENIX Workshop on Offensive Technologies (WOOT 19), 2019.

[74] 徐焱，李文轩，王东亚. Web 安全攻防：渗透测试实战指南[M]. 北京：电子工业出版社, 2018.

[75] VESSENES P. The ERC20 Short Address Attack Explained. https://vessenes.com/the-erc20-short-address-attack-explained/

[76] CHEN HS, PENDLETON M,NJILLA L, et al. A Survey on Ethereum Systems Security: Vulnerabilities, Attacks and Defenses[J]. ACM Computing Surveys, 2020, 53(3): 67: 1-43.

[77] VOGELSTELLER F, BUTERIN V. EIP 20: ERC-20 Token Standard. https://eips.ethereum.org/EIPS/eip-20

[78] DANIEL P, BENJAMIN L. Broken Metre: Attacking Resource Metering in EVM[C].

Proceedings of the Network and Distributed Systems Security (NDSS) Symposium 2020, 2020: 1-891562-61-4.

[79] WEIDMAN G. Penetration Testing: A Hands-On Introduction to Hacking[M]. No Starch Press, 2014.

[80] ZHANG R, XUE R, LIU L. Security and Privacy on Blockchain[J]. ACM Computer Surveys, 2019, 1(1): 1-35.

[81] 360 Core Security. Hacker Forged Computational Power to Steal Multiple Digital Currencies. https://blogs.360.cn/post/

[82] MCCORRY P, HICKS A, MEIKLEJOHN S. Smart Contracts for Bribing Miners[C]. Proceedings of the Financial Cryptography and Data Security (FC), 2018: 3-18.

[83] CHARLIE H. SQUIR RL. Automating Attack Discovery on Blockchain Incentive Mechanisms with Deep Reinforcement Learning[DB]. arXiv Preprint, arXiv: 1912.01798, 2019.

[84] ORDA A, ROTTENSTREICH O. Enforcing Fairness in Blockchain Transaction Ordering[C]. IEEE International Conference on Blockchain and Cryptocurrency (ICBC 2019), 2019: 368-375.

[85] Bitcoin Stack Exchange. What is a FINNEY ATTACK?
https://bitcoin.stackexchange.com/questions/4942/what-is-a-finney-attack

[86] DASGUPTA D. A Survey of Blockchain from Security Perspective[J]. Journal of Banking and Financial Technology, 2019, 3: 1-17.

[87] WEBER JE, GUSTER D, SAFONOV P, et al. Weak Password Security: An Empirical Study[J]. Information Security Journal: A Global Perspective, 2008, 17: 45-54.

[88] WU YM, CAO P, WITHERS A, et al. Poster: Mining Threat Intelligence from Billion-scale SSH Brute-Force Attacks[C]. Proceedings of the Workshop on Decentralized IoT Systems and Security (DISS), 2020.

[89] ANDERSON R. Secuirty Engineering(2nd ed)[M]. Indianapolis: Wiley Publishing, Inc., 2008.

[90] WHITTAKER Z, SHU C. Binance Says More Than $40 Million in Bitcoin Stolen in 'large scale' Hack.
https://techcrunch.com/2019/05/07/binance-breach/

[91] GHASEMISHARIF W, RAMESH A,CHECKOWAY S, et al. O Single Sign-Off, Where Art Thou? An Empirical Analysis of Single Sign-On Account Hijacking and Session Management on the Web[C]. Proceedings of the USENIX Security, 2018: 1475-1492.

[92] GAO A. Chinese Bitcoin Exchange OKEx Hacked For $3 Mln, Police Not Interested.
https://cointelegraph.com/news/chinese-bitcoin-exchange-okex-hacked-for-3-mln-police-not-interested

[93] HADNAGY C. Social Engineering: The Art of Human Hacking[M]. John Wiley&Sons. 2010.

[94] JIN C, WANG XY, TAN HY. Dynamic Attack Tree and Its Applications on Trojan Horse

Detection[C]. Proceedings of the International Conference on Multimedia and Information Technology, 2010: 56-59.

[95] CIMPANU C. Banking Trojan Now Targets Coinbase Users, Not Just Banking Portals. https://www.bleepingcomputer.com/news/security/banking-trojan-now-targets-coinbase-users-not-just-banking-portals/

[96] KARAPANOS N, CAPKUN S. On the Effective Prevention of TLS Man-in-the-Middle Attacks in Web Applications[C]. Proceedings of the USENIX Security. 2014:671-686.

[97] MACKENZIE P, REITER MK. Networked Cryptographic Devices Resilient to Capture[C]. Proceedings of the IEEE S&P, 2001: 12-25.

[98] SCHROEDER S. Wallet Bug Freezes More Than $150 Million Worth of Ethereum. https://mashable.com/2017/11/08/ethereum-parity-bug/

[99] 袁超. 区块链中硬分叉期间的防御方案[J]. 现代计算机, 2019, (9): 3-7, 13.

[100] KELSO CE. $45,000,000 Worth of BCH & BTC Claimed Stolen in SIM Attack: Doubts Linger About Veracity. https://coinspice.io/news/45000000-worth-of-bch-btc-claimed-stolen-in-sim-attack-doubts-linger-about-veracity/

[101] BAMERT T, DECKER C, WATTENHOFER R, et al. Bluewallet: The Secure Bitcoin Wallet. In[C]: Proceedings of the International Workshop on Security and Trust Management, 2014: 65-80.

[102] SULLIVAN B. Hackers Steal 4,100 Bitcoins FROM INPUTS.io. https://www.cbronline.com/news/hackers-steal-4100-bitcoins-from-inputsio/

[103] SAAD M, SPAULDING J, NJILLA L, et al. Exploring the Attack Surface of Blockchain: A Systematic Overview. arXiv Preprint, arXiv: 1904.03487, 2019.

附录　英文缩略词中文对照

A

ABI(Application Binary Interface)　应用程序二进制接口

ANSI(American National Standards Institute)　美国国家标准协会

ARTEMIS(Automatic Real-Time Detection And Mitigation System)　自动实时检测与缓解系统

AS(Auto System)　自治系统(自治域)

B

BA(Byzantine Agreement)　拜占庭问题

BBFT(Bystack Byzantine Fault Tolerance)　分层拜占庭容错

BDoS(Blockchain Denial of Service)　区块链 DoS 攻击

BFT(Byzantine Fault Tolerance)　拜占庭容错

BGP(Border Gateway Protocol)　边界网关协议

D

DAG(Directed Acyclic Graph)　有向无环图

DApp(Decentralized Application)　分布式应用程序

DBFT(Delegated Byzantine Fault Tolerant)　授权拜占庭容错

DDoS(Distributed Denial-of-Service)　分布式 DoS 攻击

DoS(Denial-of-Service)　拒绝服务

DPoS(Delegated Proof of Stake)　授权权益证明

DRG-PoRep(Depth Robust Graphs-PoRep)　深度鲁棒图复制证明

DSA(Digital Signature Algorithm)　数字签名算法

DSS(Digital Signature Standard)　数字签名标准

E

ECDSA(Elliptic Curve Digital Signature Algorithm)　椭圆曲线数字签名算法

EGP(Exterior Gateway Protocol)　外部网关协议

EOS(Enterprise Operation System)　商用高性能区块链操作系统

EPOBC(Enhanced Padded Order-Based Coloring)　增强型基于填充顺序的着色

EUF-CMA(Existential Unforgeability under Adaptive Chosen Message Attack)　适应性选择消息攻击的不可伪造性

EVM(Ethereum Virtual Machine)　以太坊虚拟机

F

FIPS(Federal Information Processing Standards)　联邦信息处理标准

G

GHOST(Greedy Heaviest-Observed Sub-Tree)　贪婪最重可观测子树算法

H

HMAC(Hash-based Message Authentication Code)　基于哈希的消息认证码

I

IDE(Intergreated Development Environment)　集成开发环境
IEEE(Institute of Electrical and Electronics Engineers)　电气电子工程师学会
IGP(Interior Gateway Protocol)　内部网关协议
ISO(International Organization for Standardization)　国际标准化组织

M

MAC(Message Authentication Code)　消息认证码
MDC(Modification Detection Code)　篡改检测码
MHF(Memory Hard Function)　内存困难函数

N

NIST(National Institute of Standards and Technology)　国家标准和技术研究所
NP(Non-deterministic Polynomial)　非确定性多项式
NSA(National Security Agency)　美国国家安全局

O

OSN(Ordering Service Node)　Orderer 节点

P

P2P(Peer-to-Peer)　点对点
PBFT(Practical Byzantine Fault Tolerance)　实用拜占庭容错
PoA(Proof of Authority)　权威证明
PoAct(Proof of Activity)　活跃证明
PoB(Proof of Believability)　置信度证明
PoBurn(Proof of Burn)　燃烧证明
PoET(Proof of Elapsed Time)　消逝时间证明
PoH(Proof of History)　历史证明
PoL(Proof of Luck)　运气证明
PoR(Proof of Reputation)　声誉证明
PoRep(Proof of Replication)　复制证明
PoRev(Proof of Review)　评价证明
PORs(Proofs of Retrievability)　可恢复性证明
PoS(Proof of Stake)　权益证明

PoSpace(Proof of Space)　空间证明
PoST(Proofs of Space-Time)　时空证明
PoV(Proof of Vote)　投票证明
PoW(Proof of Work)　工作量证明
PPLNS(Pay Per Last N Shares)　组队挖矿
PPS(Pay Per Share)　打工模式

Q

QTUM(Quantum Blockchain)　量子链

R

RIPEMD(RACE Integrity Primitives Evaluation Message Digest)　RACE 原始完整性校验消息摘要
RLP(Recursive length Prefix)　递归长度前缀
RPC(Remote Process Call)　远程过程调用

S

SHA(Secure Hash Algorithm)　安全哈希算法
SOP(Scratch-off Puzzle)　擦除谜题
SPV(Simplified Payment Verification)　简单支付验证
SW(Segregated Witness)　隔离验证

T

TEE(Trusted Execution Environments)　可信执行环境
Tower BFT(Tower Byzantine Fault Tolerance)　基站拜占庭容错
TPS(Transactions Per Second)　系统吞吐量

U

UTXO(Unspent Transaction Outputs)　未花费的交易输出

V

VBFT(Verifiable Byzantine Fault Tolerance)　可验证拜占庭容错
VDE-PoRep(Verifiable delay Encode-PoRep)　可验证延迟编码复制证明
VDF(Verifiable Delay Functions)　可验证延迟函数
VRF(Verifiable Random Function)　可验证随机函数

Z

Zk-SNARK(Zero Knowledge Succinct Non-Interactive Arguments of Knowledge)　简洁非交互式零知识证明
Zk-STARK(Zero Knowledge Scalable Transparent Argument of Knowledge)　可扩展透明零知识证明